W0329086

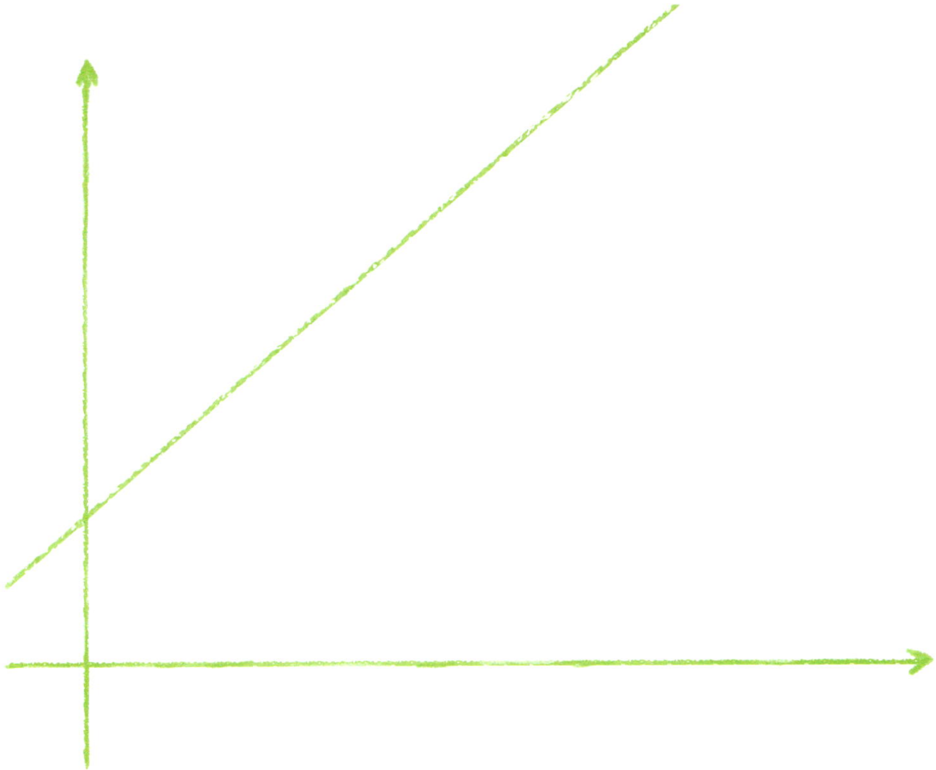

Das Mathematikbuch 7

von
Walter Affolter
Heinz Amstad
Guido Beerli
Monika Doebeli
Hanspeter Hurschler
Beat Jaggi
Werner Jundt
Rita Krummenacher
Annegret Nydegger
Beat Wälti
Gregor Wieland

bearbeitet von
Franz Auer
Claudia Bärenfänger
Ursula Bicker
Maren Distel
Christoph Maitzen
Julia Sehling

Ernst Klett Verlag
Stuttgart · Leipzig

So arbeitest du mit dem Mathematikbuch

Lernumgebungen

Unter den Lernumgebungen des Schülerbuchs gibt es solche, die Themen aus deiner Umwelt behandeln und solche, die sich mit rein mathematischen Fragestellungen auseinandersetzen. Vieles wird immer wieder aufgegriffen und mit neuen Inhalten vernetzt.

So werden Fachbegriffe und Regeln gekennzeichnet, die vereinbart wurden und die du lernen musst.

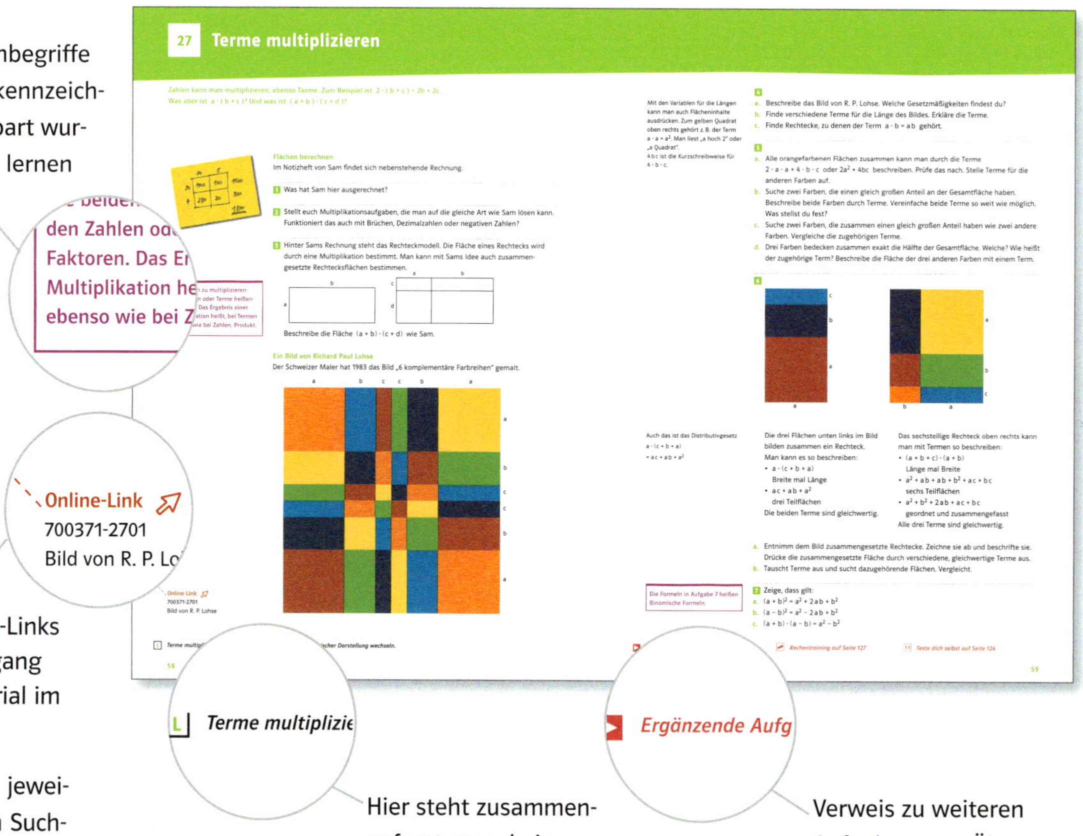

Mit den Online-Links erhältst du Zugang zu Zusatzmaterial im Internet.

Gib einfach die jeweiligen Ziffern im Suchfenster auf der Internetseite *www.klett.de* ein.

Hier steht zusammengefasst, was du in dieser Lernumgebung lernst.

Verweis zu weiteren Aufgaben zum Üben, Vertiefen, Anwenden und Weiterforschen.

Weil jeder anders lernt, einen eigenen Lernweg braucht und eigene Interessen hat, sind die Aufgaben im Mathematikbuch besonders vielfältig.
Zuerst darfst du ganz alleine deinen eigenen Weg gehen, dann vergleichst du mit deinem Nachbarn oder deiner Nachbarin, wie man die Aufgabe noch lösen könnte und am Ende arbeitet ihr gemeinsam Vor- und Nachteile einzelner Lösungsansätze heraus.
Am meisten lernst und übst du, wenn du selbst Aufgaben erfindest und sie deinem Nachbarn oder deiner Nachbarin stellst.

---

7 Knifflige Aufgaben

a. Knifflige Teilaufgaben

Aufgaben mit dem Computer

Aufgaben mit dem grafikfähigen Taschenrechner

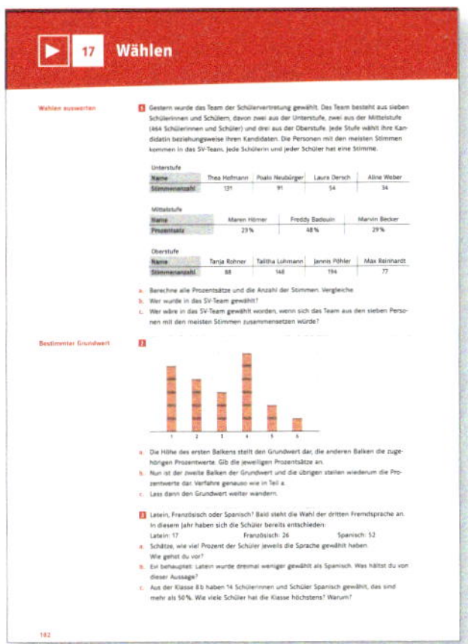

Aufgaben zum Üben, Vertiefen, Anwenden und Weiterforschen.

Zu den meisten Lernumgebungen findest du im zweiten Teil des Schülerbuchs weitere Aufgaben zum Üben, Vertiefen, Anwenden und Weiterforschen.

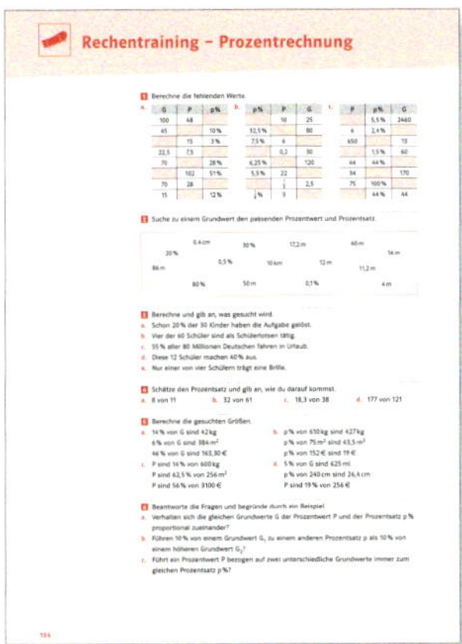

Rechentraining

Hier findest du Aufgaben zum Üben und Automatisieren. Sie dienen der Sicherung der wichtigen Rechenfertigkeiten. Diese Seiten kannst du dir übers Jahr verteilt immer wieder vornehmen und selbstständig bearbeiten.

Die **Lösungen** zu den Rechentrainings befinden sich im Anhang des Schülerbuchs.

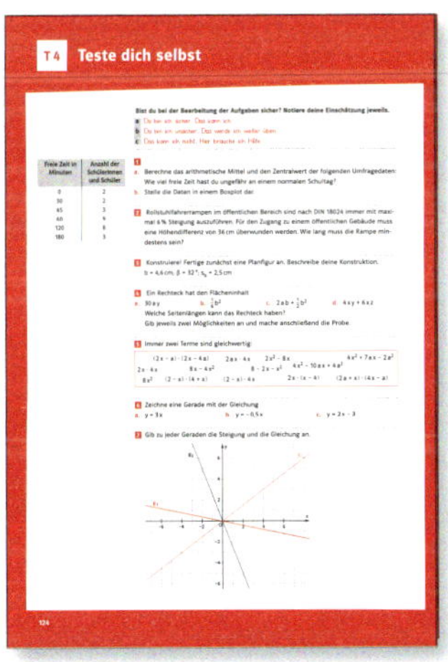

Teste dich selbst

Die Teste-dich-selbst-Seiten im Aufgabenteil helfen dir, dich selbst einzuschätzen und vorzubereiten.
Sie enthalten Aufgaben zu den vorangegangenen Lernumgebungen. Damit kannst du dich auf eine Klassenarbeit vorbereiten.
Die **Lösungen** zu den Tests befinden sich im Anhang des Schulbuchs.

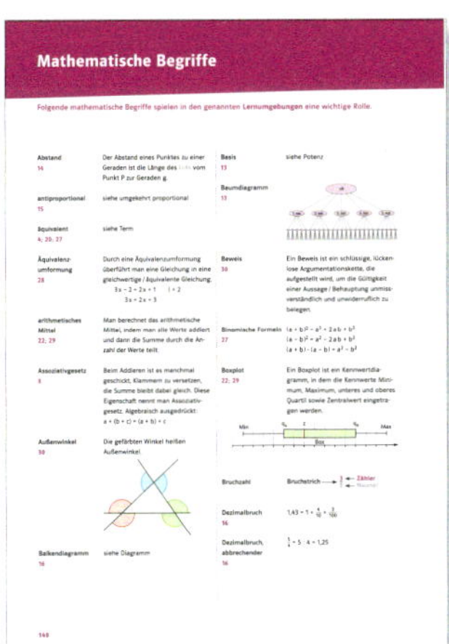

Nachschlagen

Im Anhang des Schülerbuchs kannst du mathematische Begriffe jederzeit nachschlagen.

Inhalt

Leitideen nach KMK*

*Leitideen nach KMK-Standard
L1: Zahl, **L2:** Messen, **L3:** Raum und Form, **L4:** Funktionaler Zusammenhang, **L5:** Daten und Zufall

1 Wie viel ist viel?

Vieles weist darauf hin, dass es eine Zeit gab, in der die Menschen Anzahlen über vier nicht unterscheiden und benennen konnten. Sie kannten wahrscheinlich nur Zahlen für „eins“, „zwei“, „drei“ und „vier“, größere Anzahlen wurden mit Wörtern wie „viel“ oder „unzählig“ bezeichnet. Noch der Rechenmeister Adam Ries (1492 – 1559) wusste kein Wort für eine Million. Er umschrieb diese Zahl mit „tausend mal tausend“.

1 Zentimeter-Würfel

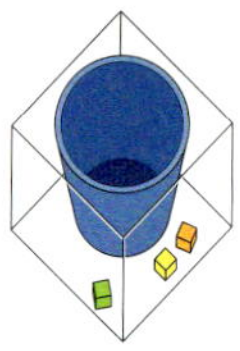

1000 Zentimeter-Würfel haben in diesem Würfel Platz.

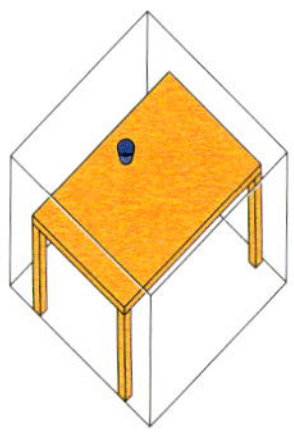

1 000 000 Zentimeter-Würfel haben in diesem Würfel Platz.

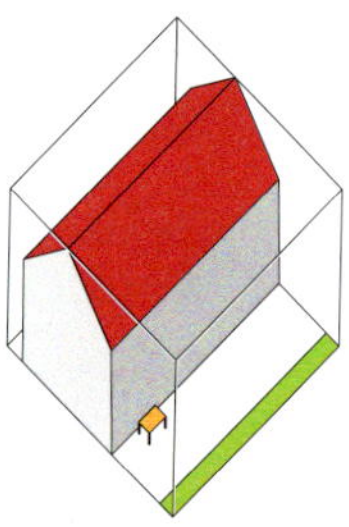

1 000 000 000 Zentimeter-Würfel haben in diesem Würfel Platz.

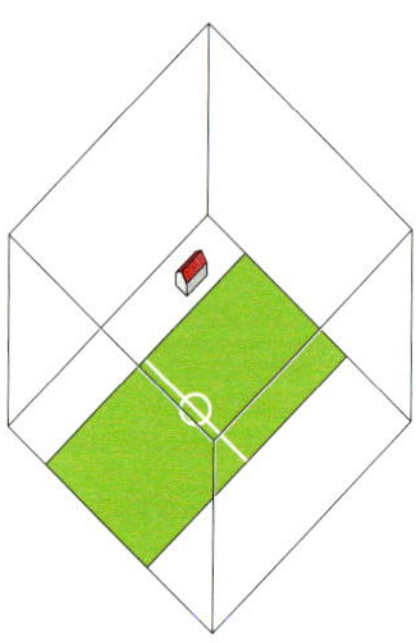

1 000 000 000 000 Zentimeter-Würfel haben in diesem Würfel Platz.

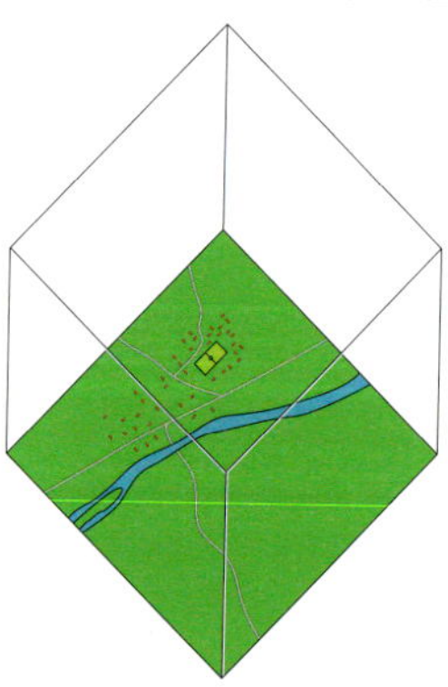

1 000 000 000 000 000 Zentimeter-Würfel haben in diesem Würfel Platz.

1 Verfasse einen Text zur Bilderfolge links. Setze die Darstellungen zueinander in Beziehung und verwende die Zahlenangaben aus der Tabelle unten.

2 Zehn dicht aneinandergelegte Haare sind etwa 1 mm breit. Überprüft die Schätzung. Denke dir eine Million Haare nebeneinander. Das sind sämtliche Kopfhaare von etwa zehn Menschen.

a. Wie breit wird der Streifen etwa?

b. Wie breit würde der Streifen bei einer Milliarde, bei einer Billion Haare etwa?

3 Wie lang wird eine Menschenkette ungefähr, wenn sich

a. alle Schüler und Schülerinnen deiner Klasse die Hand reichen?

Wie lang würde die Kette ungefähr, wenn sich

b. alle Menschen in deinem Dorf oder deiner Stadt,

c. alle 82 Millionen Menschen in Deutschland,

d. alle 7 Milliarden Menschen der Erde die Hand reichten?

Um große Zahlen einfacher schreiben zu können, kürzt man sie mithilfe von Zehnerpotenzen ab. Der Exponent (die Hochzahl) gibt an, wie oft der Faktor 10 in der Zahl vorkommt.

1000	**Tausend**	$10^3 = 10 \cdot 10 \cdot 10$
1 000 000	**Million**	$10^6 = 10 \cdot 10 \cdot 10 \cdot 10 \cdot 10 \cdot 10$
1 000 000 000	**Milliarde**	$10^9 = 10 \cdot 10 \cdot 10 \cdot 10 \cdot 10 \cdot 10 \cdot 10 \cdot 10 \cdot 10$
1 000 000 000 000	**Billion**	$10^{12} = 10 \cdot 10 \cdot 10 \cdot \ \ldots \ \cdot 10 \cdot 10 \cdot 10$
1 000 000 000 000 000	**Billiarde**	$10^{15} = 10 \cdot 10 \cdot 10 \cdot \ \ldots \ \cdot 10 \cdot 10 \cdot 10$
1 000 000 000 000 000 000	**Trillion**	$10^{18} = 10 \cdot 10 \cdot 10 \cdot \ \ldots \ \cdot 10 \cdot 10 \cdot 10$
1 000 000 000 000 000 000 000	**Trilliarde**	$10^{21} = 10 \cdot 10 \cdot 10 \cdot \ \ldots \ \cdot 10 \cdot 10 \cdot 10$

4 Schreibe die Ergebnisse in Wortform und als Zahl mit und ohne Potenzschreibweise.

a. Tausend mal tausend
Tausend mal eine Million
Tausend mal eine Milliarde
Tausend mal eine Billion
…

b. tausend Tausender
eine Million Millionen
eine Million Billionen
eine Million Trillionen
…

c. Nach einer Trilliarde geht es noch weiter. Finde heraus, wie.

L *Vorstellungen zu großen Zahlen aufbauen. Zahlworte von großen Zahlen und ihre Schreibweise kennen.*

5

a. Schätze zunächst, wie viele Sandkörner sich in dem größten Glas befinden.

b. In einem Glas mit 2 cl befinden sich ungefähr 50 000 Sandkörner.
Wie viele Sandkörner sind dann im mittleren Glas mit 0,2 l, in einer 1-l-Flasche?
Wie viele Sandkörner befinden sich in dem größten Glas?

Online-Link
700371-0101
Bild und Stellentafel

6

a. Welche Zahlen sind in der Stellentafel dargestellt?
Lies sie laut vor und schreibe sie als Zahl ohne Potenzschreibweise.

b. Welche Zahlen kannst du jeweils erhalten, wenn du einen der Punkte wegnimmst?
Schreibe sie auf.

	10^{12}	10^{11}	10^{10}	10^9	10^8	10^7	10^6	10^5	10^4	10^3	10^2	10^1	10^0
1.	●			●●			●●●						
2.							●			●●			●●●
3.		●	●●	●●●	●	●●	●●●	●	●●	●●●			
4.	●	●●											
5.		●	●●										
6.			●	●●									
7.				●	●●								
8.							●	●●					

7 Wie viele Nadeln hat eine etwa 5 m hohe Tanne?
Diese Frage kann man nicht exakt beantworten. Überlegungen können dennoch zu einer vernünftigen Größenordnung führen. Solche Fragen nennt man „Fermi-Fragen". Mehr darüber erfahrt ihr in der übernächsten Lernumgebung. Begründet eure Schätzung zu obiger Frage.

Ergänzende Aufgaben auf Seite 80

Rechentraining auf Seite 81

2 Signor Enrico lässt fragen

Enrico Fermi (1901 – 1954) war Nobelpreisträger und einer der bedeutendsten Physiker des 20. Jahrhunderts. Er pflegte seinen Studierenden eigenartige Fragen zu stellen. Diese stammten keineswegs bloß aus seinem Fachgebiet. Auf den ersten Blick schienen sie oft gar nicht beantwortbar zu sein. Fermi war der Meinung, ein guter Physiker – und überhaupt ein denkender Mensch – müsse zu jeder Frage eine Antwort finden. Bei seinen Fragen ging es nicht um absolut exakte Ergebnisse. Vielmehr legte er Wert auf die Methode, mit der man die richtige „Größenordnung" herausfinden konnte. Seine wohl bekannteste Frage lautete: „Wie viele Klavierstimmer gibt es in Chicago?"

Enrico Fermi

1 Solche Fermi-Fragen könnt auch ihr finden, wie das Beispiel von Peter zeigt.

Peter erzählt:
„Bei uns zu Hause tropft immer ein Wasserhahn.
Sicher verlieren wir viel Wasser und viel Geld in einem Jahr."

Findet zusammen heraus, wie viel das etwa sein könnte.

2 Eine Schulklasse hat in Gruppen folgende Fermi-Fragen bearbeitet:
Welche Fläche könnte man mit dem Papier bedecken, das für den „Tages-Anzeiger" während eines Jahres gebraucht wird?

a. Auf der rechten Seite seht ihr drei Gruppenarbeitsergebnisse.
Erklärt, wie die Gruppen vorgegangen sind.
- Welche Zahlen auf den Plakaten sind exakt?
- Welche Zahlen sind gemessen?
- Welche Zahlen sind geschätzt?
- Welche Zahlen sind berechnet?

Vergleicht eure Feststellungen.

b. Nicht alles an den Aufgabenlösungen ist gelungen. Was würdest du besser machen?
Korrigiere ggf. die Schülerergebnisse.
Entwickelt gemeinsam Regeln für gute Präsentationen.

3 Bearbeitet eine dieser Fermi-Fragen:

a. Wie viele Kilogramm Lebensmittel braucht eine Person in einem Jahr? In ihrem Leben?

b. Wie viele Kilometer legst du pro Tag zu Fuß zurück? Wie viele in einem Jahr? Würde das in 20 Jahren einmal um die Erde reichen?

c. Wie viel kosten die Zigaretten, die ein Raucher im Laufe seines Lebens kauft? Wie viel Geld geht pro Jahr in Deutschland in „blauen Dunst" auf?

d. Wie viele Liter Wasser regnet es während eines Jahres auf Deutschland herunter?

4 Erfindet eigene Fermi-Fragen und beantwortet sie.

L *Situationen mathematisieren, Größenvorstellungen entwickeln und Ergebnisse auf sinnvolle Genauigkeit beurteilen.*

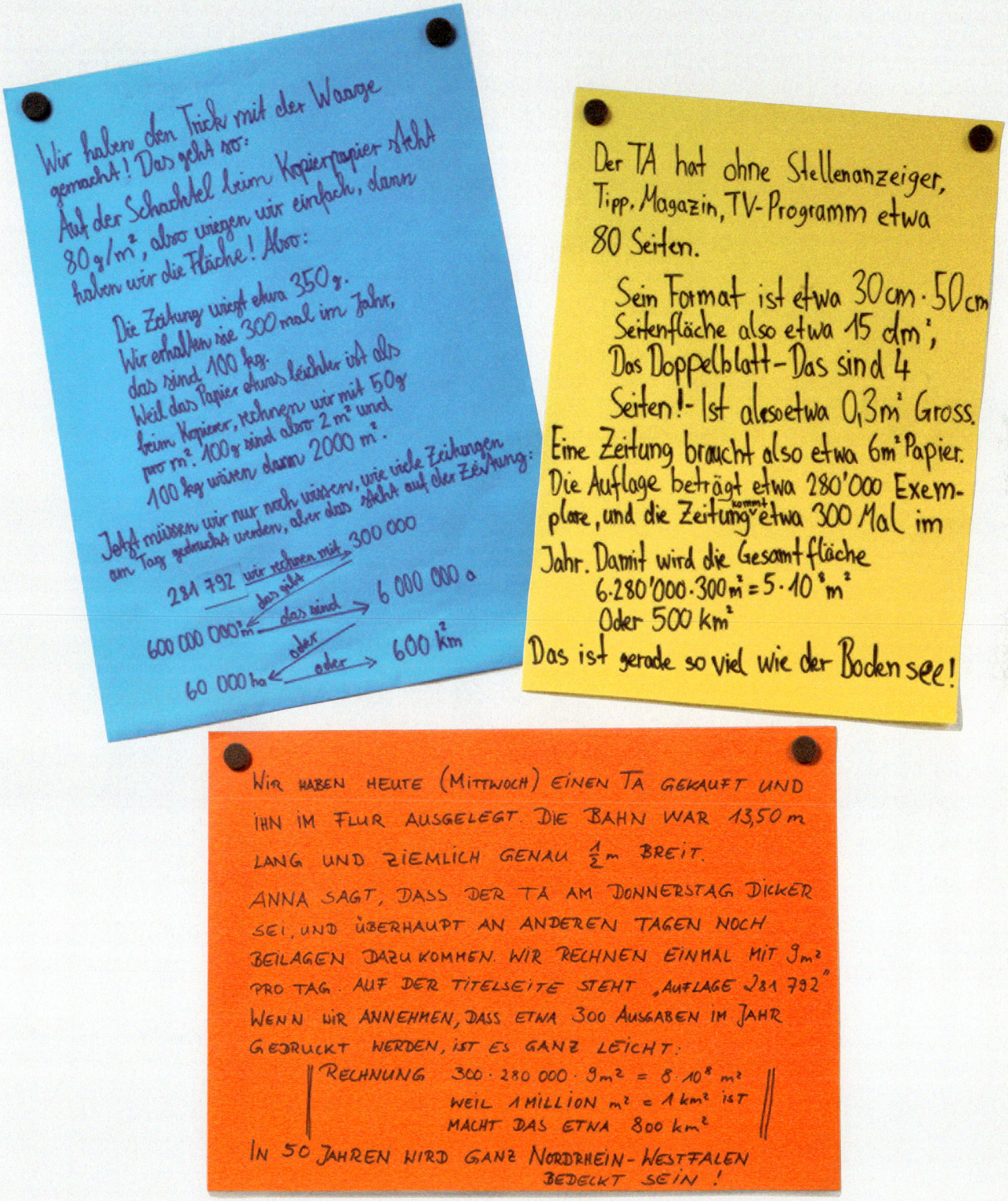

Wir haben den Trick mit der Waage gemacht! Das geht so:
Auf der Schachtel beim Kopierpapier steht 80 g/m², also wiegen wir einfach, dann haben wir die Fläche! Also:

Die Zeitung wiegt etwa 350 g.
Wir erhalten sie 300 mal im Jahr,
das sind 100 kg.
Weil das Papier etwas leichter ist als beim Kopierer, rechnen wir mit 50 g pro m². 100 g sind also 2 m² und
100 kg wären dann 2000 m².

Jetzt müssen wir nur noch wissen, wie viele Zeitungen am Tag gedruckt werden, aber das steht auf der Zeitung:

281 792 wir rechnen mit 300 000
das gibt 600 000 000 m² das sind 6 000 000 a
oder 60 000 ha oder 600 km²

Der TA hat ohne Stellenanzeiger, Tipp, Magazin, TV-Programm etwa 80 Seiten.

Sein Format ist etwa 30 cm · 50 cm
Seitenfläche also etwa 15 dm²;
Das Doppelblatt – Das sind 4 Seiten! – Ist alesoetwa 0,3 m² Gross.
Eine Zeitung braucht also etwa 6 m² Papier.
Die Auflage beträgt etwa 280'000 Exemplare, und die Zeitung kommt etwa 300 Mal im Jahr. Damit wird die Gesamtfläche
6 · 280'000 · 300 m² = 5 · 10⁸ m²
Oder 500 km²
Das ist gerade so viel wie der Bodensee!

WIR HABEN HEUTE (MITTWOCH) EINEN TA GEKAUFT UND IHN IM FLUR AUSGELEGT. DIE BAHN WAR 13,50 m LANG UND ZIEMLICH GENAU ½ m BREIT.
ANNA SAGT, DASS DER TA AM DONNERSTAG DICKER SEI, UND ÜBERHAUPT AN ANDEREN TAGEN NOCH BEILAGEN DAZU KOMMEN. WIR RECHNEN EINMAL MIT 9 m² PRO TAG. AUF DER TITELSEITE STEHT „AUFLAGE 281 792“ WENN WIR ANNEHMEN, DASS ETWA 300 AUSGABEN IM JAHR GEDRUCKT WERDEN, IST ES GANZ LEICHT:
RECHNUNG 300 · 280 000 · 9 m² = 8 · 10⁸ m²
WEIL 1 MILLION m² = 1 km² IST
MACHT DAS ETWA 800 km²
IN 50 JAHREN WIRD GANZ NORDRHEIN-WESTFALEN BEDECKT SEIN!

Online-Link
700371-0201
Schülerlösungen

3 Kleingeld

Ein Cent-Stück wiegt kaum etwas, ein Euro in Cent-Stücken schon. Wie viele Cent-Stücke wiegen zusammen ein Kilogramm?

	1 Cent	5 Cent	20 Cent
Material	Stahl mit Kupferauflage	Stahl, verkupfert	Nordisches Gold
Durchmesser	16,25 mm	21,25 mm	22,25 mm
Höhe	1,67 mm	1,67 mm	2,14 mm
Gewicht	2,30 g	3,92 g	5,74 g

1 Die angegebenen Werte sind die offiziellen Angaben für neue Münzen der Deutschen Bundesbank. Nehmt eigene 1-, 5-, 20-Cent-Stücke, die schon länger in Gebrauch sind. Erstellt eine Tabelle. Vergleicht untereinander und mit den angegebenen Werten.

2 Anja, Hubert und Nicole stellen sich einen Stapel 5-Cent-Stücke von 1 m Höhe vor.

Anja schätzt: „Der Stapel ist sicher 50 Euro wert."
Hubert schätzt: „Der Stapel ist etwa 2,5 kg schwer."
Nicole schätzt: „Damit kann ich die Pultfläche (wie abgebildet) belegen."
Was meinst du zu diesen drei Schätzungen?
Überprüfe sie und vergleiche.

3 Führe ähnliche Schätzungen mit anderen Münzen durch und überprüfe sie.
Trage deine Ergebnisse in eine Tabelle ein und notiere deine Vorgehensweise.
Wie kann man herausfinden, ob Schätzungen richtig sind?

4 Mit 5-Cent-Stücken werden verschiedene Flächen belegt (wie im Foto oben).
Schätze und überlege, wie man herausfinden kann, ob die Schätzungen richtig sind.

a. Lehrerpult
b. Fußboden des Klassenraumes
c. Pausenhof

L *Aus Tabellen, Grafiken und Texten Daten entnehmen. Proportionale Beziehungen erkennen und damit Berechnungen durchführen.*

5 Nehmt verschiedene Münzen, stellt ihren Durchmesser fest und untersucht, wie viele Umdrehungen jede Münze beim Abrollen auf 100 cm macht.

a. Tragt die Ergebnisse in eine Tabelle und dann in ein Koordinatensystem mit geeigneter Achseneinteilung ein.

b. Beschreibe die Zusammenhänge, die du erkennen kannst.

6 Untersuche den Zusammenhang zwischen dem Durchmesser der Münzen und ihrem Wert. Überlege dir eine sinnvolle Achseneinteilung und stelle den Zusammenhang in einem Koordinatensystem dar.

7 Anja will die Höhe eines Turmes aus 5-Cent-Stücken besonders schnell und genau bestimmen. Sie hat die Höhe von zehn 5-Cent-Stücken gemessen und dann dieses Koordinatensystem gezeichnet.

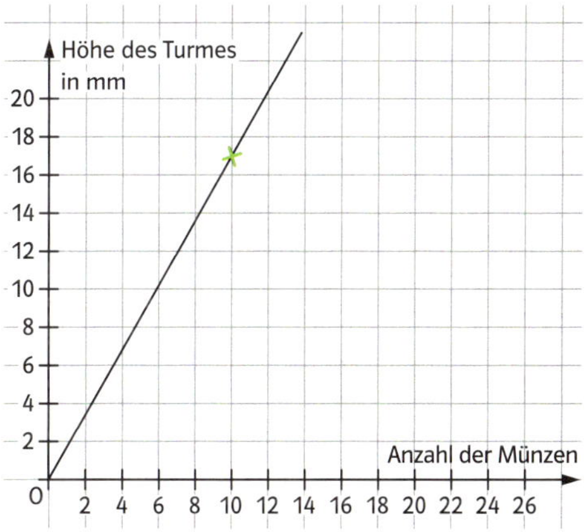

a. Beschreibe, wie sie vorgegangen ist. Welche Überlegungen hat sie angestellt?

b. Wie kann Anja mit diesem Diagramm die Höhe ermitteln?

c. Anja hat in einem weiteren Diagramm auch die entsprechenden Werte für die 1-Cent- und 20-Cent-Stücke notiert, aber die beiden Graphen nicht beschriftet. Erkläre, woran du erkennen kannst, welcher Graph zu welcher Münze gehört.

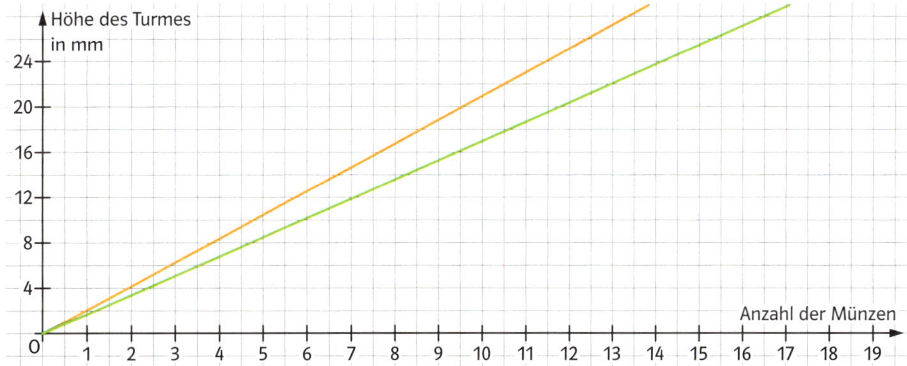

Online-Link
700371-0301
Anjas Diagramme

8 Nimm ein 2-Cent-Stück und bestimme die Dicke. Recherchiere nun die genaue Dicke. Zeichne ein Diagramm, bei dem du ablesen kannst, wie hoch der Turm bei einer bestimmten Anzahl von Münzen ist.

Ergänzende Aufgaben auf Seite 82 und 83

4 x-beliebig

Kennst du den Ausdruck „x-beliebig"? In welchem Zusammenhang brauchst du ihn?

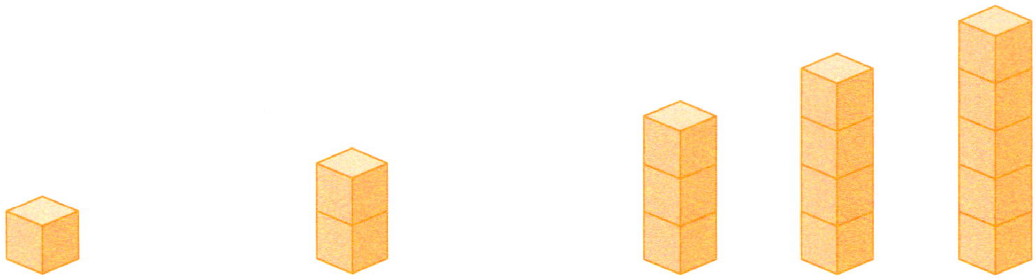

5 Quadrate sind sichtbar,

9 Quadrate sind sichtbar,

Zwischen der Zahl der Stockwerke und der Zahl der sichtbaren Quadrate besteht ein Zusammenhang.

1 Auf einem Tisch werden Würfeltürme gebaut.

a. Wie viele Quadrate sind sichtbar, wenn drei, vier, fünf, zehn, hundert Würfel aufeinandergetürmt werden? Erstelle eine Tabelle.
Welche Gesetzmäßigkeiten entdeckst du?

b. Wie bestimmst du die Zahlen, wenn das Abzählen zu mühsam wird?

Stockwerke	sichtbare Quadrate
1	$5 = 4 \cdot 1 + 1$
2	$9 = 4 \cdot 2 + 1$
3	$13 = 4 \cdot 3 + 1$
4	$17 = 4 \cdot 4 + 1$

2 Nora und Hannes haben bei Aufgabe 1 auf unterschiedliche Weise gezählt: Nora behauptet: „Bei einem Turm mit x Stockwerken sind $4 \cdot x + 1$ Quadrate sichtbar."
Hannes hält dagegen: „Nein, es sind $5 \cdot x - (x - 1)$ Quadrate."

a. Überprüfe die Terme anhand der von dir ermittelten Zahlen.

b. Du kannst dir erst sicher sein, dass beide Terme richtig sind, wenn du die Zählweise von Nora und Hannes durchschaut hast. Erkläre an je zwei verschieden hohen Türmen, wie die beiden ihre Terme gefunden haben.

c. Gibt es noch weitere Terme, die die Anzahl der sichtbaren Quadrate liefern? Erkläre wie in Teilaufgabe b.

3

a. Suche eine Gesetzmäßigkeit für die verdeckten Quadrate.

b. Versuche diese Gesetzmäßigkeiten als Term zu schreiben.

c. Stelle an zwei verschieden hohen Türmen dar, was dein Term ausdrückt.

Für einen x-beliebigen Turm gilt: Bei x Stockwerken sieht man $4 \cdot x + 1$ Quadrate. Der Ausdruck $4 \cdot x + 1$ liefert die Anzahl der sichtbaren Quadrate, wenn man für x die Zahl der Stockwerke einsetzt. Einen derartigen Ausdruck nennen wir Term. Liefern zwei Terme für jede eingesetzte Zahl den gleichen Wert, nennen wir diese Terme **gleichwertig** oder **äquivalent**.

Würfelschlangen

4

a. Baue Würfelschlangen. Welche Zahlen und Gesetzmäßigkeiten findest du?

b. Schreibe die gefundenen Gesetzmäßigkeiten als Terme.

c. Erkläre deine Terme an verschieden langen Schlangen.

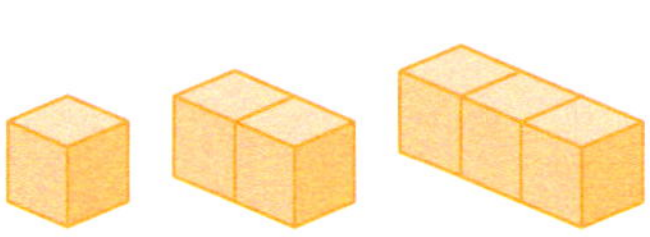

Online-Link
700371-0401
Würfelbauten

L *Gesetzmäßigkeiten finden, mit Worten und mit Termen beschreiben.*

5
a. Stelle gleiche Untersuchungen über sichtbare und verdeckte Quadrate bei zweistöckigen Mauern an.
b. Erkläre deine Terme.

6
a. Findest du auch Terme für höhere Mauern?
b. Was findest du, wenn du anstelle der Quadrate einfach die Würfel zählst?

7 Baue Mauern nach eigenen Regeln und suche Gesetzmäßigkeiten. Beschreibe diese als Terme. Erkläre die Terme an den Bauten oder an Zeichnungen.

8 Jemand hat aus Würfeln diese Mauern gebaut.

Milena und Kevin beschreiben die Anzahl Würfel dieser Mauern unterschiedlich.
Milena: $2 \cdot x + (x + 1)$ Kevin: $3 \cdot x + 1$
Milena und Kevin haben ihre Überlegungen veranschaulicht.
a. Wer hat wie überlegt? Welche Zählweise gefällt dir besser?
b. Findest du noch eine andere Zählweise? Stelle einen Term auf.

9
a. Skizziere zu dieser 3-gliedrigen Mauer die zwei vorausgehenden und die nachfolgende Figur.

b. Erstelle eine Tabelle für die Anzahl der Würfel und beschreibe die Gesetzmäßigkeit.
c. Suche einen Term für die Anzahl Würfel.
d. Erkläre durch Färben der Figuren deinen Term.
e. Suche einen anderen Term für die gleiche Mauer.
Erkläre ihn durch entsprechende Färbung.

▶ *Ergänzende Aufgaben auf Seite 84*

5 ... von minus bis plus ...

Mit Zahlen kann man rechnen. Mit negativen Zahlen geht das auch. Es ist einfacher als du denkst.

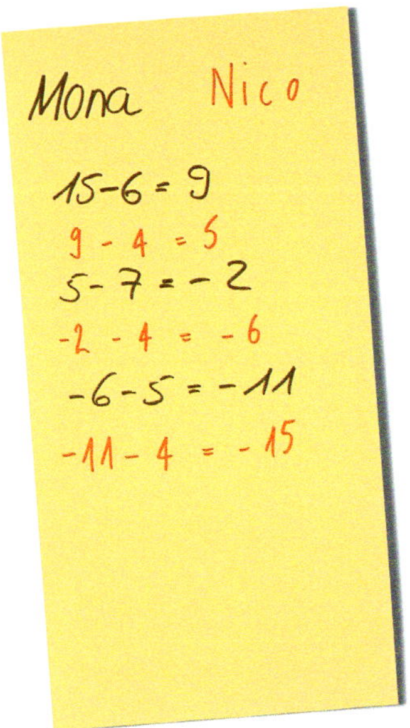

1 „Triff −15“

Zeichne eine Zahlengerade mit den Zahlen von −15 bis +15.
Ein Spiel für zwei Personen:
Setzt eine Spielfigur auf die Zahl 15. Wählt abwechselnd eine Zahl zwischen 1 und 8.
Subtrahiert die Zahl und bewegt die Spielmarke auf das Ergebnis.
Wer zuerst die Zahl −15 erreicht, gewinnt das Spiel.

a. Spielt einige Male und protokolliert.
b. Erklärt das Spielprotokoll.
c. Erfindet eigene Spielregeln zu diesem Spiel und testet sie.
d. Mit welcher Strategie kannst du das Spiel gewinnen? Schreibe sie auf.

Hier wird zur Zahl 5 eine negative Zahl addiert.

Vorzeichen

(+ 5) + (− 8)

Rechenzeichen

2 Notiere Beispiele zu:

a. Addition einer positiven Zahl zu einer negativen Zahl
b. Subtraktion einer positiven Zahl von einer negativen Zahl
c. Addition einer negativen Zahl zu einer negativen Zahl
d. Subtraktion einer negativen Zahl von einer negativen Zahl

3 Setze jeweils für das x der Reihe nach die Zahlen 5; 4; 3; 2; 1; 0; −1; −2; −3; −4; −5 ein. Was ist wohl das Ergebnis?
Beobachte, wie sich die Ergebnisse verändern und setze die Reihe fort.
Was stellst du fest?

a. 2 + (x) =
b. 2 − (x) =
c. −2 + (x) =
d. −2 − (x) =

4 Schreibe mit den Zahlen (+2), (−2), (+3) und (−3) möglichst viele Additionen und Subtraktionen auf, die 1 ergeben.

L *Negative Zahlen addieren und subtrahieren.*

$5 + (+3) = 5 + 3$
$5 + (-3) = 5 - 3$
$5 - (+3) = 5 - 3$
$5 - (-3) = 5 + 3$

5

a. Welche Aufgabe aus dem linken Kasten passt zu der folgenden Rechengeschichte?
Franz hat 5 Euro. Er schuldet Christoph noch 3 Euro. Wie viel Euro hat Franz?

b. Erfinde Rechengeschichten zu den anderen Aufgaben im linken Kasten.

c. Erkläre die folgenden Rechnungen:
$2 - (-1) = 2 + 1$
$2 - (+6) = 2 - 6$
$2 + (-3) = 2 - (+3) = 2 - 3$

d. Schreibe folgende Rechnungen auf eine andere Weise:

$4 + (-5)$	$-6 + (+5)$	$7 - (-10)$
$12 + (+18)$	$-8 + (-13)$	$13 - (+5)$

6 Welches Zeichen (=, <, >) gehört jeweils zwischen die beiden Terme?

a. $4 + (-3)$ □ $4 + (+2)$

b. $4 + (-3)$ □ $4 - (+3)$

c. $5 + (+4)$ □ $5 - (-5)$

d. $7 - (+2)$ □ $7 - (-2)$

e. $6 - (+7)$ □ $7 + (-6)$

f. $2 - (-4) - 3$ □ $4 + (-1)$

g. Denke dir weitere Terme aus.

7 „Einstellig bleiben"
Spiel für zwei Personen: Schreibt die Zahlen von −8 bis +3 auf ein Blatt Papier.
Startzahl ist 0. Sie darf nicht mehr gebraucht werden.
Addiert abwechselnd eine der notierten Zahlen und streicht sie durch.
Wer eine Zahl kleiner −9 (also −10; −11; −12; …) erhält, verliert das Spiel.
Protokolliert.

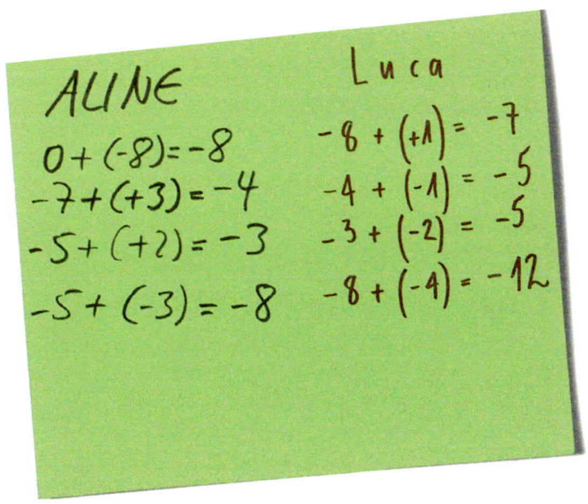

a. Erklärt das Protokoll.

b. Spielt einige Male.

c. Spielt mit anderen Zahlen.

d. Mit welcher Strategie kann man das Spiel gewinnen?

▶ *Ergänzende Aufgaben auf Seite 85 und 86*

6 minus mal minus

Claudia rechnet $(-7) \cdot (-6) = -42$
Gunnar rechnet $(-7) \cdot (-6) = 42$. Wer hat recht?

Plus mal minus am Zahlenstrahl

1 Die Rechnung $3 \cdot 2$ kann man am Zahlenstrahl folgendermaßen verdeutlichen:

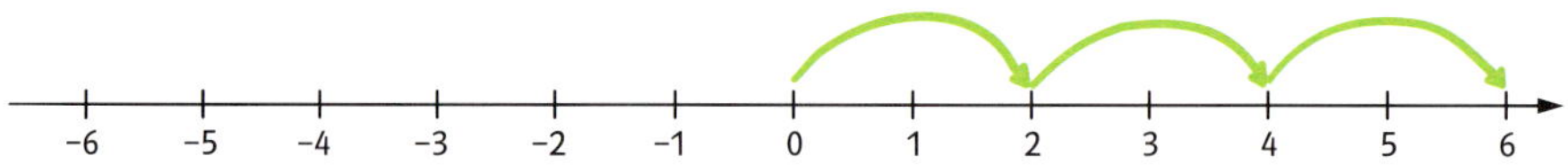

a. Wie sehen die Sprünge für die Rechnung $3 \cdot (-2)$ aus?

b. Springe auf dem Zahlenstrahl, notiere dir die Zwischenlandungen und den Landepunkt:
$3 \cdot 3$; $3 \cdot (-3)$; $5 \cdot 2$; $5 \cdot (-2)$

c. Denke dir eigene Sprungaufgaben mit negativen Zahlen aus und stelle sie deiner Nachbarin oder deinem Nachbarn. Starte immer bei null.

Plus mal minus mit Malkreuz und Rechteck

2 Jedes der zwei Malkreuze beschreibt die Rechnung $8 \cdot 9$.

•	5	3	
5			
4			
			72

•	10	−2	
7			
2			
			72

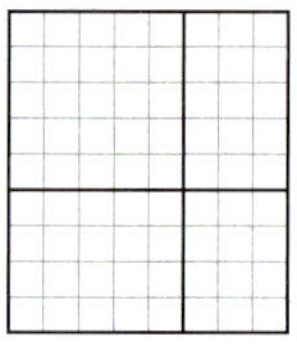

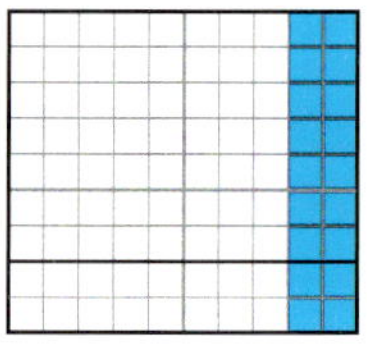

a. Übertrage die zwei Malkreuze in dein Heft. Welche Zwischenergebnisse müssen in den Feldern stehen? Begründe.

b. Vergleiche die Malkreuze mit den Rechtecken. Welches Rechteck passt zu welchem Malkreuz? Erklärt einander die Beziehung zwischen Malkreuz und Rechteck.

c. Erfinde weitere Malkreuze mit dem Ergebnis 72 und zeichne dazu jeweils ein passendes Rechteck.

Minus mal minus mit Malkreuz und Rechteck

3 Jedes der zwei Malkreuze beschreibt die Rechnung $8 \cdot 9$.

•	10	−2	
10			
−1			
			72

•	12	−4	
11			
−2			
			72

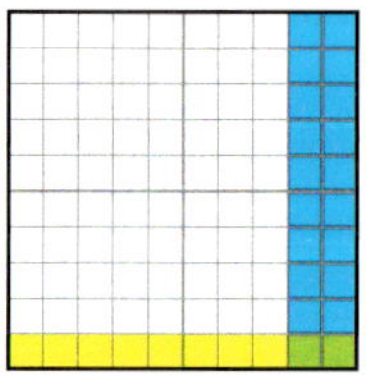

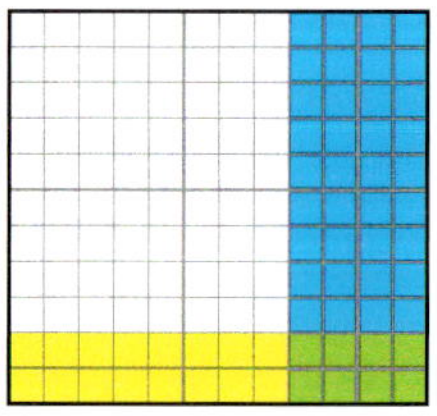

a. Übertrage die zwei Malkreuze in dein Heft. Welche Zwischenergebnisse müssen in den Feldern stehen? Begründe.

b. Vergleiche die Malkreuze mit den Rechtecken. Beschreibe, was du feststellst.

L *Positive und negative Zahlen mutliplizieren. Multiplikationen unterschiedlich darstellen: Rechteck, Malkreuz, und Term.*

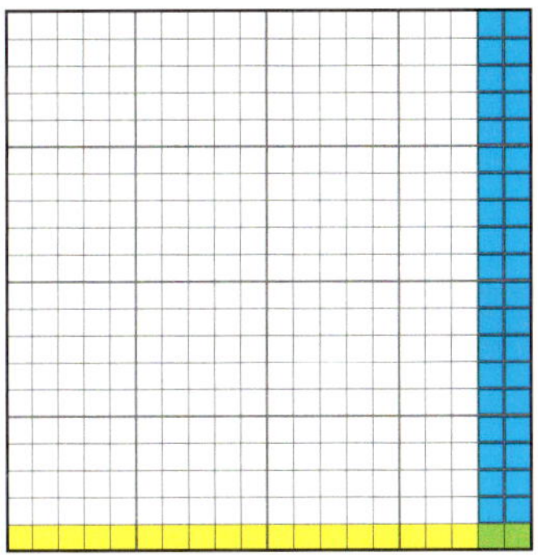

Rechnen mit Termen

18 · 19 = (10 + 8) · (10 + 9) = (20 − 2) · (20 − 1) = …

4

a. Kommentiere das linke Rechteck.
b. Vergleiche das Rechteck mit den Termen (20 − 2) · (20 − 1) und 400 − 20 − 40 + 2.
c. Übersetze das Zahlenmaterial aus Aufgabe 2 und 3 in Terme mit Klammern.
d. Erfinde weitere Malkreuze und Terme mit Klammern zur Rechnung 18 · 19.

5 Berechne jeweils mit Malkreuz, Rechteck und Term!

a. 19 · 17
b. 14 · 5
c. 19 · 21
d. 29 · 8

Reihen fortsetzen

6

a. Multipliziere der Reihe nach die Zahlen 5; 4; 3; 2; 1; 0; −1; −2; −3; −4; −5 mit 3. Stelle dir dabei den Zahlenstrahl vor.
b. Multipliziere der Reihe nach die Zahlen 5; 4; 3; 2; 1; 0; −1; −2; −3; −4; −5 mit −3. Beobachte, wie sich bei a. und b. die Ergebnisse verändern. Was stellst du fest?

7 Setze jeweils für x der Reihe nach die Zahlen 5; 4; 3; 2; 1; 0; −1; −2; −3; −4; −5 ein. Beobachte, wie sich die Ergebnisse verändern und setze die Reihe fort. Was stellst du fest?

a. 5 · (x) =
b. (x) : 5 =
c. (x) · (−5) =
d. (−5) : (x) =

4 · (−8)

(−4) : (−8)

(−8) : 0

Rechentraining

8

a.	b.	c.	d.
3 · (−6)	0,2 · 3	0,2 · (−3)	2 · x = −6
(−3) · (−6)	(−0,2) · 3	0,2 · (−0,3)	(−1,3) · x = 3,9
0,5 · (−6)	0,2 · (−3)	(−0,2) · 0,3	x · (−4) = −0,4
(−0,5) · (−6)	(−0,2) · (−3)	(−0,2) · (−0,3)	x : (−0,5) = −20

▶ *Ergänzende Aufgaben auf Seite 85 und 86*

7 Wir untersuchen Kreise

Umfang und Flächeninhalt von Kreisen: eine runde Sache.

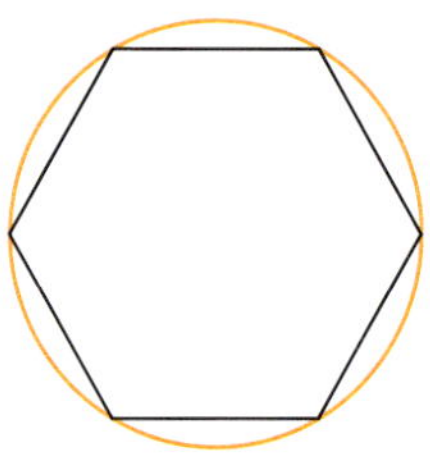

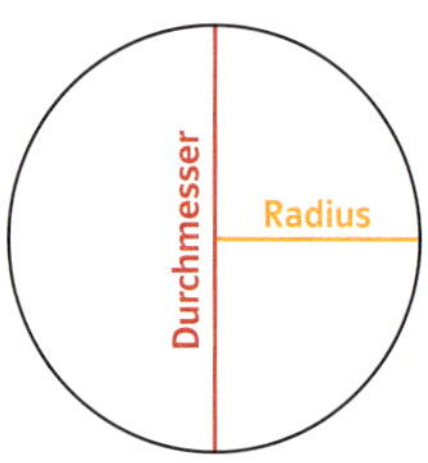

Den Umfang eines Kreises schätzen

1 Die Länge einer Kreislinie kannst du mithilfe eines Sechsecks ungefähr bestimmen.

a. Lege mit sechs Streichhölzern ein regelmäßiges Sechseck. Denke dir außen herum einen Kreis. Wie viele Streichhölzer brauchst du, um den Kreisdurchmesser zu legen?

b. Mache dasselbe mit gleich langen Farbstiften, mit Linealen oder anderen geeigneten Gegenständen. In welchem Verhältnis steht der Kreisumfang zum Kreisdurchmesser ungefähr?

Den Umfang eines Kreises genauer bestimmen

Mit kreisrunden Gegenständen (z. B. Tassen, Dosen, CDs …) kann man unterschiedlich große Kreise zeichnen.

2 Nimm einen Gegenstand deiner Wahl zur Hand.

a. Schätze den Kreisumfang deines Gegenstands.

b. Miss seinen Durchmesser d.

c. Bestimme nun den Kreisumfang u mithilfe einer Schnur bzw. eines Maßbands oder durch Abrollen.

d. Berechne das Verhältnis des Kreisumfangs zum Durchmesser, also u : d. Vergleiche mit den Ergebnissen deiner Mitschüler und Mitschülerinnen.

Online-Link 700371-0701 Tabelle für Aufgabe 2

3 Berechne den Umfang eines Kreises mit den angegebenen Größen. Runde dein Ergebnis auf die zweite Stelle hinter dem Komma.

a. Durchmesser 3 cm

b. Durchmesser 20 m

c. Radius 2,5 dm

d. Durchmesser eines Fahrradreifens

L *Umfang und Flächeninhalt von Kreisen schätzen und berechnen.*

Den Flächeninhalt eines Kreises schätzen

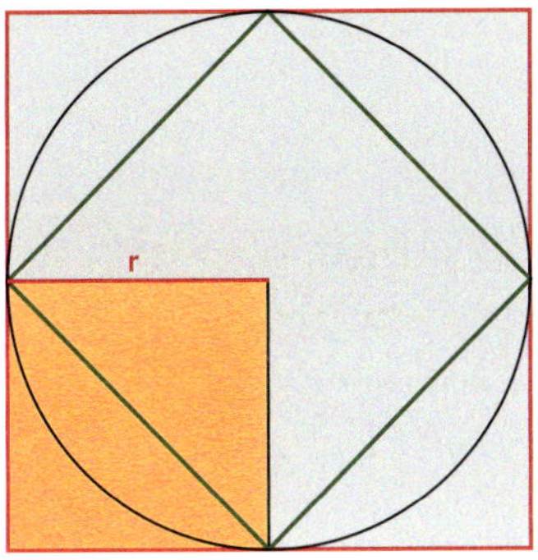

4 In der Zeichnung siehst du einen Kreis mit dem Radius r.
Vergleiche die Flächeninhalte der eingezeichneten Quadrate. Welche Aussagen kannst du über den Flächeninhalt des Kreises im Vergleich zu den Flächeninhalten der Quadrate machen?

5 Ein Kreis passt genau in ein Quadrat mit dem Flächeninhalt 16 cm^2.
a. Wie groß ist der Flächeninhalt eines solchen Kreises ungefähr?
b. Wie groß ist sein Umfang?

6 Nimm wieder einen Gegenstand aus Aufgabe 2 zur Hand. Schätze den Kreisflächeninhalt deines Gegenstandes.

Den Flächeninhalt eines Kreises genauer bestimmen

7
a. Ermittle nun den Flächeninhalt A der Kreisfläche mithilfe von Millimeterpapier, indem du Zentimeterquadrate und Millimeterquadrate auszählst.
b. Berechne den Quotienten aus Kreisfläche A und der Fläche des Radiusquadrats. Vergleiche mit den Ergebnissen deiner Mitschüler und Mitschülerinnen.
c. Formuliere mit deinen eigenen Worten, wie man aus dem Radius den Flächeninhalt eines Kreises berechnen kann.

Online-Link
700371-0702
Tabelle für Aufgabe 7

8 Berechne den Flächeninhalt eines Kreises mit den angegebenen Größen. Runde dein Ergebnis auf die zweite Stelle hinter dem Komma.
a. Radius 24 cm
b. Radius 3,5 dm
c. Durchmesser 16 m
d. Durchmesser 5 cm
e. Umfang 50 m
f. Umfang 75 km

9 Der Durchmesser eines bereiften Autorades ist 60 cm.
Wie oft dreht sich das Rad bei 1 km Fahrstrecke?

10 Schlage in der Bibel eine der folgenden Stellen nach:
1. Buch der Könige, Kapitel 7, Vers 23 oder
2. Buch der Chronik, Kapitel 4, Vers 2.
Was kann man hier über Kreise lernen?

11 Ein Kreis hat den Radius r.
a. Wie ändert sich der Umfang, wenn man den Radius verdoppelt, verdreifacht …?
b. Wie ändert sich der Flächeninhalt des Kreises, wenn man den Radius verdoppelt, verdreifacht …?

Ergänzende Aufgaben auf Seite 87

8 Mit rationalen Zahlen rechnen

Lege mit den Karten Berechungen mit einem möglichst kleinen und einem möglichst großen Ergebnis.

$\frac{1}{2}$ $2\frac{3}{4}$ $-1{,}3$ $-\frac{1}{5}$ 7 $+$ $-$ $\cdot$ $:$

1

a. Berechne. Betrachte die Ergebnisse und vergleiche zeilenweise von A bis E. Erkläre die Änderungen.

A	B	C	D	E
$\frac{1}{2}+\frac{1}{3}$	$\frac{1}{2}-\frac{1}{3}$	$\left(-\frac{1}{2}\right)+\left(-\frac{1}{3}\right)$	$\left(-\frac{1}{2}\right)-\left(-\frac{1}{3}\right)$	$\left(+\frac{1}{2}\right)+\left(-\frac{1}{3}\right)$
$0{,}7+0{,}2$	$0{,}7-0{,}2$	$(-0{,}7)+(-0{,}2)$	$(-0{,}7)-(-0{,}2)$	$(+0{,}7)+(-0{,}2)$
$\frac{2}{3}+\frac{7}{4}$	$\frac{2}{3}-\frac{7}{4}$	$\left(-\frac{2}{3}\right)+\left(-\frac{7}{4}\right)$	$\left(-\frac{2}{3}\right)-\left(-\frac{7}{4}\right)$	$\left(+\frac{2}{3}\right)+\left(-\frac{7}{4}\right)$
$1{,}4+5{,}6$	$1{,}4-5{,}6$	$(-1{,}4)+(-5{,}6)$	$(-1{,}4)-(-5{,}6)$	$(+1{,}4)+(-5{,}6)$

$+\frac{1}{3}$ ist die Gegenzahl von $-\frac{1}{3}$.

b. Ersetze bei **C** jeweils den zweiten Summanden durch die Gegenzahl. Berechne.
c. Ersetze bei **D** jeweils den ersten Summanden durch die Gegenzahl. Berechne.
d. Ersetze bei **D** jeweils den zweiten Summanden durch die Gegenzahl. Berechne.
e. Erkläre die Änderungen bei b., c. und d.

2

a. Berechne. Betrachte die Ergebnisse und vergleiche zeilenweise von A bis E. Erkläre die Änderungen.

A	B	C	D	E
$\frac{1}{2}\cdot\frac{1}{3}$	$\frac{1}{2}:\frac{1}{3}$	$\left(-\frac{1}{2}\right)\cdot\left(-\frac{1}{3}\right)$	$\left(-\frac{1}{2}\right):\left(-\frac{1}{3}\right)$	$\left(+\frac{1}{2}\right)\cdot\left(-\frac{1}{3}\right)$
$0{,}5\cdot 0{,}2$	$0{,}5:0{,}2$	$(-0{,}5)\cdot(-0{,}2)$	$(-0{,}5):(-0{,}2)$	$(+0{,}5)\cdot(-0{,}2)$
$\frac{2}{3}\cdot\frac{7}{4}$	$\frac{2}{3}:\frac{7}{4}$	$\left(-\frac{2}{3}\right)\cdot\left(-\frac{7}{4}\right)$	$\left(-\frac{2}{3}\right):\left(-\frac{7}{4}\right)$	$\left(+\frac{2}{3}\right)\cdot\left(-\frac{7}{4}\right)$
$1{,}4\cdot 5{,}6$	$1{,}4:5{,}6$	$(-1{,}4)\cdot(-5{,}6)$	$(-1{,}4):(-5{,}6)$	$(+1{,}4)\cdot(-5{,}6)$

Erinnere dich an das Multiplizieren mit dem Malkreuz.
$1{,}4\cdot 5{,}6$

·	**5**	**0,6**	
1	5	0,6	5,6
0,4	2	0,24	2,24
	7	0,84	7,84

b. Ersetze bei C jeweils den zweiten Summanden jeweils durch die Gegenzahl und berechne.
c. Ersetze bei D jeweils den ersten Summanden jeweils durch die Gegenzahl und berechne.
d. Ersetze bei D jeweils den zweiten Summanden jeweils durch die Gegenzahl und berechne.
e. Erkläre die Änderungen bei b., c. und d.

3

a. Stellt einander einige Additions- und Subtraktionsaufgaben, bei denen die Zahl $-0{,}5$ und zwei Minuszeichen pro Rechnung vorkommen. Kontrolliert euch gegenseitig.
b. Stellt einander einige Multiplikations- und Divisionsaufgaben, bei denen die Zahl -2 mindestens einmal pro Rechnung vorkommt. Kontrolliert euch gegenseitig.

4 Bestimme z.

a. $\frac{1}{8}:z=\frac{1}{4}$
$z\cdot 3=\frac{1}{3}$
$\frac{1}{6}+z=\frac{1}{2}$

b. $\frac{4}{15}-z=\frac{1}{5}$
$\frac{3}{5}+z=\frac{1}{4}$
$2\frac{3}{4}\cdot z=\frac{1}{3}$

c. $z:1\frac{2}{3}=\frac{1}{6}$
$-0{,}1\cdot z=\frac{1}{5}$
$-\frac{3}{20}+z=\frac{1}{4}$

L *Rationale Zahlen addieren, subtrahieren, multiplizieren und dividieren.*

> **Erinnere dich an „Kla Pu Stri".
> Beachte die Reihenfoge der Berechnung von Klammern, Punkt- und Strichrechnung.**

5

a. Berechne.

A

$2{,}4 - 1{,}8 - 0{,}7 - 0{,}3$
$2{,}4 - (1{,}8 - 0{,}7 - 0{,}3)$
$(2{,}4 - 1{,}8) - (0{,}7 - 0{,}3)$
$2{,}4 - ((1{,}8 - 0{,}7) - 0{,}3)$
$(2{,}4 - (1{,}8 - 0{,}7)) - 0.3$

B

$2{,}4 - (-1{,}8) - 0{,}7 - (-0{,}3)$
$2{,}4 - ((-1{,}8) - 0{,}7 - (-0{,}3))$
$(2{,}4 - (-1{,}8)) - (0{,}7 - (-0{,}3))$
$2{,}4 - (((-1{,}8) - 0{,}7) - (-0{,}3))$
$(2{,}4 - ((-1{,}8) - 0{,}7)) - (-0.3)$

C

$2 : \frac{1}{2} : \frac{1}{5} : \frac{1}{7}$
$2 : \left(\frac{1}{2} : \frac{1}{5} : \frac{1}{7}\right)$
$\left(\left(2 : \frac{1}{2}\right) : \frac{1}{5}\right) : \frac{1}{7}$
$2 : \left(\left(\frac{1}{2} : \frac{1}{5}\right) : \frac{1}{7}\right)$
$\left(2 : \left(\frac{1}{2} : \frac{1}{5}\right)\right) : \frac{1}{7}$

D

$2 : \left(-\frac{1}{2}\right) : \frac{1}{5} : \left(-\frac{1}{7}\right)$
$2 : \left(\left(-\frac{1}{2}\right) : \frac{1}{5} : \left(-\frac{1}{7}\right)\right)$
$\left(\left(2 : \left(-\frac{1}{2}\right)\right) : \frac{1}{5}\right) : \left(-\frac{1}{7}\right)$
$2 : \left(\left(\left(-\frac{1}{2}\right) : \frac{1}{5}\right) : \left(-\frac{1}{7}\right)\right)$
$\left(2 : \left(\left(-\frac{1}{2}\right) : \frac{1}{5}\right)\right) : \left(-\frac{1}{7}\right)$

b. Vergleiche die Ergebnisse. Was stellst du fest? Erkläre.

6 Du hast bereits das Kommutativ- und das Assoziativgesetz der Addition und der Multiplikation für natürliche Zahlen kennengelernt. Überprüfe durch Beispiele beide Gesetze sowohl für positive als auch negative Brüche und Dezimalzahlen.

> **Kommutativgesetz** der
> Addition $a + b = b + a$
> Multiplikation $a \cdot b = b \cdot a$
>
> **Assoziativgesetz** der
> Addition $a + (b + c) = (a + b) + c$
> Multiplikation
> $a \cdot (b \cdot c) = (a \cdot b) \cdot c$
>
> **Distributivgesetz**
> Ausmultiplizieren:
> $a \cdot (b + c) = a \cdot b + a \cdot c$
> Ausklammern:
> $a \cdot b + a \cdot c = a \cdot (b + c)$

7 Übertrage in dein Heft und berechne. Gib zu jedem Umformungsschritt an, welches Gesetz benutzt wurde.

a.
$\frac{2}{3} \cdot \left(0{,}7 - 1\frac{1}{2}\right) =$
$\frac{2}{3} \cdot 0{,}7 - \frac{2}{3} \cdot 1\frac{1}{2} =$
$0{,}7 \cdot \frac{2}{3} - 1\frac{1}{2} \cdot \frac{2}{3} =$
$\left(0{,}7 - 1\frac{1}{2}\right) \cdot \frac{2}{3} =$

b.
$\left(-\frac{3}{4}\right) \cdot 1\frac{3}{5} + 1\frac{3}{5} \cdot 0{,}8 =$
$1\frac{3}{5} \cdot \left(-\frac{3}{4}\right) + 1\frac{3}{5} \cdot 0{,}8 =$
$1\frac{3}{5} \cdot 0{,}8 + 1\frac{3}{5} \cdot \left(-\frac{3}{4}\right) =$
$1\frac{3}{5} \cdot \left(0{,}8 - \frac{3}{4}\right) =$

8 Rechne geschickt.

a. $12{,}4 + 8{,}4 - 5 - 12{,}4$

b. $7{,}3 - 1{,}8 + 3{,}7 + 8{,}1 - 13{,}7$

c. $0{,}6 + \frac{9}{10} + 2{,}5 - \frac{3}{5} + 0{,}1$

d. $-\frac{2}{9} \cdot \frac{2}{5} + \frac{11}{9} \cdot \frac{2}{5} + 3$

e. $-4 : \frac{9}{2} - 6 : \frac{2}{9} + 5 : \frac{9}{2}$

f. $-\left(\frac{7}{5} - \frac{5}{6}\right) + \frac{7}{5}$

9 Kopfgeometrie
Nur zwei der gezeichneten Netze gehören zum selben Würfel. Welche?

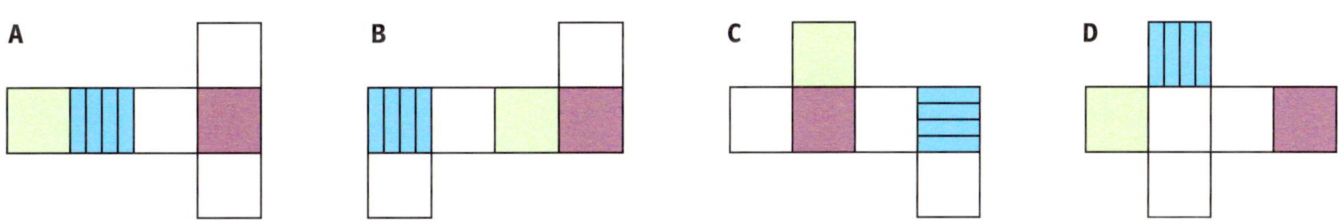

Ergänzende Aufgaben auf Seite 88 und 89

Rechentraining auf Seite 90 und 91

T1 Teste dich selbst auf Seite 92

9 Kopfgeometrie

Hier kannst du trainieren, dir Gegenstände im Kopf vorzustellen und sie dabei auch zu bewegen.

Flechtwürfel

1 Du kannst aus drei Papierstreifen nur durch Falten und Flechten, aber ohne zu kleben, einen Würfel herstellen.

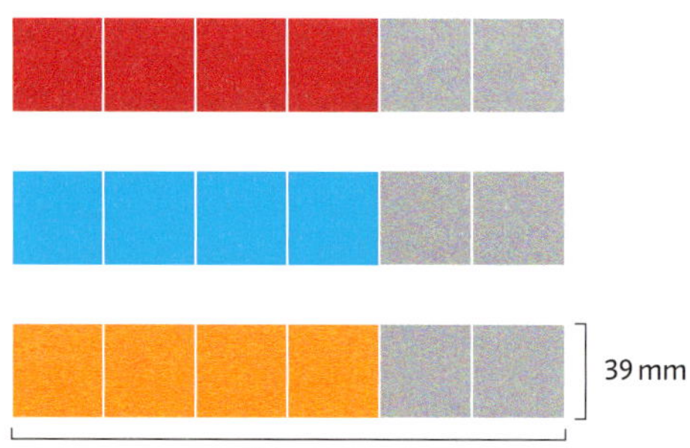

Maße der Streifen

Flechtstruktur

Erkläre jemandem, wie du geflochten hast.

Augensummen

Bei einem Spielwürfel beträgt die Augensumme gegenüberliegender Flächen immer 7.

2

a. Von einem Würfel kann man gleichzeitig nur drei Seitenflächen sehen. Welches ist die kleinste, welches die größte Augensumme, die man beim Würfel links auf einen Blick erfassen kann?

b. Begründe, weshalb die Augensumme 8 nicht auf einen Blick erfasst werden kann.

c. Welche Summen sind auf einen Blick sichtbar?

Würfel kippen

3 Der Würfel wird aus seiner Startlage um eine Kante auf das mit A bezeichnete Gitterquadrat gekippt.

a. Wie viele Augen sind nun oben?

b. Dann geht es weiter über B, C bis zum Feld D. Welche Augenzahl ist nun oben?

c. Wähle andere Wege im Gitter nach D. Liegt bei D immer die gleiche Zahl oben?

d. Führt man vier Kippbewegungen nach links und dann vier nach hinten aus (abgekürzt LLLLHHHH), steht der Würfel wieder wie beim Start. Es gibt auch andere Wege, bei denen der Würfel am Schluss wieder so wie beim Start steht. Suche solche Wege, die aus 4, 6 oder 8 Kippbewegungen bestehen.

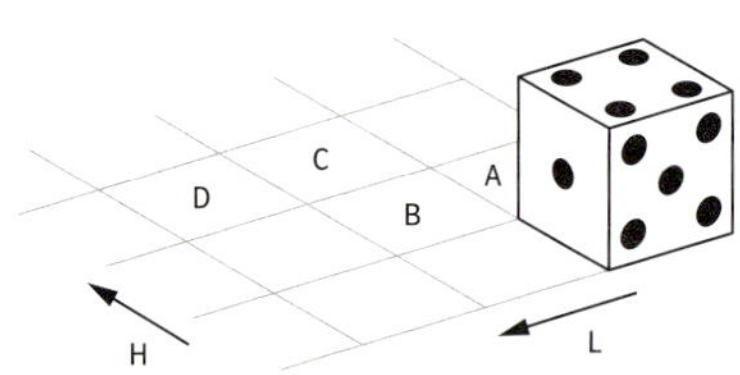

L *Das Raumvorstellungsvermögen trainieren.*

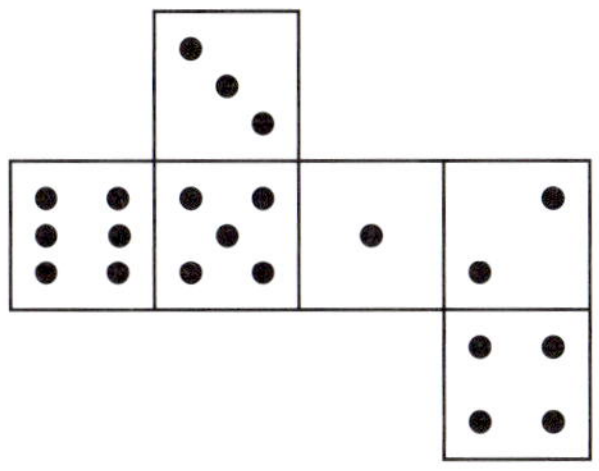

Würfelnetz

4 Nebenstehendes Netz wird so zu einem Würfel gefaltet, dass die Augen sichtbar bleiben.
Welche der unten gezeichneten Würfel könnten aus diesem Netz entstanden sein? Welche nicht? Begründe.

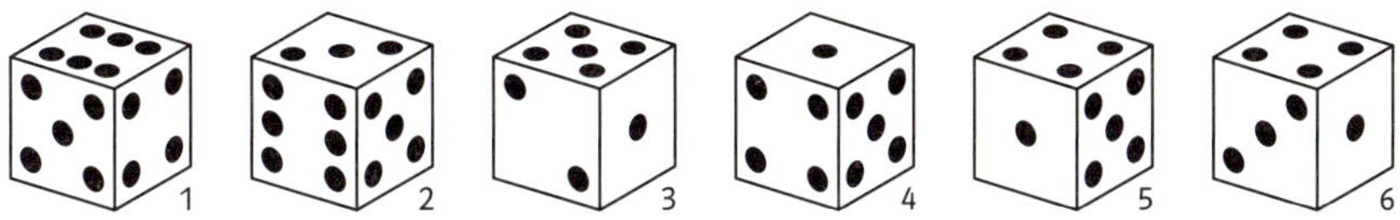

Bearbeite diese Aufgaben nicht alle hintereinander, sondern untersuche immer nur einen oder zwei der 15 Würfel. Verteile die Aufgabe über einen längeren Zeitraum.

Verdreht und gekippt

5

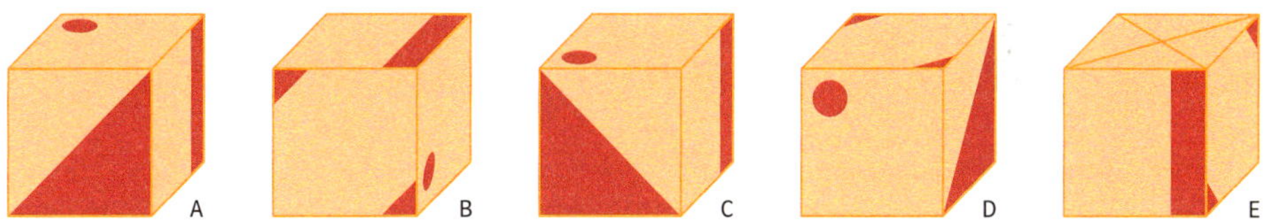

Alle Würfel A bis E haben sechs unterschiedlich gestaltete Seitenflächen.
Entscheide für jeden der Würfel 1 bis 15, welche der Würfel A bis E sich hinter der Nummer verstecken könnten.

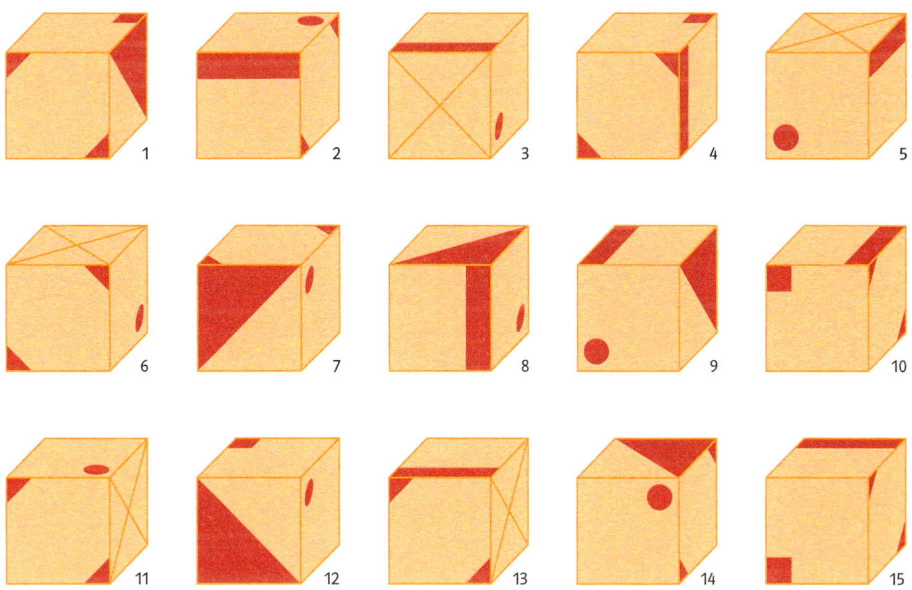

Ergänzende Aufgaben auf Seite 93

10 Domino – Triomino

Viele Spiele bestehen aus einfachen Hilfsmitteln und Regeln, lassen jedoch sehr viele verschiedene Spielmöglichkeiten zu. Hinter Spielen stehen oft mathematische Überlegungen und Zusammenhänge. Solche Spiele fördern das Kombinationsvermögen.

Domino

Domino wird in unzähligen Varianten auf der ganzen Welt gespielt. Vieles über den Ursprung und die Geschichte des Spiels liegt im Dunkeln. Von China aus kam das Domino vermutlich im 18. Jahrhundert nach Europa.

Spielmaterial

Die Spielsteine, Dominos genannt, sind Rechtecke. Jedes dieser Rechtecke besteht aus zwei aneinandergefügten Quadraten. Auf jedem Quadrat sind Augenzahlen wie bei einem Spielwürfel aufgemalt. Anders als beim Würfel kommt beim Domino auch die Augenzahl „Null" vor.

Spielregeln

Es gibt viele verschiedene Spielmöglichkeiten mit den Dominosteinen. Eines dieser Spiele für zwei Personen verläuft folgendermaßen: Jede Person erhält gleich viele Dominosteine. Sie werden zufällig verteilt. Es wird ausgelost, wer den ersten Stein legen kann. Abwechselnd legt man die Steine zu einer Schlange. Dabei müssen zwei benachbarte Steine an den Berührungsseiten der Quadrate die gleiche Augenzahl aufweisen (siehe Abbildung). Wer als Erster keinen Stein mehr anlegen kann, hat verloren.

1 Führt dieses Spiel mehrmals durch.

2 Wie viele verschiedene Dominosteine lassen sich herstellen?

3 Wie viele mögliche Spielsituationen gibt es nach drei Zügen, wenn jeder Spieler anlegen kann.

4 Beim Spiel mit Dominosteinen, die die Zahlen 0 bis 9 verwenden, haben drei Schüler folgende Rechnungen aufgestellt, um zu ermitteln, wie viele verschiedene Steine es geben kann:

A $1 + 2 + 3 + 4 + 5 + 6 + 7 + 8 + 9 + 10$

B $\frac{10 \cdot 11}{2}$

C $\frac{10 \cdot 9}{2} + 10$

Welche Überlegungen haben diese Schüler wohl angestellt?

L *Bei kombinatorischen Problemstellungen systematisch zählen.*

Triomino

Triomino ist eine dreieckige Variante des Dominos.

Spielmaterial

Die Spielsteine sind gleichseitige Dreiecke, die in den Ecken Zahlen von 0 bis 5 tragen. Spielsteine mit drei verschiedenen Zahlen kommen in zwei Varianten vor.

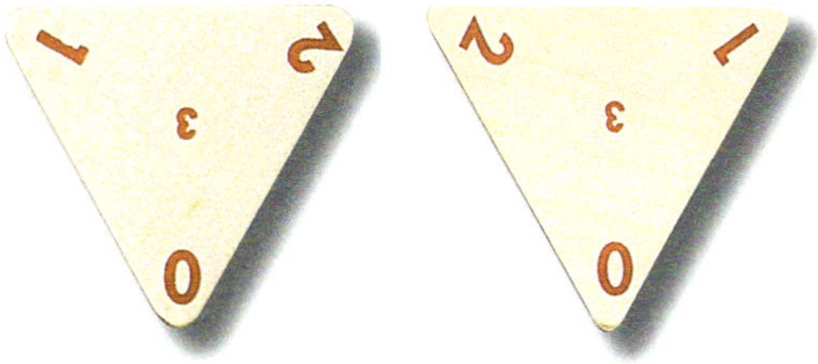

Diese beiden Triominos sind „Spiegelbilder" voneinander.
Sie gelten als verschieden.

5

a. Wie viele verschiedene Steine lassen sich herstellen, bei denen alle Zahlen gleich sind?
b. Wie viele verschiedene Steine mit zwei verschiedenen Zahlen lassen sich herstellen?
c. Wie viele verschiedene Steine mit lauter verschiedenen Zahlen lassen sich herstellen?
d. Stelle deine Überlegungen jeweils in Form einer Rechnung dar.
e. Kannst du deine Rechnung auch für andere Augenzahlen (wie z. B. 0 bis 6; 0 bis 7) nutzbar machen, indem du sie verallgemeinerst?

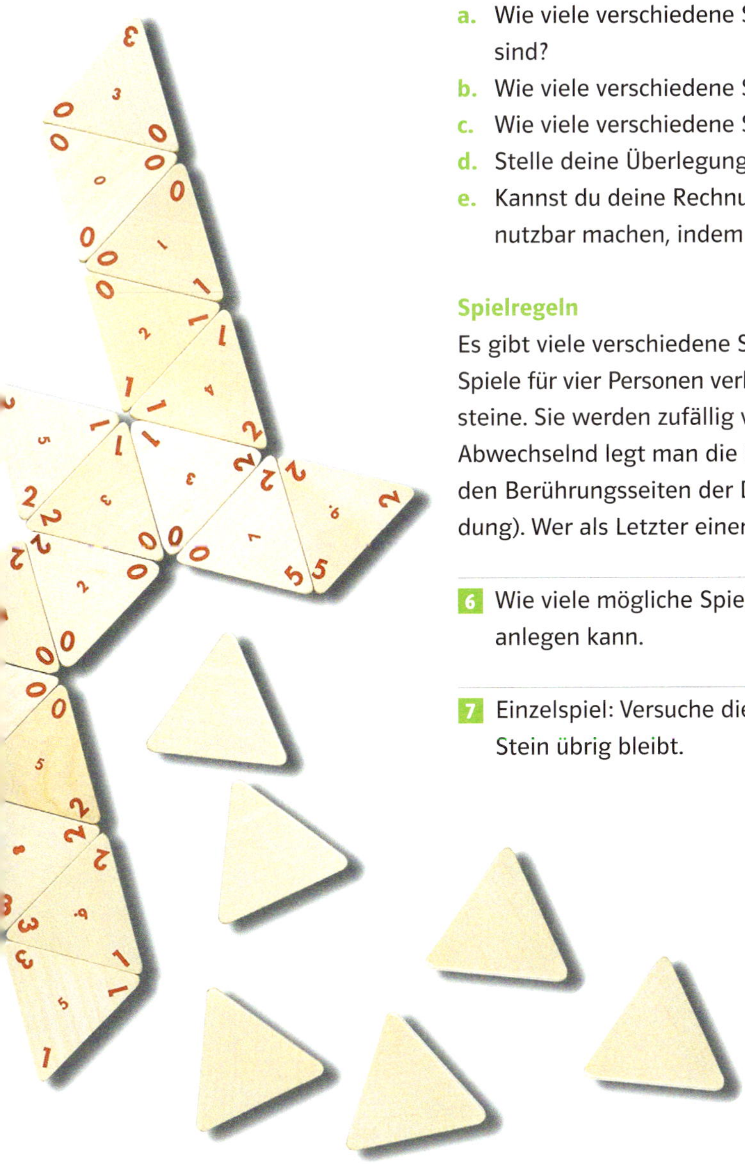

Spielregeln

Es gibt viele verschiedene Spielmöglichkeiten mit den Triominosteinen. Eines dieser Spiele für vier Personen verläuft folgendermaßen: Jede Person erhält gleich viele Triominosteine. Sie werden zufällig verteilt. Es wird ausgelost, wer den ersten Stein legen kann. Abwechselnd legt man die Steine aneinander. Dabei müssen zwei benachbarte Steine an den Berührungsseiten der Dreiecke in den Augenzahlen übereinstimmen (siehe Abbildung). Wer als Letzter einen Stein anlegen kann, hat gewonnen.

6 Wie viele mögliche Spielsituationen gibt es nach zwei Zügen, wenn der zweite Spieler anlegen kann.

7 Einzelspiel: Versuche die Triominosteine nach obiger Regel zu legen, ohne dass ein Stein übrig bleibt.

11 Knack die Box

Wie viele Hölzchen sind in der Box? Wie kann man es herausfinden?

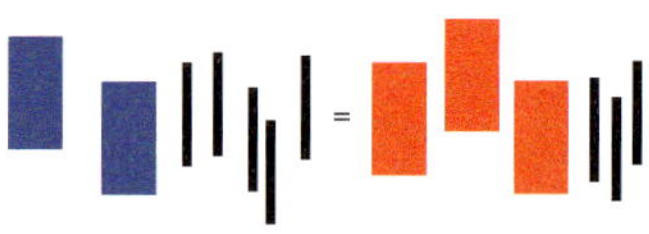

Boxen füllen

1

a. Lege mit Hölzchen und leeren Boxen nebenstehende Situation.
Fülle die Boxen nach folgenden Regeln:
1. Beidseits des Gleichheitszeichens liegen gleich viele Hölzchen.
2. In Boxen gleicher Farbe liegen jeweils gleich viele Hölzchen.

b. Wie viele Hölzchen können in den roten und blauen Boxen jeweils liegen?

c. Stellt euch gegenseitig ähnliche Aufgaben.

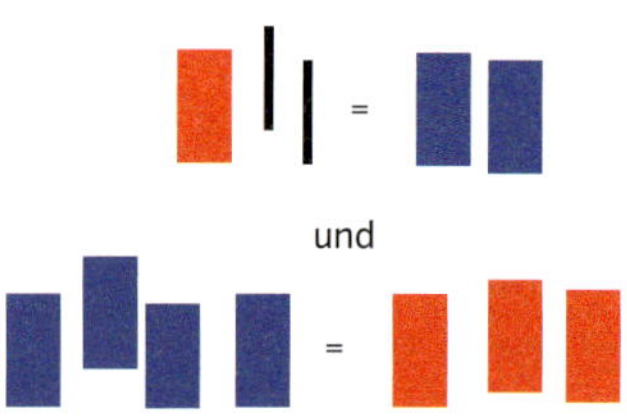

Boxen knacken

2

a. Lege nebenstehende Situationen. Jetzt müssen beide Gleichungen gleichzeitig erfüllt werden. Es gelten immer noch die Regeln:
1. Beidseits des Gleichheitszeichens liegen jeweils gleich viele Hölzchen.
2. In Boxen gleicher Farbe liegen in beiden Situationen gleich viele Hölzchen.

b. Knacke die Boxen.

c. Stellt euch gegenseitig ähnliche Aufgaben.

d. Sucht Aufgaben, die sich nicht lösen lassen.

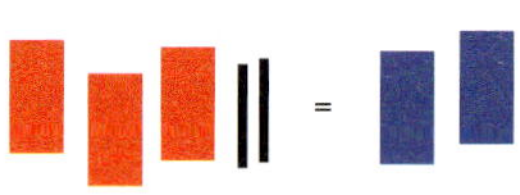

$3 \cdot y + 2 = 2 \cdot x$

Boxen kurz und bündig

3 Jede Boxenanordnung lässt sich in eine Gleichung übersetzen. Für die Anzahl Hölzchen in der blauen Box steht ein x, für die Anzahl in der roten Box ein y.

a. Welche Gleichung gehört zu welcher Boxenanordnung?

b. Zeichne die fehlende Boxenanordnung.

c. Erzeuge zu allen gezeichneten Boxenanordnungen von Aufgabe 1 und 2 die Gleichungen.

Anordnung A 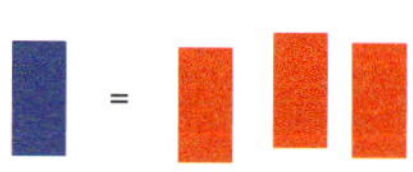

Anordnung B 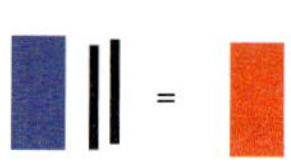

Anordnung C 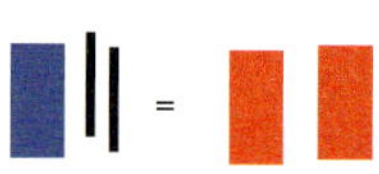

Gleichung 1	$x + 2 = 2 \cdot y$
Gleichung 2	$x + 2 = y$
Gleichung 3	$3 \cdot x = y$
Gleichung 4	$x = 3 \cdot y$

L *Bedeutung von Buchstaben in Termen und Gleichungen verstehen.*
Wechsel der Darstellungsformen: Gleichung, Tabelle, Text.

Von der Tabelle zur Boxenanordnung

4 In der Tabelle sind Zahlenpaare aufgelistet, die eine Gleichung erfüllen.
a. Ordne jeder Boxenanordnung die passende Tabelle zu.
b. Zeichne die fehlende Boxenanordnung.
c. Notiere jeweils die passende Gleichung.

Anordnung A 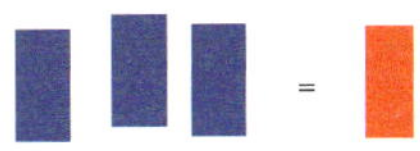

Anordnung B 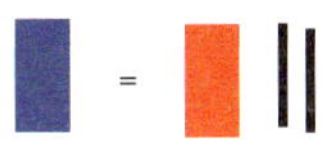

Anordnung C 

Tabelle 1

x	1	2	3	4	5	6
y	3	4	5	6	7	8

Tabelle 2

x	3	6	9	12	15	18
y	1	2	3	4	5	6

Tabelle 3

x	1	2	3	4	5	6
y	3	6	9	12	15	18

Tabelle 4

x	3	4	5	6	7	8
y	1	2	3	4	5	6

Vom Text zur Tabelle

5 Zeichne zu jedem Text eine passende Tabelle.
a. In einer roten Box liegen drei Hölzchen mehr als in einer blauen.
b. In einer blauen Box sind doppelt so viele Hölzchen wie in einer roten.
c. In einer blauen Box sind halb so viele Hölzchen wie in einer roten.
d. In einer blauen und in einer roten Box sind zusammen zehn Hölzchen.

6 Zeichne zu jedem Text aus Aufgabe 5 eine entsprechende Boxenanordnung.
Notiere jeweils die passende Gleichung.

Online-Link
700371-1101
Aufgabe 7

Boxen – Gleichung – Tabelle – Text

7 Jeweils eine Boxenanordnung, eine Gleichung, eine Tabelle und ein Text beschreiben die gleiche Situation. Welche gehören zusammen?

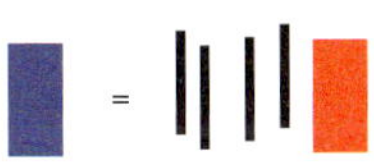

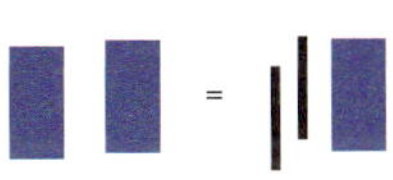

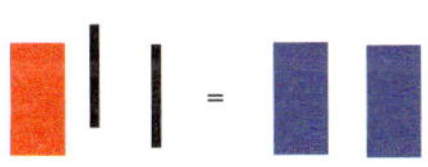

$2 \cdot x = x + 2$

$x = y + 4$

$y + 2 = 2 \cdot x$

$2 \cdot x = y$

x	1	2	3	4	5	6
y	2	4	6	8	10	12

x	1	2	3	4	5	6
y	0	2	4	6	8	10

x	2					
y	–					

x	5	6	7	8	9	10
y	1	2	3	4	5	6

In einer blauen Schachtel liegen vier Hölzer mehr als in einer roten.

In zwei blauen Schachteln gibt es zwei Hölzer mehr als in einer roten.

In einer roten Schachtel sind es doppelt so viele Hölzer wie in einer blauen.

In einer blauen Schachtel sind zwei Hölzer weniger als in zwei blauen Schachteln.

Signor Enrico lässt fragen

8 Wie viele Streichhölzer können aus einem Baumstamm hergestellt werden?

Ergänzende Aufgaben auf Seite 94 und 95

12 Wort – Bild – Term

Wenn wir in einer Situation etwas berechnen wollen, müssen wir ein passendes mathematisches Modell mit einer geeigneten Darstellung haben. Situationen kann man durch Worte, Bilder oder Terme beschreiben.

Ein Beispiel: Die *Blaue Karte* kostet jedes Jahr 10 Euro. Dafür erhält man bei jedem Kinobesuch, der normalerweise 8 Euro kostet, 1,50 Euro Rabatt.

Situation

Skizze

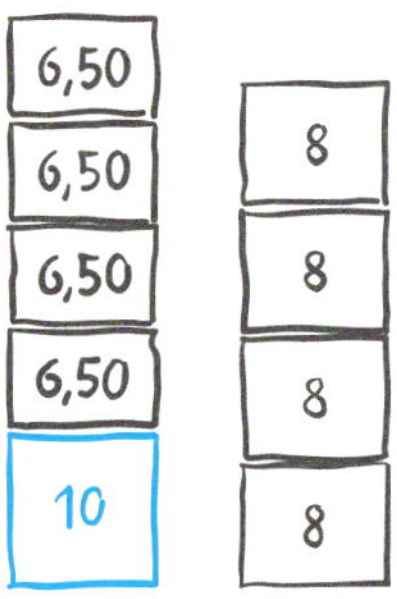

Tabelle

Anzahl der Kinobesuche	Preis in Euro mit Blauer Karte	Preis in Euro ohne Blaue Karte
0	10	0
1	16,50	8
2	23	16
3	29,50	24
4	36	32
5	42,50	40
6	49	48
7	55,50	56

Term

mit Blauer Karte: $10 + x \cdot 6{,}5$

ohne Blaue Karte: $x \cdot 8$

Texte und Skizzen

1 Marco und Anja tragen Prospekte aus. Die beiden Texte beschreiben unterschiedliche Situationen.

Situation A

zuerst: Anja und Marco bedienen zusammen 220 Adressen.
dann: Marco gibt 30 Adressen an Anja ab.

Situation B

zuerst: Marco bedient doppelt so viele Adressen wie Anja.
dann: Anja erhält noch 50 dazu und Marco erhält noch 20 dazu.

a. Was ist bei beiden Situationen gleich? Was ist verschieden?
b. Was weißt du am Anfang der Situationen? Was weißt du am Ende?
c. Suche mögliche Zahlen für den Anfang und das Ende der Situationen.
d. Stelle beide Situationen in einer Skizze dar.

2 Zwei der skizzierten Situationen (Kopiervorlage bzw. Online-Link) passen zu den Texten in Aufgabe 1.
a. Welche Skizze gehört zu welchem Text? Trage die Texte ein.
b. Wie könnte der Text zur anderen Skizze lauten? Trage ihn ein.
c. Vergleiche die Situation aus Aufgabe b. mit den beiden anderen. Was ist gleich? Worin unterscheiden sie sich?

Online-Link
700371-1201
Situation I bis III

3 Skizziere auf einem leeren Blatt eine eigene Anja-und-Marco-Situation. Lasse von jemandem den Text dazu schreiben. Überprüfe, ob deine Skizze richtig verstanden worden ist.

4 Beschreibe auf einem leeren Blatt eine eigene Anja-und-Marco-Situation. Lasse sie von jemandem als Skizze darstellen. Überprüfe, ob die „Übersetzung" geklappt hat.

L *Situationen erfassen, mit Worten beschreiben, mit Tabellen, Termen oder Skizzen darstellen.*

Tabelle			
vorher		nachher	
Anja	Marco	Anja	Marco
40	80	90	100
70	140	120	160
30	60	80	80

5

a. Die Tabelle stellt eine Situation dar, die du bei Aufgabe 1 als Text findest. Um welche Situation handelt es sich?

b. Fülle die Tabelle zu den anderen Situationen mit eigenen Zahlenbeispielen aus (Kopiervorlage bzw. Online-Link).

Darstellung mit Variablen und Termen

6 Du kannst Anja-und-Marco-Situationen auch algebraisch darstellen.

a. Welche der drei Situationen ist hier dargestellt?

Algebraisch		
	Anja	Marco
vorher:	x	y
Beziehung	$x + y = 220$	
nachher:	$x + 50$	$y + 20$

b. Stelle auch die beiden anderen Situationen algebraisch dar.

7 Fülle das Schema zur Anja-Marco-Situationen IV aus (2. Kopiervorlage bzw. Online-Link).

Online-Link 700371-1202 Situation IV

8 Jetzt geht es nicht mehr um Anzahlen von Adressen. Trotzdem lassen sich auch diese Situationen den Anja-Marco-Situationen I bis IV zuordnen. Finde zu jedem Text die passende Situation.

Zwei Jugendliche sind auf einer Tour. Beide tragen Rucksäcke.

a. Nicole trägt doppelt so viel wie Doris.
Nach einer Weile gibt Nicole das 2 kg schwere Zelt an Doris ab.

b. Nach dem Packen tragen Ivo und Bernd zusammen 13 kg.
Beim Einkaufen packt Ivo noch $\frac{1}{2}$ kg Brot und $1\frac{1}{2}$ l Mineralwasser dazu. Bernd nimmt noch 1 kg Äpfel.

c. Sandra und Domenico tragen zusammen 14 kg.
Domenico übernimmt von Sandra noch 1 kg Material.

An einer Schule gibt es eine Volleyball-, eine Basketball-, eine Handball- und eine Fußballgruppe.

d. Im Handball- und im Fußballteam sind zusammen 44 Jungen. Im neuen Quartal bekommt die Handballgruppe einen Zuwachs von neun Schülern, die Fußballgruppe aber nur einen Schüler mehr.

e. Am Volleyballspiel nehmen doppelt so viele Mädchen teil wie am Basketballspiel. Nun wechseln sieben Mädchen die Sportart von Volleyball zu Basketball oder umgekehrt.

9 Nehmt die Anja-und-Marco-Situation, die ihr in den Aufgaben 3 und 4 erfunden habt. Stellt sie als Tabelle und algebraisch dar.

Ergänzende Aufgaben auf Seite 96

13 Potenzieren

Sicher hast du auch schon einmal eine Ketten-E-Mail erhalten. Wie funktioniert das und mit wie vielen E-Mails kannst du rechnen?

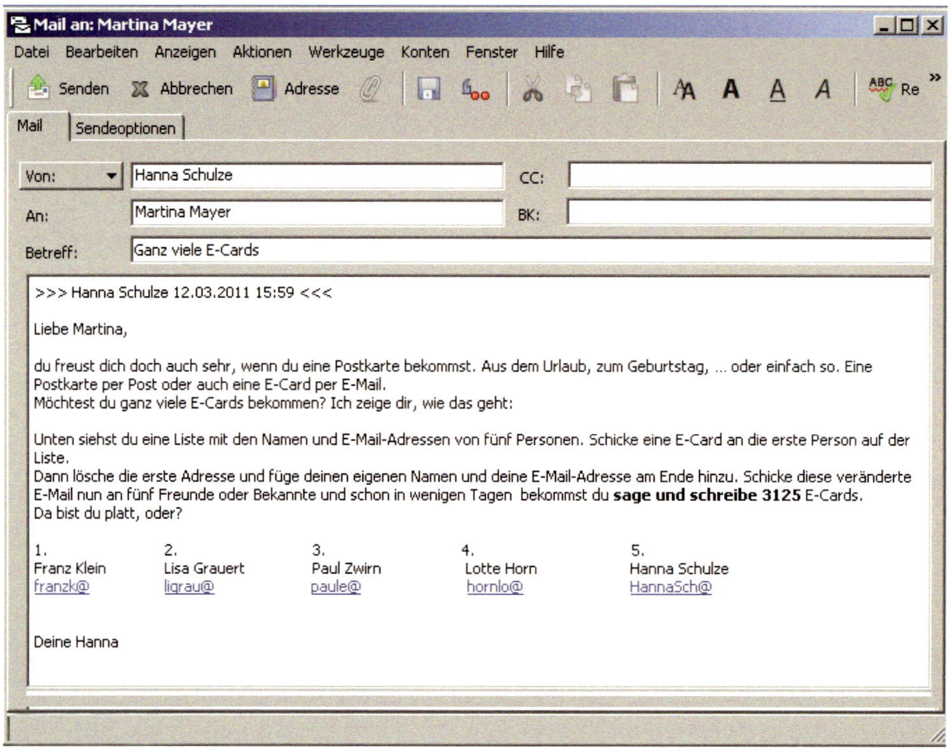
Mail an: Martina Mayer

Datei Bearbeiten Anzeigen Aktionen Werkzeuge Konten Fenster Hilfe

Senden Abbrechen Adresse

Mail | Sendeoptionen

Von: Hanna Schulze CC:

An: Martina Mayer BK:

Betreff: Ganz viele E-Cards

>>> Hanna Schulze 12.03.2011 15:59 <<<

Liebe Martina,

du freust dich doch auch sehr, wenn du eine Postkarte bekommst. Aus dem Urlaub, zum Geburtstag, ... oder einfach so. Eine Postkarte per Post oder auch eine E-Card per E-Mail.
Möchtest du ganz viele E-Cards bekommen? Ich zeige dir, wie das geht:

Unten siehst du eine Liste mit den Namen und E-Mail-Adressen von fünf Personen. Schicke eine E-Card an die erste Person auf der Liste.
Dann lösche die erste Adresse und füge deinen eigenen Namen und deine E-Mail-Adresse am Ende hinzu. Schicke diese veränderte E-Mail nun an fünf Freunde oder Bekannte und schon in wenigen Tagen bekommst du **sage und schreibe 3125** E-Cards.
Da bist du platt, oder?

1.	2.	3.	4.	5.
Franz Klein	Lisa Grauert	Paul Zwirn	Lotte Horn	Hanna Schulze
franzk@	ligrau@	paule@	hornlo@	HannaSch@

Deine Hanna

1 Stell dir vor, du versendest diese Ketten-E-Mail weiter.

a. Erkläre anhand des Baumdiagramms, was geschieht.

b. Wie viele Empfänger gibt es in der 4. Ebene, wie viele in der 5. Ebene, wenn alle mitmachen?

c. Wie kommt der Versender der E-Mail auf die Zahl von 3125 E-Cards?

d. Wann hätten alle 80 Millionen Einwohner Deutschlands eine E-Mail erhalten?

e. Eine ähnliche Mail soll an drei Bekannte versandt werden. Zeichne ein Baumdiagramm.

f. Warum wird vor Ketten-E-Mails gewarnt?

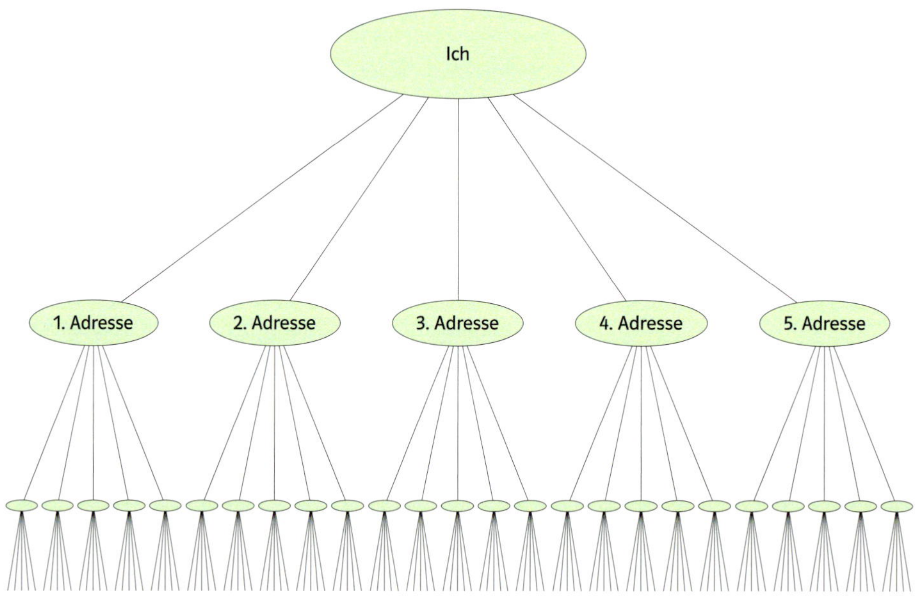

L *Erfahrungen mit der Operation „Potenzieren" sammeln. Potenzen darstellen und berechnen.*

Summe

a + b

(a und b heißen Summanden)

Die mehrfache Addition gleicher Summanden schreibt man als Multiplikation.

$a + a + a + a + a = 5 \cdot a$

Produkt

$n \cdot a$

(n und a heißen Faktoren)

Die mehrfache Multiplikation gleicher Faktoren schreibt man als Potenz.

$a \cdot a \cdot a \cdot a \cdot a = a^5$

Potenz

a^n

(a heißt Basis, n heißt Exponent)

Potenzieren hat Vorrang vor der Multiplikation.

2 Stimmen folgende Behauptungen zur Ketten-E-Mail?

a. 125 Leute erhalten eine Mail, auf der du an die vierte Stelle gerückt bist.

b. Alle erhalten die Ketten-E-Mail nur einmal.

c. Ein Baumdiagramm mit 6 Ebenen passt auf ein DIN-A4-Blatt.

d. Wenn man statt fünf E-Mails zehn verschickt, dann verbreitet sich die Mail doppelt so schnell.

3 Erstelle Tabellen in der folgenden Art und erweitere sie.

a	0	1	2	3	4	...
$a + 2$						
$a \cdot 2$						
a^2						
$a + 5$						
$a \cdot 5$						
a^5						
...						

a	1	2	3	5	10	20	...
a^2							
a^3							
a^4							
a^5							
...							

a	1	2	3	5	10	20	...
2^a							
3^a							
4^a							
5^a							
...							

4 Überprüfe die folgenden Behauptungen mit natürlichen Zahlen.

a. $a \cdot 2$ ist immer kleiner als $a + 2$.

b. $a \cdot 2$ ist immer kleiner als a^2, wenn a größer als 2 ist.

c. Es gibt eine natürliche Zahl, für die gilt: $a + 2 = a^2$.

5 Kannst du begründen, warum diese Ungleichungen fast immer gelten? Könnte es Zahlen geben, für die sie nicht gelten?

a. $n^3 \leqq 3^n$

b. $5^n > 5 \cdot n$

c. Stelle selbst eine Ungleichung auf, die für ein paar Zahlen gilt, aber nicht für alle.

Ergänzende Aufgaben auf Seite 97

14 Boccia – Pétanque – Boule

Boccia, Pétanque und Boule sind Namen für Kugelspiele, die im Freien gespielt werden. Die Spielidee ist immer die gleiche: Man versucht, die eigenen Kugeln näher an eine Zielkugel (Schweinchen, Cochonnet, But oder Pallina) zu platzieren als das gegnerische Team.

Spielregeln: Boule (Jeu Pétanque)

Es spielen zwei Teams gegeneinander. Ein Team besteht entweder aus zwei Spielenden mit je drei Kugeln oder aus drei Spielenden mit je zwei Kugeln.

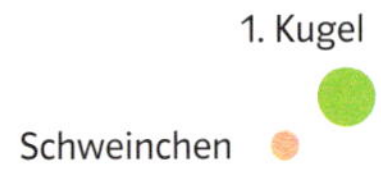

Spielverlauf

Team Grün beginnt. Der erste Spieler zeichnet einen Kreis und stellt sich hinein. Er wirft das Schweinchen 6 – 10 m weit und anschließend seine 1. Kugel möglichst nahe zum Schweinchen.

Nun stellt sich der erste Spieler von Team Rot in den Kreis und versucht, seine erste Kugel näher beim Schweinchen zu platzieren als die Kugel von Grün. Die Spieler von Team Rot werfen so lange, bis mindestens eine ihrer Kugeln näher beim Schweinchen liegt als die beste Kugel von Team Grün.

Jetzt ist wieder Team Grün an der Reihe.

Wenn ein Team keine Kugeln mehr hat, werfen die Spieler des anderen Teams ihre restlichen Kugeln. Danach werden die Punkte gezählt. Gewinnpunkte bringen alle Kugeln, die näher beim Schweinchen liegen als die beste Kugel des gegnerischen Teams.

Gewinnpunkte

Sind die Punkte gezählt, wird ein neuer Kreis gezogen und die nächste Runde beginnt mit dem Team, welches zuletzt Punkte erzielt hat.

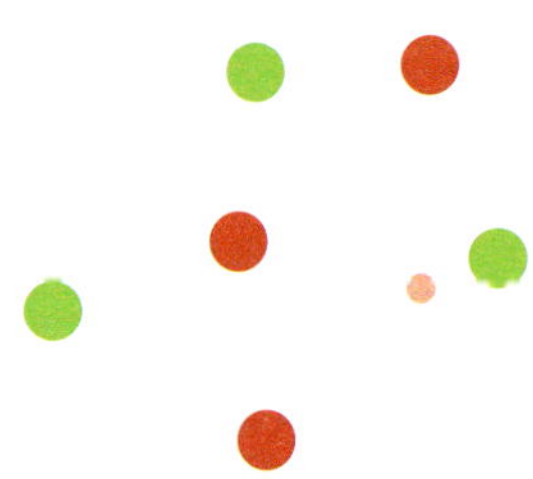

Team Grün gewinnt einen Punkt.

Team Rot gewinnt zwei Punkte.

Schluss des Spiels

Das Team, das zuerst 13 Punkte erreicht, gewinnt das Spiel.

[L] *Geometrische Grundkonstruktionen verstehen und exakt zeichnen.*

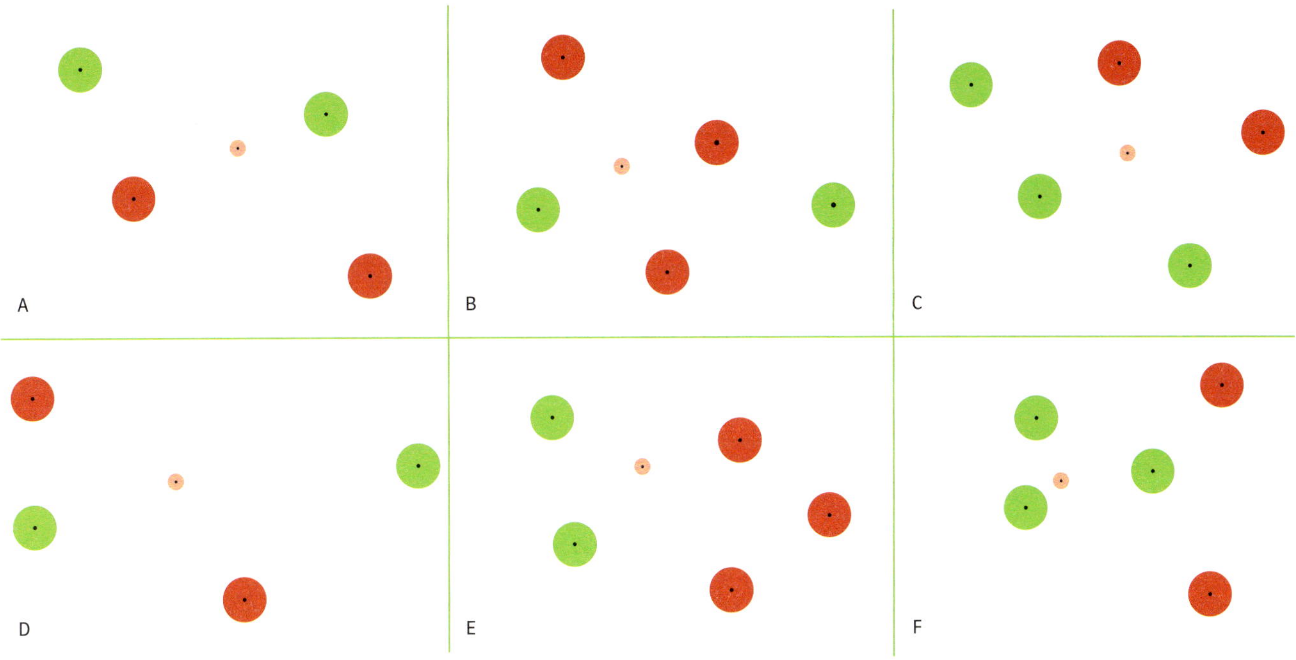

1 Hier siehst du verschiedene Spielsituationen. Da beim Messen die Gefahr besteht, dass eine Kugel verschoben wird, versucht man die Situationen möglichst nach Augenmaß zu entscheiden.
Gib an, welches Team jeweils wie viele Punkte erhält. Welche Situationen sind besonders heikel? Erkläre, wie du in diesen Fällen vorgegangen bist.

Der Abstand eines Punktes zu einer Geraden ist die Länge des Lots vom Punkt P zur Geraden g.

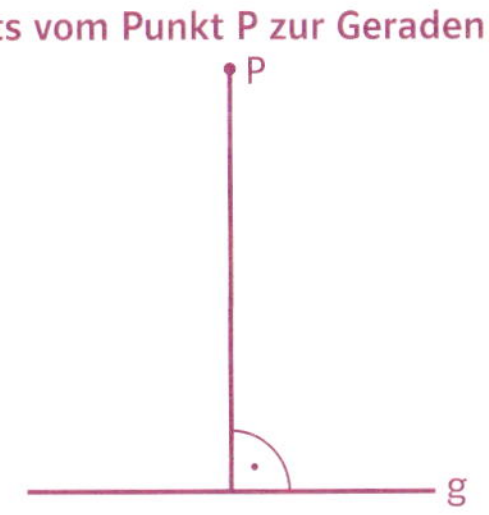

2 Zeichne zwei Punkte auf ein Blatt. Sie stellen zwei Kugeln dar. Wo könnte das Schweinchen liegen, wenn das Spiel unentschieden ausgeht?

P •

• Q

a. Zeichne einige Punkte, welche die Lage des Schweinchens darstellen.
b. Konstruiere möglichst exakt alle Punkte, welche von den gegebenen Punkten gleich weit entfernt sind.

3 Zeichne zwei sich schneidende Geraden.
a. Zeichne einige Punkte, welche von den beiden Geraden g, h den gleichen Abstand haben.
b. Konstruiere möglichst exakt alle Punkte, welche von den beiden Geraden gleich weit entfernt sind.

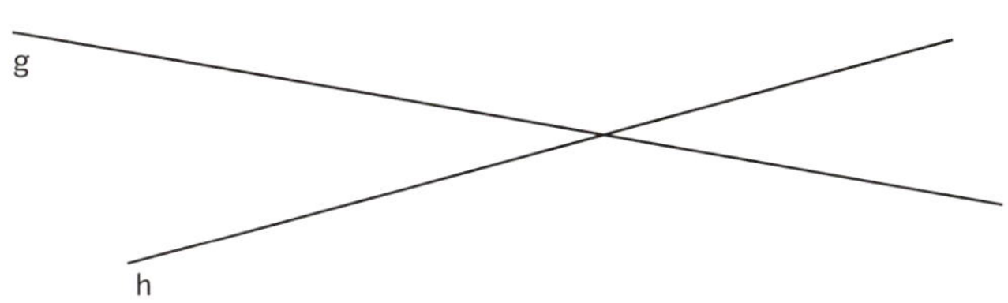

▶ *Ergänzende Aufgaben auf Seite 98 und 99*

15 Auf Biegen und Brechen

Vielleicht bist du schon einmal Ski oder Snowboard gefahren und hast festgestellt, dass Skier oder das Snowboard sich gut biegen lassen. Aber wie viel halten sie eigentlich aus?

Härte eines Snowboards bestimmen

Legt ein gebrauchtes Snowboard auf zwei etwa 8 cm hohe Holzklötze. Die Rundungen schauen über die Klötze hinaus. Stellt hinter das Snowboard einen mit Papier beklebten Schuhkarton. Mit einem dünnen Bleistiftstrich markiert ihr, wie hoch die obere Kante des Snowboards über dem Boden steht.

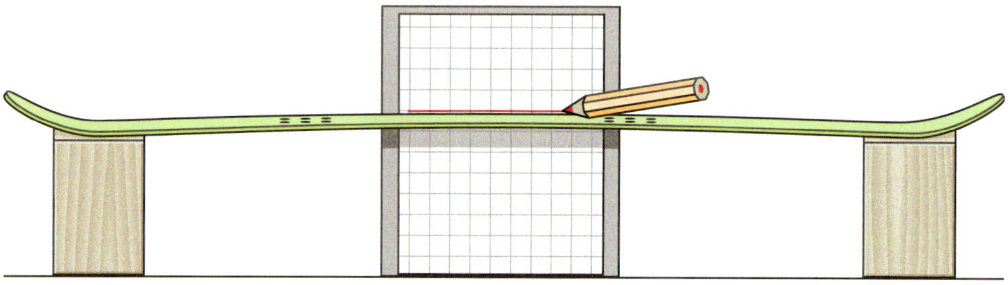

1 Besorgt euch verschiedene Gewichte und stellt sie in die Mitte auf das Snowboard. Wie weit biegt sich das Snowboard durch?
Übertrage die Wertetabelle in dein Heft und notiere die Ergebnisse.

Gewicht in kg	0	5	10	15	...
„Biegung“: Abstand von der normalen Höhe in mm	0				

Ist das Verhältnis zwischen zwei zugeordneten Größen immer gleich, so spricht man von **Proportionalität.**

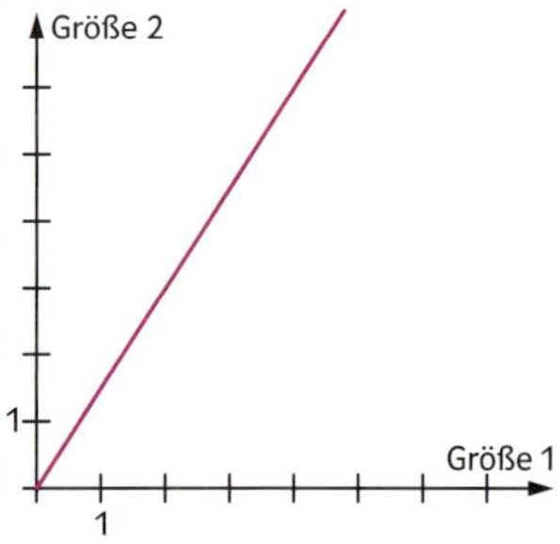

2 Jemand nennt das Gewicht seiner Schultasche. Sagt voraus, wie weit sich das Snowboard biegen wird, wenn die Schultasche auf das Snowboard gestellt wird.
Stimmen eure Vorhersagen mit den wahren Werten überein?
Ergänzt eure Wertetabelle. Auf welcher Annahme beruht eure Aussage?

3 Bei welchem Gewicht biegt sich das Snowboard bis zum Boden durch?
a. Macht Voraussagen und überprüft sie.
b. Kontrolliert, ob dieses Experiment das Snowboard verändert hat.

4 Stellt die Wertepaare für das Snowboard in einer Grafik dar. Beschreibt den Zusammenhang zwischen Gewicht und Biegung.

5 Nehmt andere Bretter, Lineale oder Gegenstände, die biegbar sind.

L *Proportionale und antiproportionale Zuordnungen erkennen und darstellen sowie Grenzen der Modelle sehen.*

Rechtecke mit gleichem Flächeninhalt

6 Nimm kariertes Papier. Schneide daraus verschiedene Rechtecke mit der Fläche von 48 Kästchen. Vergleicht die Rechtecke untereinander.

a. Wie viele verschiedene Rechtecke habt ihr gefunden?

b. Wie viele verschiedene Rechtecke mit der Fläche von 48 Kästchen sind denkbar?

c. Färbe alle Rechtecke unterschiedlich und notiere deren Länge und Breite.

d. Übertrage alle Werte in eine Wertetabelle.

Länge in cm								
Breite in cm								

Ist der Wert des Produktes zweier zugeordneter Größen x und y immer gleich, so spricht man von **umgekehrter Proportionalität** oder **Antiproportionalität**.

7 Zeichne zwei senkrechte Achsen auf kariertes Papier. Klebe deine Rechtecke im rechten Winkel so übereinander, wie die Abbildung zeigt.
Nimm an, du würdest noch weitere solche Rechtecke mit einer Fläche von 48 Kästchen aufkleben.
Wo liegt dann jeweils die rechte obere Ecke? Zeichne diese Punkte ein.

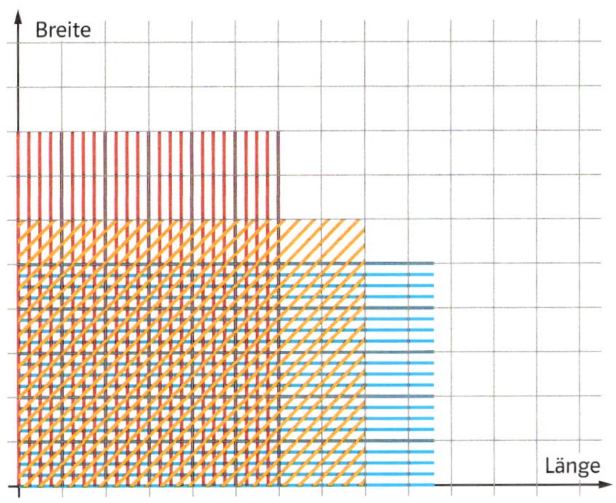

8 Vergleiche die Wertetabelle in Aufgabe 6 mit der Grafik in Aufgabe 7.

a. Beschreibe die Zusammenhänge in eigenen Worten.

b. Begründe, warum diese Abhängigkeit keine proportionale Zuordnung ist.

9 Beispiel einer Wertetabelle für Proportionalität

a.

x	1	2	3	4	5	6	7	8	…
y	9	18	27	36	45	54	63	72	…

Beispiel einer Wertetabelle für umgekehrte Proportionalität

b.

x	1	2	3	4	6	8	9	12	…
y	144	72	48	36	24	18	16	12	…

Beschreibe die Zusammenhänge in Worten und stelle sie mithilfe der Variablen x und y dar.
Woran erkennst du in einer Wertetabelle proportionale Zuordnungen, woran umgekehrt proportionale Zuordnungen? Beschreibe mit eigenen Worten.

Ergänzende Aufgaben auf Seite 100 und 101

T2 *Teste dich selbst auf Seite 102*

16 Ironman

3,8 km schwimmen, 180 km radfahren und 42,2 km laufen – Wer schafft das?

Vielleicht hast du schon einmal vom „Ironman“ gehört. Das ist eine extreme Form des Triathlons. Der älteste, bekannteste und spektakulärste Ironman-Wettkampf wird jedes Jahr auf Hawaii ausgetragen. In Frankfurt findet ebenfalls jährlich der Ironman Germany statt. Dabei müssen die Athleten die oben genannten Distanzen zurücklegen.

Disziplinen

1

a. Gib ungefähr an, welche Anteile der Gesamtstrecke die Sportler im Wasser, auf dem Fahrrad und zu Fuß zurücklegen.

b. Berechne die genauen Anteile und stelle dein Ergebnis in einem geeigneten Diagramm dar.

c. Vergleicht untereinander die von euch ausgewählten Diagramme.

2 Schätze die Zeit, die der Rekordhalter und die Rekordhalterin für den Ironman auf Hawaii gebraucht haben.

3 Nina hat an einem Ironman-Wettkampf teilgenommen. Ihr Ergebnis ist hier in einem Streifendiagramm dargestellt.

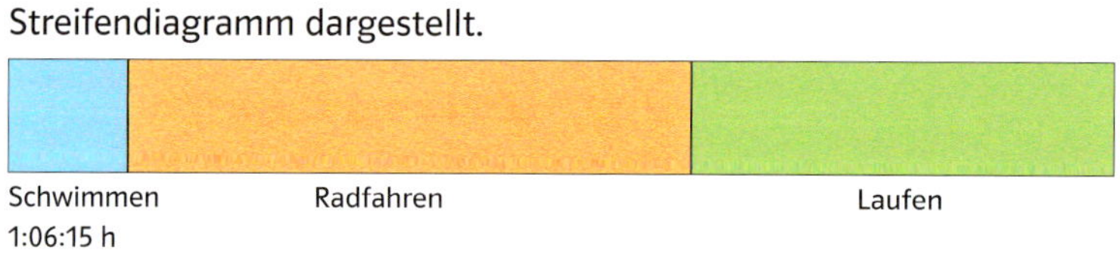

a. Nina behauptet, sie habe weniger als $\frac{1}{8}$ der Zeit im Wasser verbracht. Hat sie recht?

b. Ihr Freund behauptet, dass sie mehr als $\frac{1}{10}$ der Zeit im Wasser verbracht hat. Was meinst du dazu?

c. Bestimme die Zeiten für die anderen Disziplinen und die Gesamtzeit.

4

a. Recherchiere die Rekorde für den Ironman im Internet und vergleiche mit deiner Schätzung in Aufgabe 2.

b. Wie gut hast du geschätzt? Gib eine eventuelle Abweichung in Prozent an.

L *Rechnen mit Prozent, Brüchen und Dezimalbrüchen. Lesen und erstellen von Diagrammen.*

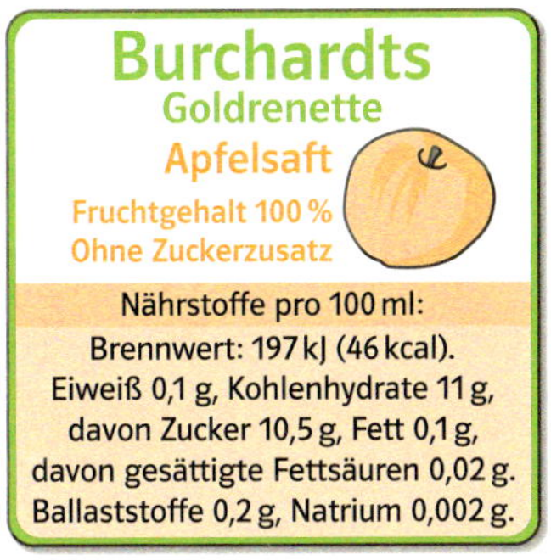

Ernährung

5 Der menschliche Körper braucht Energie zum Leben (Grundumsatz) und zusätzliche Energie für Anstrengungen (Leistungsumsatz). Die Energiemenge wird in kcal (Kilokalorien) oder in kJ (Kilojoule) angegeben.
Eine 60 kg schwere Frau hat einen Grundumsatz von ungefähr 1350 kcal pro Tag. Der Gesamtenergiebedarf beträgt ungefähr 2000 kcal/Tag.

a. Berechne den Anteil von Grund- und Leistungsumsatz am Gesamtenergiebedarf.
b. Gib den Grund- und den Leistungsumsatz in kJ an.
c. Nina verbraucht bei ihrem Ironman insgesamt ungefähr 7000 kcal.
Wie hoch ist bei ihr der Anteil des Grund- und des Leistungsumsatzes?

6 Wichtige Bestandteile der Nahrung sind Kohlenhydrate, Eiweiß und Fett. Diese liefern dem menschlichen Körper die Energie, die er braucht.
Eine Frau, die wie Nina Ausdauersport betreibt, sollte $\frac{3}{5}$ ihres Gesamtenergiebedarfs durch Kohlenhydrate decken, ein Viertel durch Fett, den Rest durch Eiweiß. Bei Kraftsport sollte der Eiweißanteil bei 30 % liegen, der Fettanteil bei 15 %, den Rest sollten die Kohlenhydrate abdecken.
Für Erwachsene, die keinen Leistungssport betreiben, empfiehlt die Deutsche Gesellschaft für Ernährung (DGE) folgende Nährstoffverteilung:

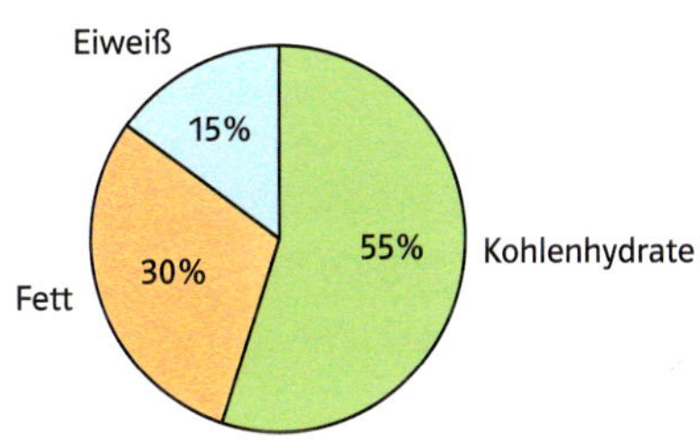

a. Berechne, welchen Anteil an Eiweiß ein Ausdauersportler benötigt.
b. Wer hat die fettreichste und wer die kohlenhydratärmste Ernährung?
c. Vergleiche den Eiweißanteil an der Nahrung bei den drei Sportlertypen.

100 ml Vollmilch enthalten:	
...	
Kohlenhydrate	4,8 g
Eiweiß	3,3 g
Fett	3,5 g

7 Eine Frau mit einem täglichen Gesamtenergiebedarf von 2000 kcal sollte nach der obigen Empfehlung der DGE täglich 260 g Kohlenhydrate, 65 g Fett und 70 g Eiweiß zu sich nehmen.

a. Wie viel Energie enthalten 1 g Kohlenhydrate, 1 g Fett und 1 g Eiweiß?
b. Anja sagt: „Das sind ja 65 % Kohlenhydrate. Das ist viel zu viel." Nimm dazu Stellung.
c. Wie viel Energie liefern 100 ml Vollmilch?

8 Bei einem Wettkampf ernähren sich die Sportler oft von sogenannten Powergels um genug Energie für den Wettkampf zu haben.

Art der Nahrung	40 g Powergel	100 g Kartoffeln	100 g gekochte Nudeln	100 ml Cola
Energie	110 kcal	70 kcal	160 kcal	40 kcal

a. Wie viel Kartoffeln, Nudeln oder Cola haben gleich viel Energie wie eine 40-g-Packung Powergel?
b. Wie viele Powergel-Packungen braucht Nina, um ihren Energiebedarf von 7000 kcal zu decken? Wie viel Kartoffen, Nudeln oder Cola müsste sie für die gleiche Energiemenge zu sich nehmen?

Ergänzende Aufgaben auf Seite 103

17 Wählen

Wählen zu dürfen, ist ein wichtiges Recht. Auch in der Schule darfst du wählen: Klassensprecher, Schulsprecher, Vertrauenslehrer und manchmal auch Schulfächer.

Gestern waren die Wahlen zum Vertrauenslehrer. Wie jedes Jahr waren alle Schülerinnen und Schüler aufgefordert, die Lehrerin oder den Lehrer zu wählen, der sich um die Schülervertretung kümmert und an den sich die Schülerinnen und Schüler wenden können, wenn sie Probleme mit anderen Lehrerinnen und Lehrern haben.

Name	Frau Mager	Herr Dabrock	Herr Bollenbach	Frau Oldenburg
Stimmenanzahl	188	367	215	472

1 Beurteile die Aussagen aus der Schülerzeitung und begründe deine Meinung.
a. Herr Bollenbach bekam $\frac{2}{3}$ der Stimmen von Herrn Dabrock.
b. Frau Oldenburg erhielt mehr als 35 % der Stimmen.
c. Fast jeder sechste Schüler wählte Frau Mager.
d. Die beiden Lehrerinnen haben zusammen die absolute Mehrheit der Stimmen.
e. Herr Dabrock hat 50 % mehr Stimmen als Frau Mager.
f. Die beiden Frauen haben 10 % mehr Stimmen geholt als die beiden Männer.

2 Gib die Prozentsätze und den Grundwert für die Wahl zum Vertrauenslehrer an.

3 Da das Wahlverhalten in den einzelnen Klassen sehr unterschiedlich ist, wird angeregt, für die nächste Wahl in den Stufen 5 und 6 einen eigenen Vertrauenslehrer zu wählen. Aus diesen Klassen (143 Schüler) haben über 90 % der Schüler Frau Oldenburg gewählt.
a. Welche Folgen hätte es gehabt, wenn diese Regelungen schon in diesem Jahr gegolten hätte?
b. Schätze ab, wie viel Prozent der Stimmen Frau Mager unter diesen Bedingungen wahrscheinlich in den restlichen Klassenstufen gehabt hätte.

4 Teamarbeit ist an der Schule wichtig, so soll der gewählte Vertrauenslehrer mit einer zweiten als Vertrauenslehrer gewählten Lehrkraft zusammenarbeiten. Aus der Schülerschaft gibt es hierzu nun drei Vorschläge:
I) Die zweitplatzierte Person soll es werden.
II) In einem eigenen Wahlgang soll die Person bestimmt werden.
III) Das Vertrauenslehrerteam soll aus einer Frau und einem Mann bestehen.
a. Beurteile die Vorschläge.
b. Wie würdest du in der aktuellen Situation vorgehen?
c. Wie sollten zukünftig die Vertrauenslehrer gewählt werden?

L *Grundwerte, Prozentwerte und Prozentsätze berechnen.*

Wahl zum Oberbürgermeister in Bad Ascheberg

5 In der Gemeinde Bad Ascheberg wurde 2009 ein neuer Oberbürgermeister gewählt. Drei Kandidaten haben sich zur Wahl gestellt. Von den 48 230 stimmberechtigten Bürgerinnen und Bürgern haben sich 45 % für Simone Wenck, 31 % für Günther Sauer und 23 % für Anette Fritsche entschieden. Bemerkenswert ist das Ergebnis von Herrn Sauer, da er die gleiche Anzahl der Stimmen (14 951) wie bei der letzten Wahl vor fünf Jahren auf sich vereinigen konnte. Damals hat er 33 % erreicht, Frau Fritsche 20 % und Frau Wenck 46 %. Die 75 450 Seelen zählende Gemeinde ist in den vergangenen fünf Jahren durch Zuzug und Eingemeindung um 7 485 Menschen gewachsen.

a. Hat sich das Wahlergebnis für Frau Wenck 2009 verschlechtert? Begründe.
b. Welcher Kandidat hat sein Ergebnis 2009 verbessern können? Begründe.
c. Erkläre, warum sich für Herrn Sauer bei gleicher Stimmenanzahl das Wahlergebnis 2009 verschlechtert hat.
d. Um wie viel Prozentpunkte haben sich die Ergebnisse der drei Kandidaten von 2004 zu 2009 verändert?
e. Wie viel stimmberechtigte Menschen lebten 2004 in Bad Ascheberg?

6 Die Jugendzeitschrift SUPER hat ihre Leserinnen und Leser aufgerufen, aus 26 vorgeschlagenen Musikgruppen und Einzelinterpreten die Top Five zu wählen. 250 000 junge musikinteressierte Menschen haben sich 2010 an der Umfrage beteiligt, das waren ca. 40 000 Jugendliche weniger als im Vorjahr.
Wie haben sich die Prozentwerte der Musiker von 2009 zu 2010 entwickelt? Vergleiche auch die absoluten Zahlen miteinander.

SUPER TOP 5

Hier ist die Top Five '10

Und vier Gruppen aus der Top Five des letzten Jahres sind wieder dabei. Neu dazu gekommen ist Yellow, eine

Platz	2010		2009	
1	Diana King	15 %	Tombawater	14 %
2	Blue Eyed Apples	11 %	Diana King	9 %
3	Tombawater	9 %	Peking Kids	8 %
4	Gentle Go	8 %	Gentle Go	5 %
5	Yellow	7 %	Blue Eyed Apples	4 %

Ergänzende Aufgaben auf Seite 104 und 105

Rechentraining auf Seite 106

18 Aufwärts – abwärts

Im Straßenverkehr werden Steigungen in Prozent ausgedrückt. Man kann Steigungen auch durch Neigungswinkel oder durch Verhältnisse angeben.

Steile Keile

1

a. Stellt aus Karton Keile mit verschiedenen Steigungen her und beschriftet sie.

b. Schiebt die Keile (Dreiecke) bis zum Anschlag unter den Buchdeckel des Mathematikbuches. Legt verschiedene Gegenstände auf den Buchdeckel.
Bis zu welcher Steigung bleiben sie liegen, wann rutschen oder rollen sie?
Protokolliert und vergleicht.

Beim gelben Keil beträgt die Steigung 6:18 (sprich: sechs zu achtzehn) oder $\frac{6}{18}$ oder $\frac{1}{3}$ oder $33\frac{1}{3}\%$.

c. Welcher Neigungswinkel (siehe Grafik zu Aufgabe 2) gehört zu welcher Steigung? Messt und erstellt eine Tabelle.

d. Zeichnet einen Graph zu den Werten aus c. Ist die Zuordnung proportional?

Bei gleicher Steigung der **Steigungsdreiecke** ist auch das Verhältnis der Seitenlängen am Dreieck gleich.

Steile Treppen

2

a. Zeichne diese Treppe (ohne Geländer) maßstabgetreu ins Heft. Bestimme die Steigung als Bruch, als Dezimalbruch und in Prozent. Miss den Neigungswinkel.

b. Wie groß sind die Steigungen der Treppen in eurer Schule? Macht Skizzen mit Maßangaben und beschreibt euer Vorgehen. Vergleicht die Ergebnisse.

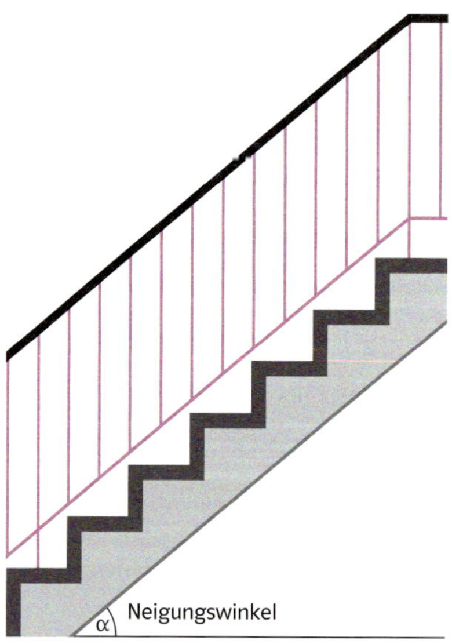

L *Steigungen in unterschiedlichen Sachverhalten und Zusammenhängen erfahren und bestimmen.*

Bahn	Rüdesheimer Seilbahn	Hochschwarzeck-Bahn	Hammetschwandlift	Kölner Seilbahn	Stümpflingbahn

Typ	Einseilumlaufbahn	Bergbahn	Lift	Zweiseilumlaufbahn	Sessellift
Talstation	93 m ü. NN	1030 m ü. NN	962 m ü. NN	39 m ü. NN	1115 m ü. NN
Bergstation	296 m ü. NN	1390 m ü. NN	1115 m ü. NN	39 m ü. NN	1480 m ü. NN
Fahrstrecke	1400 m	1200 m	153 m	930 m	1559 m
Fahrzeit	10 Minuten	12–15 Minuten	1 Minute	6 Minuten	5,5 Minuten
Förderlast	720 Personen/ Stunde	720 Personen/ Stunde (im Winter)	360 Personen/ Stunde	1600 Personen/ Stunde	2200 Personen/ Stunde
Geschwindigkeit	k. A.	max. 2 m/s	3,1 m/s	2,8 m/s	5 m/s

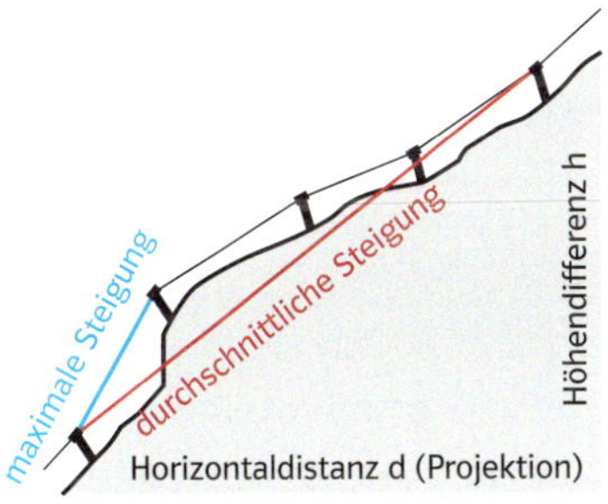

Eine Bahn verläuft in der Regel nicht in jedem Streckenabschnitt gleich steil.

3

a. In welchen Bundesländern befinden sich die einzelnen Seilbahnen?

b. Vergleiche die Daten.

c. Bestimme die durchschnittliche Steigung der einzelnen Bahnen.

d. Zeichne zu jeder Bahn ein Steigungsdreieck mit deren durchschnittlicher Steigung und bestimme jeweils den Neigungswinkel.

e. Beurteile die angegebenen Geschwindigkeiten.

f. Die Kölner Seilbahn gibt eine maximale Steigung von 40 % an. Versuche zu erklären.

g. Wie lang müsste ein Wanderweg mit maximal 5 % Steigung ungefähr sein, der die Höhendifferenz des Hammetschwandlifts überwindet?

h. Erfinde selbst Aufgaben zu den einzelnen Daten.

4 Das Achterbahn-Modell Euro-Fighter 500/8 ist derzeit das steilste Modell. Die erste Achterbahn dieses Typs war die Vild-Svinet (Wildschwein) in Dänemark. Die Vild-Svinet ist mit einem Gefälle von 97° die steilste Achterbahn der Welt. Die Vild-Svinet besitzt vier zweigliedrige Wagen, in denen jeweils acht Personen Platz haben. Inzwischen gibt es weitere Achterbahnen vom Typ Euro-Fighter.

Einige Informationen zur Vild-Svinet:

- Die Länge der Achterbahn beträgt 430 Meter
- Die Höchstgeschwindigkeit beträgt 74 km/h
- Mitfahren können alle über 125 cm Körpergröße
- Bei der Abfahrt wird man $3 \cdot g$ ausgesetzt

a. 97° Gefälle – zeichne ein Modell des Gefälles und bestimme die Steigung in Prozent.

b. Wie lange dauert die Fahrt mit der steilsten Achterbahn der Welt ungefähr? Begründe deine Rechnung.

c. Recherchiere, was $3 \cdot g$ bedeutet.

▶ *Ergänzende Aufgaben auf Seite 107 bis 109*

19 Kornkreise

Kornkreis bei Bishops Cannings

Sommer 1997: Tim Carson, ein Farmer im südenglischen Weiler Alton Barnes, traut seinen Augen kaum, als er es um fünf in der Frühe entdeckt: In seinem Kornfeld erstreckt sich ein Muster aus Kreisen. Es muss zwischen Mitternacht und Morgendämmerung entstanden sein, sonst hätten die Bewohner des nahen Campingplatzes etwas bemerkt. Viele von ihnen sind ja gerade wegen dieser geheimnisvollen Kornkreise hier, die in den letzten Jahren wiederholt in dieser Gegend aufgetaucht sind. Polly Carson ist überzeugt, dass dieses Muster nicht von Menschenhand gemacht ist. Andere meinen, es handle sich um einen Zeitvertreib junger Leute. Rätselhaft bleibt auf jeden Fall die große Genauigkeit der Muster und die Art, in der die Weizenhalme geknickt, aber nicht gebrochen sind. Weltweit tauchen jedes Jahr Dutzende solcher Kreisornamente in Kornfeldern auf.

1 Schätze Flächeninhalt und Umfang des großen Kornkreises. Erläutere deine Überlegungen hierzu ausführlich. Vergleicht.

2

a. Welchen Anteil an der Gesamtfläche nimmt der äußere dunkle Ring ein? In welchem Flächenverhältnis stehen die verschieden großen Kreise?

b. Die dunklen Figuren im Inneren werden von Kreisbögen umgeben. Welche Anteile der entsprechenden Gesamtkreise sind diese? Wie lang sind die entsprechenden Bögen?

L *Kreisfläche und Umfang berechnen. Kreisbogen und Kreissektor kennen lernen.*
Die Kreizahl π als Proportionalitätsfaktor kennen lernen.

Cherhill, Juli 1999

Devils Den, Juli 1999

Beckhampton, Juli 1999

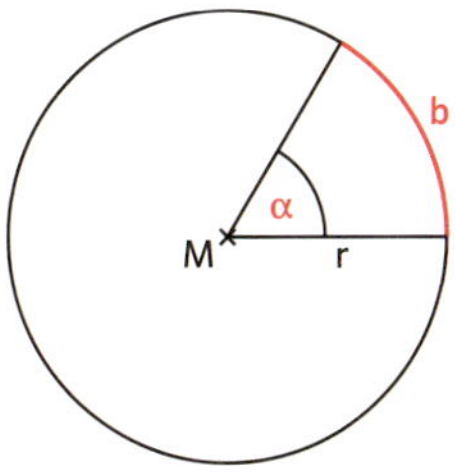

Der Mittelpunktswinkel α legt einen Teil des Umfangs als Kreisbogen b fest.

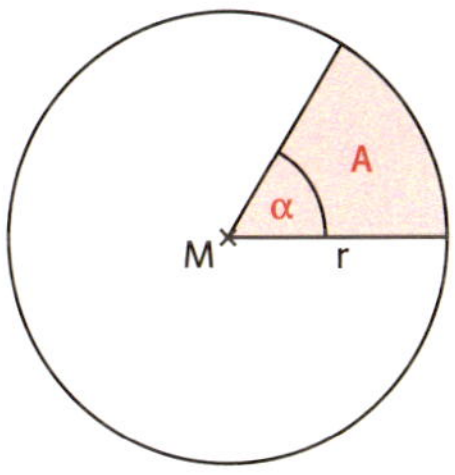

Ein Mittelpunktswinkel legt ebenfalls eine Teilfläche des Kreises fest. Diese nennt man Kreisausschnitt bzw. Kreissektor.

Teile des Kreises

3

a. Zeichne einen Kreis mit dem Radius 7 cm und im Mittelpunkt des Kreises einen beliebigen Mittelpunktswinkel α. Daraus ergibt sich ein dazugehöriger Kreisbogen b auf dem Kreisumfang. Bestimme die Größe deines Bogens b und den Kreisumfang u. Berechne das Verhältnis b : u.

b. Übertragt die verschiedenen Ergebnisse der Klasse in eine Tabelle und in ein Koordinatensystem. Welchen Zusammenhang könnt ihr erkennen?

c. Beschreibe, wie du die Bogenlänge berechnen kannst, und stelle eine Formel auf.

4

a. Bestimme die Größe des Kreissektors und die Fläche in deinem Kreis aus Aufgabe 3. Berechne das Verhältnis von Kreissektor zu Kreisfläche.

b. Übertragt die verschiedenen Ergebnisse aus eurer Klasse in eine gemeinsame Tabelle und in ein Koordinatensystem. Welchen Zusammenhang könnt ihr erkennen?

c. Beschreibe, wie du die Bogenlänge berechnen kannst und stelle eine Formel auf.

5

a. Wie hängt der Flächeninhalt des Sektors und die Länge des Bogens vom Kreisradius ab? Untersuche einen Kreissektor mit dem Mittelpunktswinkel 50°.

b. Lege im Heft eine Tabelle an und berechne die entsprechenden Werte.

Radius	1 cm	2 cm	3 cm	4 cm	5 cm	6 cm	7 cm
Bogenlänge							
Sektorfläche							

c. Zeichne die entsprechenden Graphen in ein geeignetes Koordinatensystem. Beschreibe und erkläre die Zusammenhänge.

6

a. Zeichne mit Zirkel und Geodreieck einen der hier abgebildeten Kornkreise exakt so, wie er senkrecht von oben aussehen würde. Du kannst auch eine eigene Kornkreisfigur konstruieren.

b. Schätze den Anteil des umgeknickten Korns an der gesamten Kreisfläche ab. Wie gehst du dabei vor?

c. Bestimme bei deiner Kornkreisfigur Flächeninhalt oder Länge geeigneter Kreisteile.

Online-Link
700371-1901
Tabelle und Koordinatensystem zu Aufgabe 4

Ergänzende Aufgaben auf Seite 110 und 111

20 Gleisanlagen

Am Beispiel von Gleisanlagen kann man Terme bilden und mit Termen kann man rechnen.

In einem Z-Starterset für eine Modelleisenbahn sind folgende Gleisstücke enthalten:

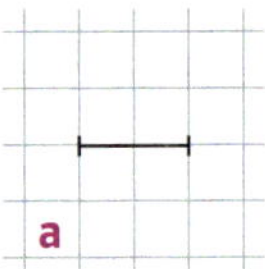

Nr. 8505, 4 Stücke

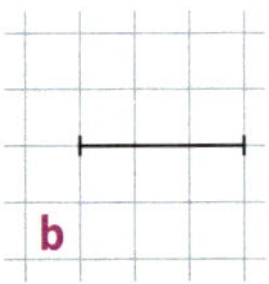

Nr. 8507, 6 Stücke

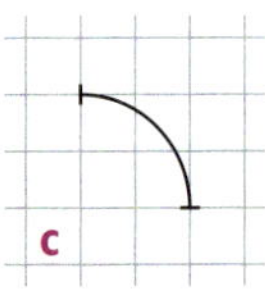

Nr. 8530, 8 Stücke

Elektrische Modelleisenbahnen gibt es in verschiedenen Baugrößen. Das kleinste System ist die Baugröße Z. Die Schienen und Wagen sind dort im Maßstab 1 : 220 nachgebaut. Aus den Schienenstücken des Startersets lassen sich folgende Gleisanlagen bauen.

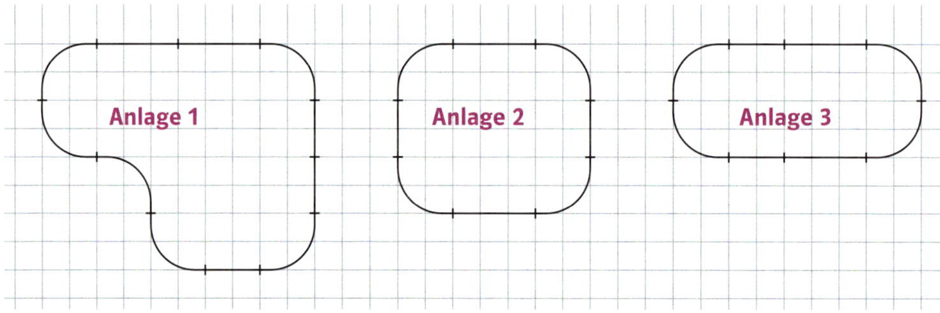

1 Die einzelnen Schienensorten haben folgende Längen a, b, c:

Schiene Nr. 8505 $a = 22\,cm$
Schiene Nr. 8507 $b = 33\,cm$
Schiene Nr. 8530 $c = 35\,cm$

Berechne die Längen der Anlagen 1 bis 3.

2 Caroline hat die Länge der Anlage 1 als Term so aufgeschrieben:

$2 \cdot a + c + a + 4 \cdot c + 2 \cdot b + c$

Stephanie hat diesen Term notiert: $3a + 2b + 6c$

a. Was haben sich Caroline und Stephanie beim Aufstellen ihres Terms gedacht? Formuliere ihre möglichen Überlegungen in Worten.

b. Beschreibe die Gleisanlagen 2 und 3 mit unterschiedlichen Termen.

3 Die Baugröße H0 ist die am weitesten verbreitete Größe in Deutschland. Ihr Maßstab beträgt 1:87. Die Schienenstücke haben dann folgende Längen: $a = 56\,cm$, $b = 83\,cm$ und $c = 89\,cm$. Berechne die Längen der Gleisanlagen 1 bis 3 mit der Baugröße H0.

4 Du hast den ganzen Schachtelinhalt der Baugröße Z zur Verfügung.

a. Zeichne eine möglichst kurze geschlossene Anlage und berechne ihre Länge. Gib einen möglichst kurzen Term für diese Länge an.

b. Zeichne eine möglichst lange geschlossene Anlage und berechne ihre Länge. Gib einen möglichst kurzen Term für diese Länge an.

c. Wie lang wären deine Anlagen in der Baugröße H0?

5 Der Zug braucht für jedes Schienenstück eine bestimmte Zeit x, y, z zum Befahren:

Schiene Nr. 8505 $x = 0{,}9\,s$
Schiene Nr. 8507 $y = 1{,}3\,s$
Schiene Nr. 8530 $z = 1{,}4\,s$

Wie lange dauert jeweils eine Runde auf den Anlagen von Aufgabe 1 und von Aufgabe 4a. und b.?

L *Terme addieren und subtrahieren, Terme vereinfachen.*

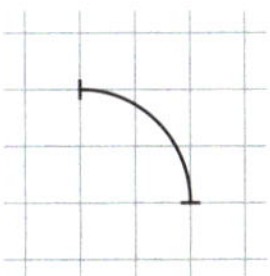

Nr. 8530, 4 Stücke

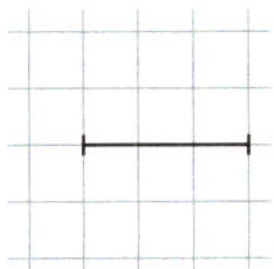

Nr. 8507, 6 Stücke

6 Es gibt nebenstehende Schienenstücke zur Auswahl:

a. Wie viele verschieden lange geschlossene Gleisanlagen lassen sich damit bauen?

b. Erstelle je einen Term zur Berechnung der Fahrzeit pro Runde und gib die entsprechenden Zeiten an.

c. Berechne die Längen deiner Gleisanlagen.

d. Wie kannst du dir mit einer Tabellenkalkulation die Arbeit vereinfachen? Entwirf ein Tabellenkalkulationsblatt.

Summen von Zahlen und Variablen: die Rechenregel

$a + a + a = 3 \cdot a = 3a$

Kommutativgesetz

$a + b = b + a$

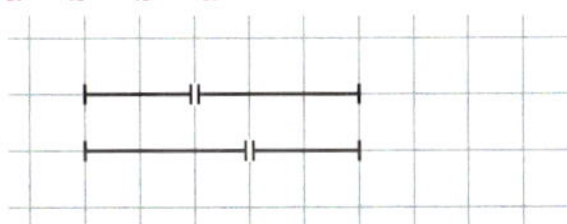

Assoziativgesetz

$(a + b) + c = a + (b + c)$

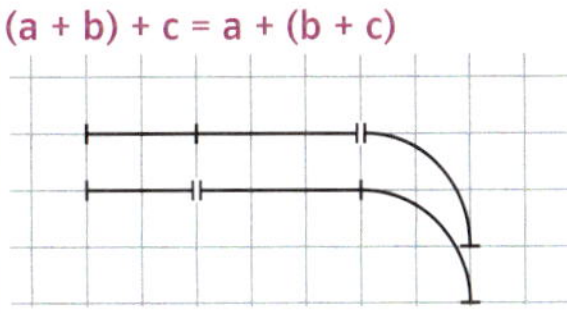

Distributivgesetz

$(a + b) + (a + b) = 2 \cdot (a + b) =$

$2 \cdot a + 2 \cdot b =$

$2(a + b) = 2a + 2b$

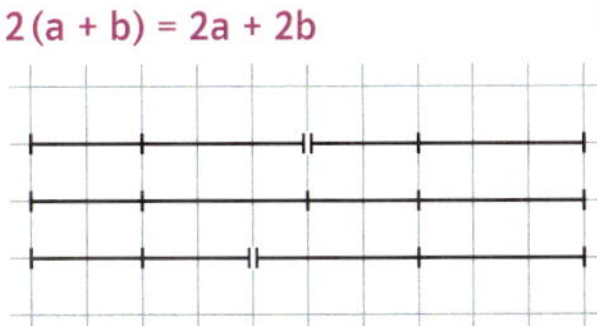

7

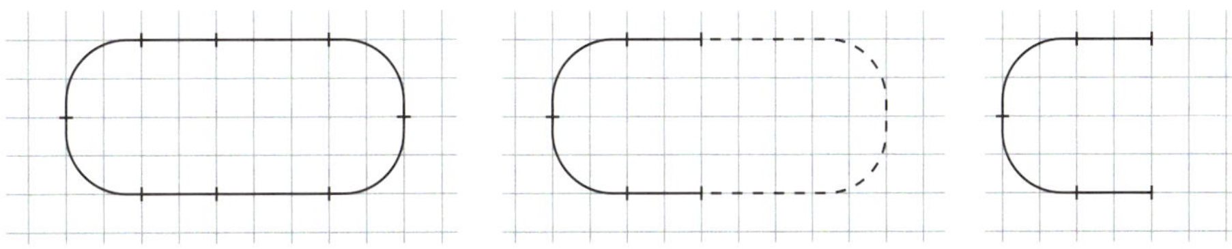

Aus der Anlage 3 werden einige Teile weggenommen.

Beschreibung durch Terme:	**Beschreibung durch Terme in Kurzschreibweise:**
$2 \cdot a + 2 \cdot b + 4 \cdot c - (2 \cdot b + 2 \cdot c) =$	$2a + 2b + 4c - (2b + 2c) =$
$2 \cdot a + 2 \cdot b + 4 \cdot c - 2 \cdot b - 2 \cdot c =$	$2a + 2b + 4c - 2b - 2c =$
$2 \cdot a + 2 \cdot c$	$2a + 2c$

Das Zeichen „·" kann weggelassen werden zwischen einer Zahl und einer Variablen oder zwischen zwei Variablen.

Zeichne zu folgenden Termen mögliche Gleisanlagen und markiere die weggenommenen Stücke. Vergleicht eure Lösungen.

a. $4c + 6a - (2c + 2a) =$

b. $4a + 6b + 4c - (2a + 4b) =$

c. Erfinde weitere solche Aufgaben.

8 Vereinfache die Terme wie im Beispiel: $x + y + 2x + 3y = 3x + 4y$

a. $r + r + r + s + s$

$2r + 3s + 3r$

$8s + 2r + 5r - 4s$

$3r + 6s + 4r + 5r - (3r + s)$

b. $a + 2(a + b)$

$3(5a + 4b) - (10a + 9b)$

$a + b + 4(3a + 2b) - 6a - 5b$

$2(5a + 4b) - (a + 3b)$

c. $4(2x + 3y) - (3x + 7y)$

$7y + 2(7x + 4y) - (2x + 3y)$

$3(2x + 3y) - 3x + 2(7x + 4y)$

d. Setze bei a. $r = 3$ und $s = 5$ ein und berechne.

Setze bei a. $r = 6$ und $s = 7$ ein und berechne.

▶ *Ergänzende Aufgaben auf Seite 112 und 113*

T3 *Teste dich selbst auf Seite 114*

21 Eine Umfrage durchführen

Das Meinungsforschungsinstitut FRAG WAS hat eine Umfrage zum Thema „Welche Medien nutzt du?" unter Jugendlichen durchgeführt. Die Klasse 7c hält die Ergebnisse für unrealistisch und plant zur Überprüfung eine eigene Befragung innerhalb ihrer Schule.

Fernsehen, Internet, Handy, Lesen von Büchern oder Zeitschriften: Was magst du am liebsten? Was machen deine Klassenkameraden in ihrer Freizeit? Stimmt es eigentlich, dass sich alle Jugendliche nur noch im Internet treffen? Besitzen alle Jugendliche ein Handy? Jährlich werden zu diesen Themen Umfragen in Auftrag gegeben, um Informationen über Verhaltensweisen und Sichtweisen von Menschen zu erfahren. Es empfiehlt sich, möglichst viele Personen zu befragen.

Die Schülerinnen und Schüler der Klasse 7c planen gerade eine Umfrage zum Thema „Medien und Freizeit bei Jugendlichen". Für die Durchführung haben sie sich erst mal einen Plan gemacht.
Die Schülerinnen und Schüler haben sich in mehrere Gruppen aufgeteilt und überlegen sich zunächst die Fragen zum Thema Medien, die sie am meisten interessieren. Zur Überprüfung, ob die Fragen gut sind, beantworten sie sich die Fragen zuerst gegenseitig. Nicht alle Fragen scheinen geeignet: einige sind sich zu ähnlich, andere unverständlich. Diese Fragen werden verbessert oder gestrichen.

Tipp:
Manche Antworten kann man zu einer komplexeren zusammenfassen, z. B. gehört SMS verschicken zum Medium Handy.

Hier siehst du verschiedene Fragetypen:

A Verwendest du in deiner Freizeit Medien? (Bitte nur eine Antwort ankreuzen.)
☐ regelmäßig ☐ manchmal ☐ nie

B Welche Medien nutzt du in deiner Freizeit regelmäßig? (Mehrfachnennung möglich.)
☐ Zeitschrift ☐ Zeitung ☐ Radio ☐ Fernsehen ☐ Internet

C Wie viele Stunden verbringst du pro Woche im Internet?
________________ Stunden

D Wie häufig verwendest du die jeweiligen Geräte?
Handy
Sehr oft ☐ ☐ ☐ ☐ ☐ ☐ Gar nicht

Computer/Laptop/Netbook
Sehr oft ☐ ☐ ☐ ☐ ☐ ☐ Gar nicht

…

E Wie viele Handys hast du schon besessen? ________________

1 Schau dir den Fragebogen der Klasse 7c an und suche noch andere Fragebögen. Welche Fragearten findest du?

Online-Link
700371-2101
Fragebogen als Vorlage

Bevor der Fragebogen gedruckt wird, machen die Schülerinnen und Schüler der Klasse 7c einen Testlauf in ihrer Klasse und werten ihn aus, um zu entscheiden, ob die Fragen jetzt sinnvoll sind.

L *Einen Fragebogen erstellen und eine Umfrage durchführen. Angemessene Diagrammtypen finden.*

Zeitschrift	𝍸 IIII
Zeitung	III
Radio	𝍸 𝍸 II
Fernsehen	𝍸 𝍸 𝍸 𝍸 II
Internet	𝍸 𝍸 𝍸 𝍸 𝍸

2 Tom und Ole werten Frage A aus: Verwendest du in deiner Freizeit Medien?

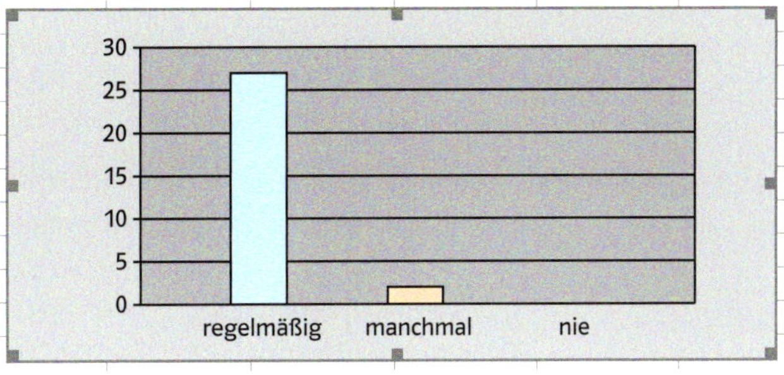

Beurteile die Aussagekraft des Ergebnisses.

3 Sylvia und Tina werten die Frage B nach der regelmäßigen Nutzung der Medien aus. Hier ihre erste Übersicht:

Zeitschrift	Zeitung	Radio	Fernsehen	Internet
9	3	12	22	25

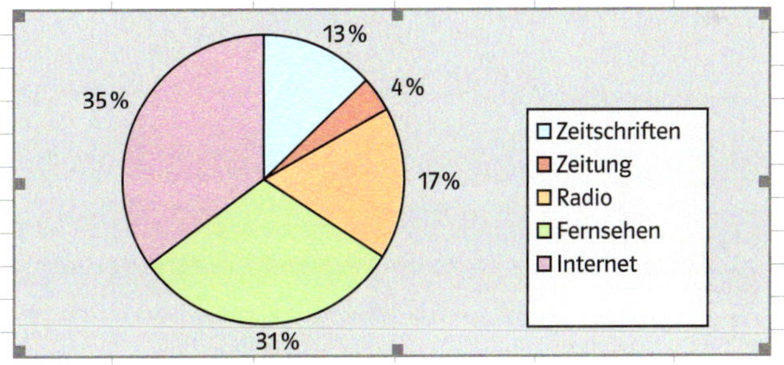

Beurteile ihre Diagrammwahl.

4 Ein weiterer Auszug aus dem Testlauf: Wie viele Handys hast du schon besessen? Bei dieser Frage gab es einige Nachfragen, ob das aktuelle Handy mitgezählt werden soll. Was meinst du dazu? Mit welchem Diagramm kannst du die Daten darstellen?

Anzahl Handys	0	1	2	3	4	5
Anzahl Kinder	1	13	8	5	1	1

Tipp:
Beauftragt eine Gruppe, die sich währenddessen um das Organisatorische kümmert: Die Genehmigung von der Schulleitung muss eingeholt werden. Welche Klassen sollen befragt werden? Wo befinden sich die Klassen in welcher Stunde? Am Anfang eures Fragebogens sollen einfach zu beantwortende Fragen stehen. Stellt die persönlichen Fragen erst später. Achtet darauf, dass der Fragebogen nicht zu lang wird.

5 Luca hat sich für die Umfrage folgende Frage ausgedacht:
Was ist deine Lieblingssendung?
In seiner Klasse hat er bei 29 Schülerinnen und Schülern bereits 24 verschiedene Antworten erhalten. Warum ist das ein Problem? Überlegt euch, wie er diese Frage ändern kann, um die Ergebnisse später besser auswerten zu können.

6 Welche Schritte müssen bei einer Umfrage berücksichtigt werden? Wie ist die Klasse 7c vorgegangen?

7 Überlegt euch selbst ein Thema, zu dem ihr eine Umfrage erstellen wollt und entwerft einen Fragebogen.

8 Führt selbst eine Umfrage durch.

Ergänzende Aufgaben auf Seite 115 und 116

22 Eine Umfrage auswerten

689 von 781 Jugendlichen besitzen ein Handy. 78 % der Jugendlichen sitzen täglich vor dem Fernseher.

Die Klasse 7c hat insgesamt 781 Jugendliche befragt. Jetzt wollen sie ihre Ergebnisse auswerten. Dafür werden alle Datensätze in eine Tabelle eingegeben, sortiert und gesichtet.

Der Zentralwert wird auch **Median** genannt.

1 Mirko und Georg interessiert besonders, wie viele Stunden ihre Mitschülerinnen und Mitschüler pro Woche im Internet verbringen. Nach Testläufen mit zwölf Mitschülern wollen sie sowohl den Zentralwert als auch das arithmetische Mittel berechnen.
Ergebnisse des Testlaufs: 2; 5; 3; 13; 5; 7; 17; 21; 9; 13; 28; 6

a. Erkläre anhand dieser Testlaufergebnisse, wie man den Zentralwert berechnet.
b. Berechne das arithmetische Mittel.
c. Untersuche, wie sich der Zentralwert und das arithmetische Mittel ändern, wenn du die höchste Stundenzahl extrem erhöhst.
d. Ergebnisse der Datenerhebung (Anzahl der Nennungen zu jeder Stundenzahl):

Stunden	0	1	2	3	4	5	6	7	8	9	10	11	12	13
Anzahl	7	9	16	5	4	5	11	21	38	41	89	112	132	78

14	15	16	17	18	19	20	21	22	23	25	26	28	31	42
63	30	19	19	18	9	6	15	4	11	7	2	6	3	1

Bestimme jeweils Zentralwert und arithmetisches Mittel für die Datenerhebung.

e. Vergleiche die Ergebnisse aus a., b. und d.

Mirko ist noch unzufrieden: „Ich kenne ja jetzt Zentralwert und arithmetisches Mittel, aber liegen die Ergebnisse eigentlich nah beieinander oder gibt es Schüler, die das Internet besonders viel nutzen? Und wo liege ich mit meinen 13 Stunden im Vergleich zu den anderen?"
Um Mirkos Fragen beantworten zu können, werden die Daten weiter untersucht.

Untersuchung des Testlaufs

Zunächst werden die Werte entsprechend der Größe sortiert. Aus dieser Rangliste kann man direkt das Maximum und das Minimum ablesen.

2	3	5	5	6	7	9	13	13	17	21	28

↑ Min — ↑ Zentralwert = 8 — ↑ Max

Die Differenz zwischen Maximum und Minimum nennt man Spannweite.

Spannweite = Maximum − Minimum = 28 − 2 = 26.

Als nächstes wird der Zentralwert bestimmt. Er teilt die Werte der Liste in zwei Hälften auf. Innerhalb der unteren Hälfte (alle genannten Werte bis zum Zentralwert) wird erneut der Zentralwert ermittelt. Diesen Wert nennt man **unteres Quartil q_u**.

2	3	5	5	6	7

↑ unteres Quartil q_u = 5

L *Kennwerte berechnen und darstellen. Boxplot zeichnen und interpretieren.*

Entsprechend wird mit der oberen Hälfte der Werte verfahren. Auch hier wird der Zentralwert bestimmt. Diesen nennt man oberes Quartil.

9	13	13	17	21	28

↑ oberes Quartil $q_o = 15$

Das untere Quartil heißt auch Viertelwert, das obere Dreiviertelwert.
Die Differenz zwischen oberem und unterem Quartil wird Quartilabstand q genannt.
Quartilabstand $q = q_o - q_u$. Für dieses Beispiel gilt: $q = 15 - 5 = 10$.

Boxplots können waagerecht oder senkrecht dargestellt werden.
Die mittlere Hälfte aller Daten wird mit einer Box veranschaulicht, das untere und das obere Viertel durch sogenannte **Antennen.**

Boxplots zeichnen

Die ermittelten Werte – Minimum und Maximum, Zentralwert, oberes und unteres Quartil – werden im sogenannten Boxplot veranschaulicht.
Zum Zeichnen eines Boxplots werden über einer Skala, die alle Werte der Erhebung erfasst, die Kennwerte Minimum, Maximum, Zentralwert, unteres und oberes Quartil eingetragen. Da mindestens 50 % der Daten in der zentralen Hälfte zwischen dem unteren und dem oberen Quartil liegen, wird sie als Box gezeichnet. Zwischen dem unteren Quartil und dem Minimum bzw. dem oberen Quartil und dem Maximum werden waagerechte Linien gezeichnet. Die Breite des Boxplots kann man selbst festlegen, sie entspricht keinem bestimmten Wert.

Boxplot:

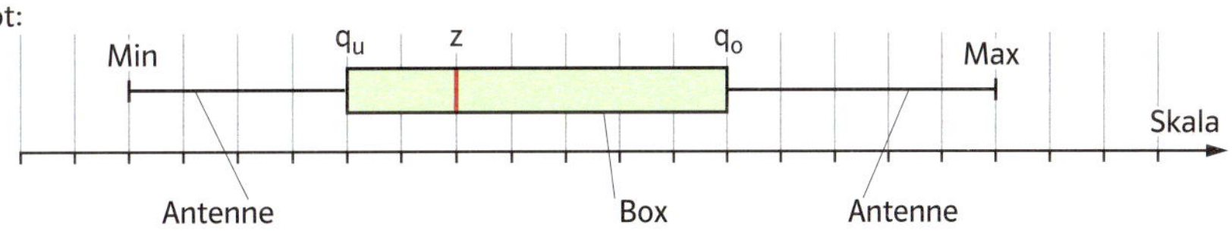

Boxplot zu den Beispielwerten

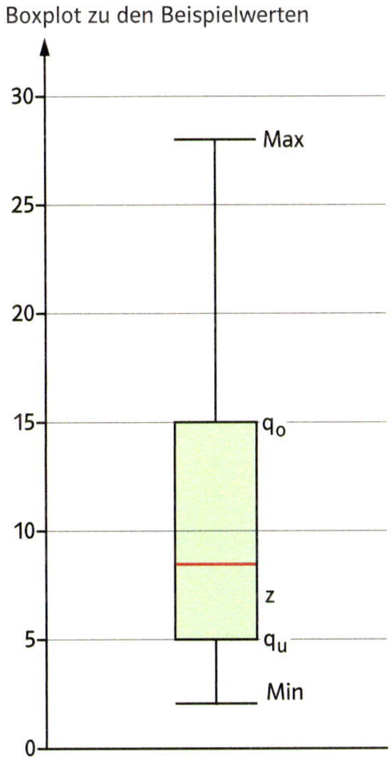

2 In einer separaten Datenerhebung wurde erfragt, wie viel Geld monatlich ungefähr für die Nutzung des Handys ausgegeben wird (Ergebnisse jeweils in Euro):
5; 8; 23; 17; 19; 11; 4; 21; 14; 24; 7; 8; 13

a. Bestimme für die Handykosten unteres und oberes Quartil, Quartilabstand, Zentralwert und arithmetisches Mittel.

b. Zeichne einen Boxplot.

3

a. Erstelle einen Boxplot zur tatsächlichen Nutzungszeit des Internets mithilfe der in Aufgabe 1 angegebenen Ergebnisse der Befragung.

b. Beantworte Mirkos Fragen.

4 Ein weiterer Wert zur Auswertung einer Datenerhebung ist der Modalwert. Dies ist der häufigste Wert in einer Liste.
Gib die Modalwerte von Aufgabe 1 und 2 an.

5 Wertet nun eure eigene Umfrage der vorhergehenden Lernumgebung aus.
Erarbeitet eine Präsentation.

▶ *Ergänzende Aufgaben auf Seite 115 und 116*

23 Escher-Parkette

Der holländische Künstler M.C.Escher (1898 – 1972) hat es wie kein anderer verstanden, faszinierende Parkette zu erschaffen.

1 Beschreibe möglichst genau, wie Escher diese Bilder konstruiert hat.

Kunstwerke wie Escher herstellen

Zwei Figuren heißen kongruent, wenn sie in Form und Größe übereinstimmen.

2

a. Erkläre, was hier beim Basteln passiert.

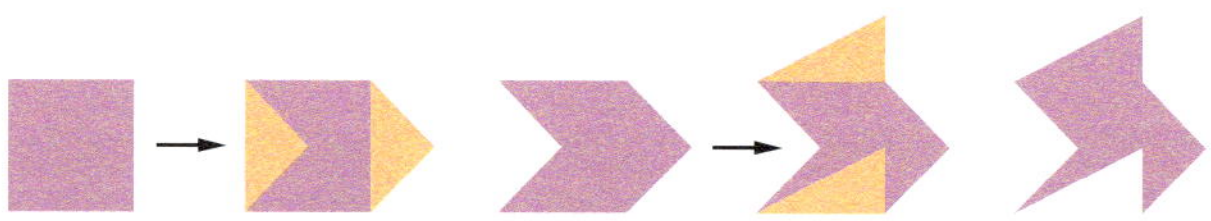

b. Fertige diese Figur an. Legt gemeinsam damit eine Fläche aus.

3

a. Wie entsteht ein solcher Pflasterstein aus einem Quadrat? Konstruiere diese Form. Legt gemeinsam eine Fläche aus.

b. Warum kannst du mit solchen Steinen die Ebene parkettieren?

4

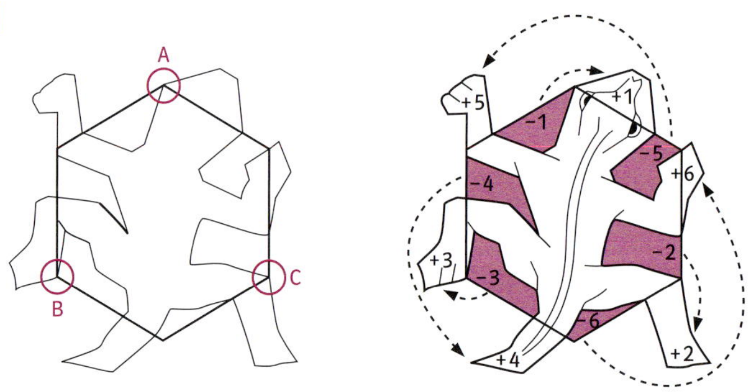

a. a) Wie wird hier vorgegangen? Beschreibe.

b. b) Erfinde eigene Kunstwerke.

L *Kongruenz erkennen und beschreiben, Kongruenzsätze, Parkette mithilfe der Kongruenz herstellen*

Kongruente Dreiecke

5 Konstruiert zu den Angaben ein Dreieck. Vergleicht eure Dreiecke.

a. $a = 5{,}5\,cm$, $b = 3\,cm$, $c = 6\,cm$

b. $\alpha = 50°$, $c = 4\,cm$, $\beta = 80°$

c. $a = 7\,cm$, $\gamma = 25°$, $b = 3{,}5\,cm$

d. $a = 6\,cm$, $b = 3\,cm$, $\alpha = 20°$

e. $\alpha = 40°$, $\beta = 85°$, $\gamma = 55°$

f. $b = 3\,cm$, $\alpha = 50°$, $a = 2{,}5\,cm$

6 Verändert in den Aufgaben 2a. bis 2d. jeweils die erste Größenangabe und konstruiert erneut das jeweilige Dreieck. Gelingt das immer? Probiert mehrere Varianten aus.

7

a. Welche Angaben benötigst du, um ein Dreieck eindeutig zu konstruieren? Stelle Regeln auf.

b. Als Kongruenzsatz bezeichnet man Aussagen, mit denen sich die Kongruenz von Dreiecken nachweisen lässt. Der Kongruenzsatz WSW besagt: „Zwei Dreiecke, die in einer Seitenlänge und in den dieser Seite anliegenden Winkeln übereinstimmen, sind kongruent."
Wie hängt dieser Satz mit deinen bisherigen Forschungsergebnissen zusammen? Wofür steht die Bezeichnung WSW?

c. Die weiteren Kongruenzsätze heißen SSS, SWS und SsW. Ordne sie den Situationen in den Aufgaben 5 und 6 zu. Formuliere diese drei Kongruenzsätze.

Höhenbestimmung mithilfe von Dreiecken

Mithilfe von Dreieckskonstruktionen kannst du Höhen von Gebäuden oder Gegenständen bestimmen, indem du maßstabgerechte Zeichnungen anfertigst.

8 Schon im Altertum wurde mithilfe eines Pendelquadranten die Höhe von Geländemarken bestimmt. Dabei werden die Winkel gemessen, unter denen man einen bestimmten Punkt sieht.
Stelle dir einen Pendelquadranten mithilfe der folgenden Beschreibung her:
Ein Viertelkreis aus Pappe wird mit einer Gradskala von 0 bis 90° beschriftet. Im Kreismittelpunkt wird dann ein Lot angebracht, also eine Schnur mit einem Gegenstand zum Beschweren. Wenn du den Pendelquadranten schräg nach oben hältst und über die 0°-Linie einen Punkt anpeilst, so fällt die Lotschnur senkrecht nach unten. An der Stelle, an der der Faden über die Gradskala läuft, kannst du den Winkel ablesen.

Ganz wichtig: Du darfst nie direkt in die Sonne schauen! Die Augen können dauerhaft geschädigt werden!

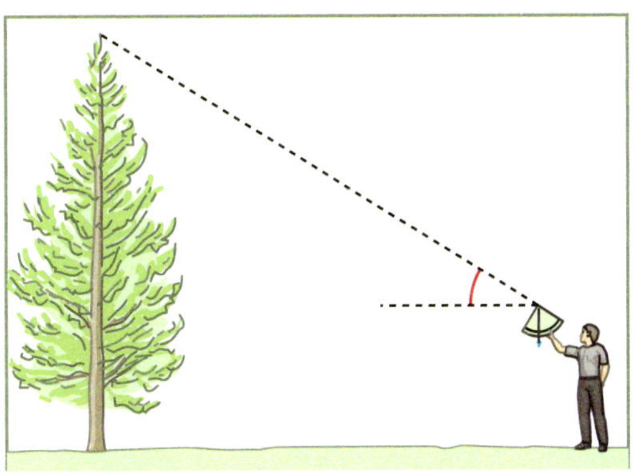

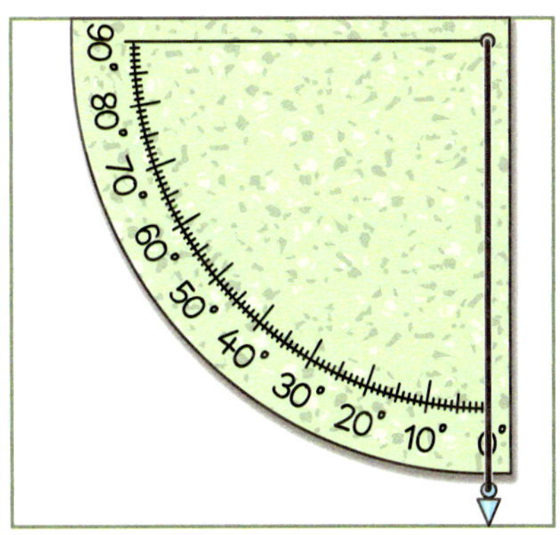

a. Wie kannst du mit dem Pendelquadranten die Höhe deines Schulgebäudes bestimmen? Welche Größen musst du dazu messen? Wie gehst du vor?

b. Fertige eine maßstabgerechte Zeichnung an.

c. Vergleicht eure Messergebnisse. Was könnten Gründe für Messfehler sein?

▶ *Ergänzende Aufgaben auf Seite 117 und 118*

24 Dichte

Steine versinken im Wasser, Holz schwimmt. Sind Steine schwerer als Holz? Nein. Ein Kieselstein ist leichter als ein Baumstamm. Ja. Ein Würfel aus Stein ist schwerer als ein Holzwürfel mit dem gleichen Volumen.

1 ml = 1 cm^3
1 l = 1 dm^3
1000 l = 1 m^3

Volumenbestimmung

Volumen von Quadern können mit der Formel „Volumen = Länge · Breite · Höhe“ berechnet werden. Volumen unregelmäßiger Körper kann man mit der Tauchmethode bestimmen.

1

a. Beschreibt, wie man mit der Tauchmethode das Volumen eines Körpers bestimmt.
b. Bestimmt mit dieser Methode Volumen verschiedener Körper.
c. Bestimmt das Volumen einiger Körper durch Berechnung und mit der Tauchmethode. Vergleicht die Ergebnisse.

Volumen und Masse

2

a. Nehmt mehrere verschieden große Steine der gleichen Sorte. Bestimmt jeweils ihr Volumen und ihre Masse.
b. Stellt die Ergebnisse in einer Tabelle dar.
c. Stellt die Werte aus der Tabelle in einem Koordinatensystem dar.
d. Was stellt ihr fest?

3

a. Füllt den Messbecher mit verschiedenen Wassermengen und messt jeweils die Masse des Wassers.
b. Erstellt eine Tabelle für Volumen und Masse des Wassers.
c. Stellt die Zuordnung *Volumen* ↦ *Masse* wie in Aufgabe 2 c. grafisch dar.

Volumen in cm^3			
Masse in g			

Hier wird der Größe Volumen die Größe Masse zugeordnet. Man schreibt hierfür:
Volumen ↦ Masse.

4

a. Nehmt unterschiedlich viele Holzwürfel der gleichen Sorte. Berechnet jeweils das gesamte Volumen und die gesamte Masse.
b. Stellt die Ergebnisse in einer Tabelle dar.
c. Stellt die Zuordnung *Volumen* ↦ *Masse* wie in Aufgabe 2 c. grafisch dar.

5 Vergleicht die Graphen aus den Aufgaben 2 bis 4 miteinander. Was stellt ihr fest?

L *Den Zusammenhang zwischen Proportionalitätskonstante und Steigung verstehen.*

6

a. In der folgenden Abbildung sind für verschiedene Materialien zu Zuordnungen *Volumen* ↦ *Masse* grafisch dargestellt.
Welcher Graph passt zu welchem Material? Begründe.
Materialien: A Eisen, B Wasser, C Holz, D Beton, E Kork

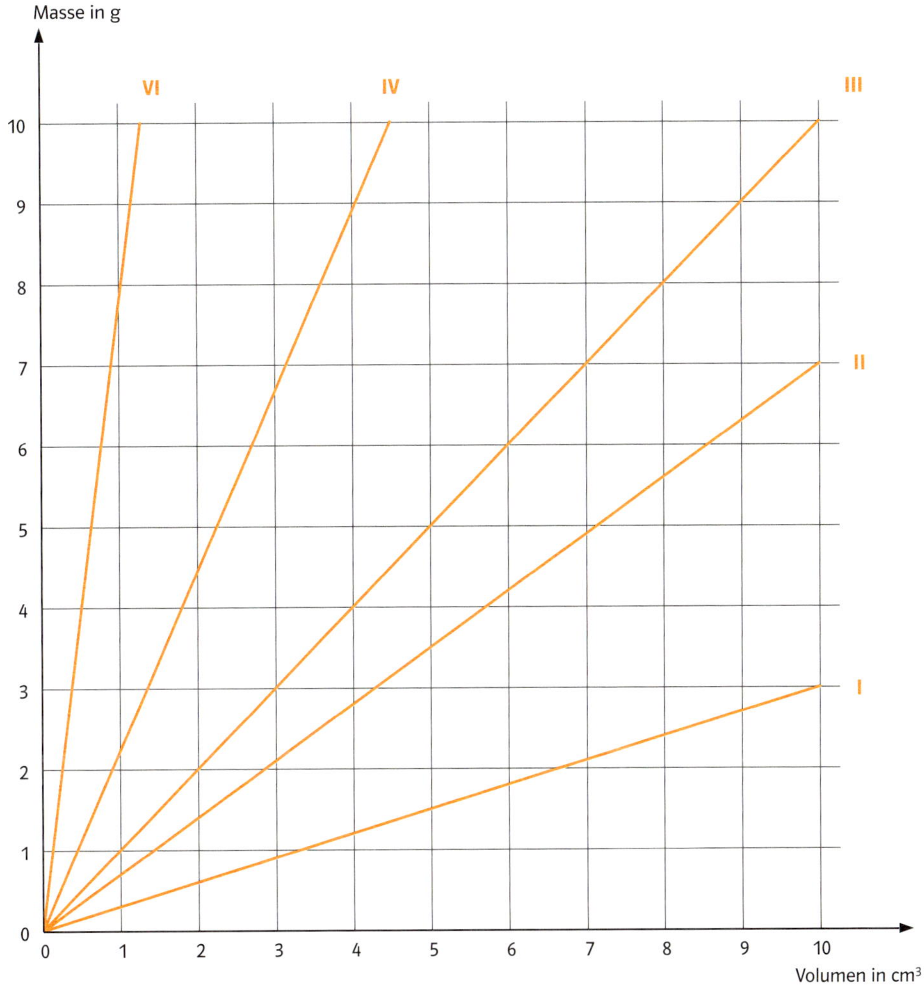

b. Bestimme für jedes Material die Dichte.

c. Beschreibe den Zusammenhang zwischen der Dichte eines Materials und der Steigung der dazugehörigen Halbgeraden.

d. Gib jeweils eine Gleichung an, die den Zusammenhang zwischen der Masse und dem Volumen beschreibt.

Ist bei einer Zuordnung der Quotient der einander zugeordneten Größen konstant, so sprechen wir von einer **proportionalen Zuordnung**.

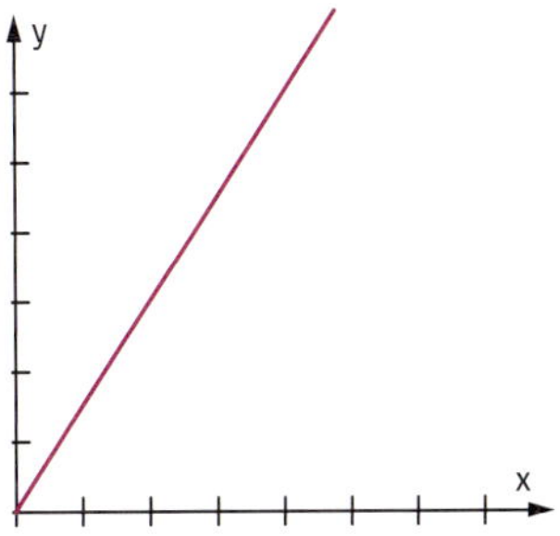

Für die proportionale Zuordnung *Volumen* ↦ *Masse* ist die **Proportionalitätskonstante** der Quotient aus Masse und Volumen.
Er wird **Dichte** genannt und meistens in $\frac{g}{cm^3}$ angegeben.

7 Trockener Sand hat eine Dichte von ungefähr $1{,}5\,\frac{g}{cm^3}$. Die Dichte von Bastelknete beträgt etwa $2{,}5\,\frac{g}{cm^3}$.

a. Zeichne ein Koordinatensystem wie in Aufgabe 6 in dein Heft und stelle für beide Materialien die Zuordnung *Volumen* ↦ *Masse* grafisch dar.

b. Ein Sandkasten soll mit $1\,m^3$ Sand gefüllt werden. Wie groß ist die Masse?

c. 2 kg Bastelknete soll verpackt werden. Wie könnte ein Quader aussehen, in den die Knete genau hineinpasst?

d. Erläutert in den Teilaufgaben b. und c. eure Rechnungen.

Ergänzende Aufgaben auf Seite 119 und 120

25 Hat ein Dreieck eine Mitte?

Wenn du aus festem Karton ein Dreieck ausschneidest, dann kannst du es auf einer Fingerspitze oder sogar auf einer Bleistiftspitze ausbalancieren, wenn du nur die richtige Auflegestelle findest. Aber wo liegt diese?

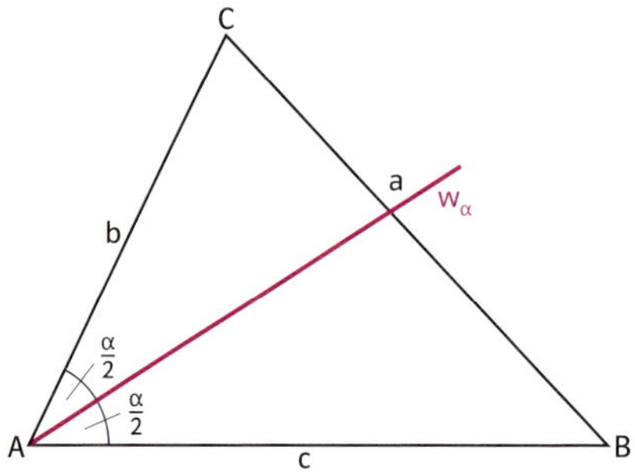

Winkelhalbierende

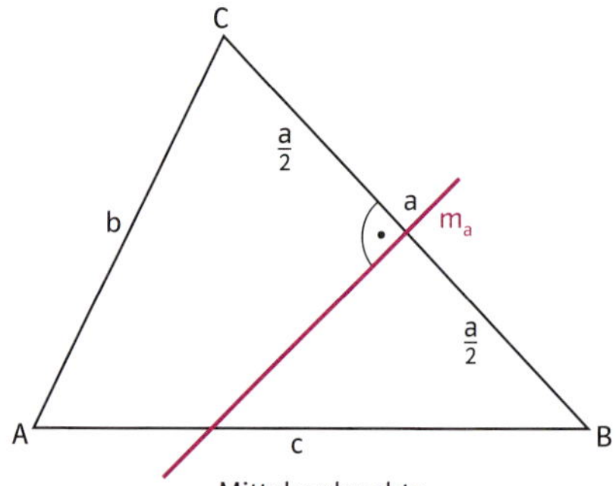

Mittelsenkrechte

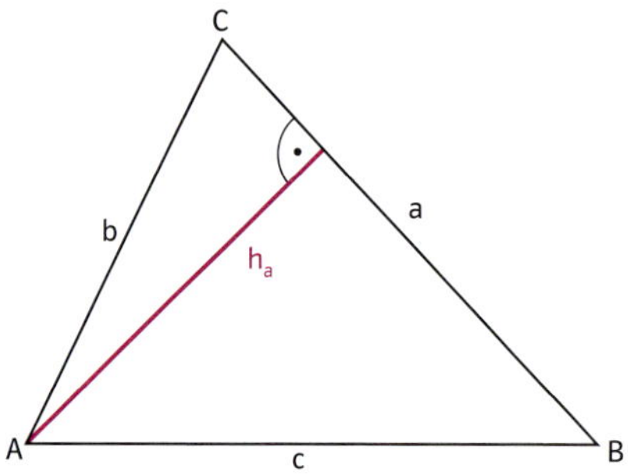

Höhe

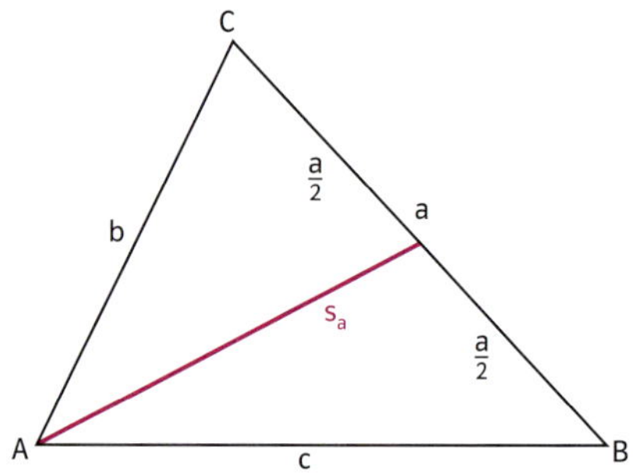

Seitenhalbierende

1 Zeichne auf einem Blatt Papier vier spitzwinklige Dreiecke und schneide sie aus.

a. Falte beim ersten Dreieck die drei Winkelhalbierenden w_α, w_β, w_γ der drei Winkel α, β und γ. Was stellst du fest?

b. Falte beim zweiten Dreieck die Mittelsenkrechten m_a, m_b, m_c der drei Seiten a, b, c. Was stellst du fest?

c. Falte beim dritten Dreieck die Höhen h_a, h_b, h_c. Was stellst du fest?

d. Falte beim vierten Dreieck die Seitenhalbierenden s_a, s_b, s_c. Was stellst du fest?

e. Funktioniert das Falten auch bei stumpfwinkligen Dreiecken?

2 Zeichne mit einer DGS ein großes Dreieck.

a. Konstruiere die Mittelsenkrechten und ziehe dann an einem der Eckpunkte. Was fällt dir auf? Bezeichne den Schnittpunkt der drei Mittelsenkrechten mit M und verbirg für die Folgeaufgaben die Mittelsenkrechten. Liegt M immer im Dreieck?

b. Verfahre genauso mit den Seitenhalbierenden. Nenne den Schnittpunkt dabei S.

c. Führe die Konstruktion auch für die Höhen mit dem Schnittpunkt H aus.

d. Ziehe an einem Eckpunkt. Welche Beziehung zwischen den drei Punkten vermutest du? Versuche deine Vermutung durch eine Zeichnung zu erhärten.

Die Abkürzung „DGS“ steht für „Dynamische Geometrie-Software“.

L *Eigenschaften von speziellen Linien und Punkten im Dreieck erkunden.*

3 Welche Punkte bzw. Linien im Dreieck erfüllen die folgenden Eigenschaften?
a. Der Punkt ist von B und C gleich weit entfernt.
b. Jeder Punkt auf der Linie ist gleich weit entfernt von A und B.
c. Jeder Punkt auf der Linie ist gleich weit entfernt von den Seiten a und b.
d. Die Strecke teilt das Dreieck in zwei rechtwinklige Dreiecke.
e. Die Strecke teilt das Dreieck in zwei flächengleiche Dreiecke.

4 Zeichne mit einer DGS ein Dreieck ABC.
a. Finde einen Punkt P, der von den drei Eckpunkten gleich weit entfernt ist.
b. Suche einen Punkt Q, der von allen drei Seiten a, b und c gleich weit entfernt ist.
c. Wie hängen P und Q mit den besonderen Punkten aus Aufgabe 2 zusammen?

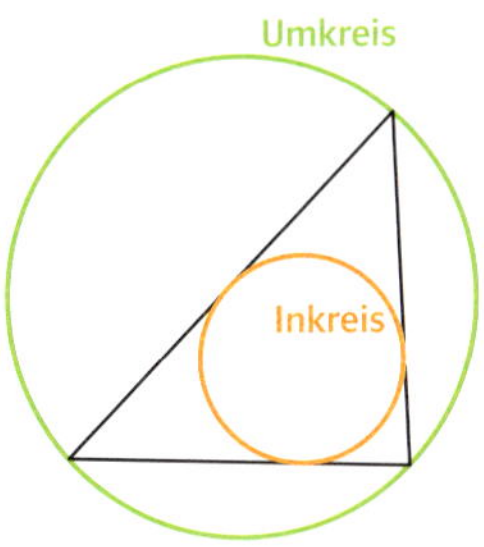

5
a. Beschreibe die Eigenschaften des Umkreises eines Dreiecks. Wie hängen diese mit deinen Ergebnissen aus Aufgabe 4 zusammen?
b. Beschreibe die Eigenschaften des Inkreises eines Dreiecks. Wie hängen diese mit deinen Ergebnissen aus Aufgabe 4 zusammen?
c. Zeichne jeweils ein Dreieck ABC und konstruiere den Umkreis.
d. Zeichne jeweils ein Dreieck ABC und konstruiere den Inkreis.

6 Schneide ein Dreieck aus Karton aus.

a. Balanciere das Dreieck auf einem Lineal aus. Markiere mehrere Auflagelinien. Was fällt dir auf?
b. Versuche das Dreieck auf einer Bleistiftspitze auszubalancieren. Markiere den Auflagepunkt. Um welchen Punkt aus Aufgabe 2 handelt es sich? Begründe!
c. Hängt eure Dreiecke so an jeweils einem Faden auf, dass sie waagerecht in der Luft hängen.

7 **Das Problem von Fermat**
Zeichne mit einer DGS ein spitzwinkliges Dreieck. Bestimme einen Punkt F so, dass die Summe der Abstände von F zu A, B und C möglichst klein wird. Variiere. Welche besondere Lage hat F?

Ergänzende Aufgaben auf Seite 121 und 122

26 Prüfziffer

Eine sogenannte Scannerkasse erkennt gekaufte Artikel mithilfe eines Strichcodes elektronisch eindeutig. Mithilfe einer Datenbank aus dem Computer wird der Name des Artikels und der aktuelle Preis in die Kasse übernommen und dann ausgedruckt.

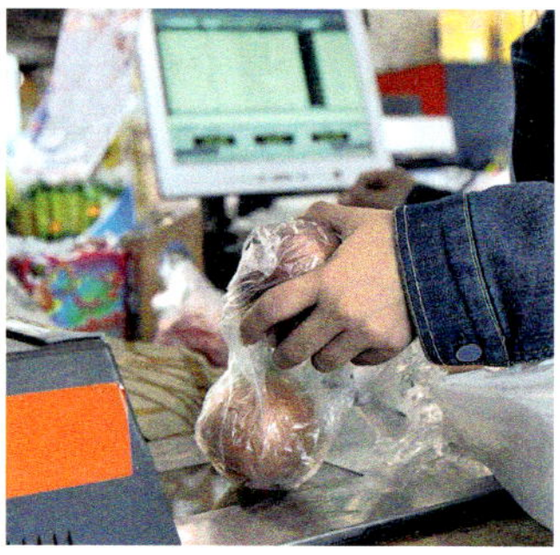

Ganz häufig wird als Strichcode der EAN-Code (auch EAN 13, weil er aus 13 Ziffern besteht) verwendet. EAN ist eine Abkürzung für **E**uropäische **A**rtikel **N**ummer. Dieser Code wird nicht nur in Europa, sondern auch in vielen anderen Ländern verwendet.
Die Information steht dabei doppelt auf dem Label. Einmal als Strichcode, der von einem Scanner sowohl vorwärts als auch rückwärts gelesen werden kann. Darunter ist der Code aber zusätzlich als 13-stellige Zahl angegeben, damit auch Menschen diesen Code gut lesen können. So kann der Code manuell an der Kasse eingegeben werden, wenn das Einscannen einmal nicht funktioniert.

4 012345 678901

Hier ist ein solches Label abgebildet. Die aus den ersten beiden oder ersten drei Ziffern gebildete Zahl gibt an, aus welchem Land das Produkt stammt. Die Zahl 401 zeigt an, dass das Produkt aus Deutschland kommt. Alle Produkte, bei denen die EAN-Zahl mit 400 bis 440 beginnt, kommen nämlich aus Deutschland. Die aus den weiteren 5 bzw. 4 folgenden Ziffern gebildete Zahl, hier 2345, gibt die Nummer der produzierenden Firma an. Dann folgt die fünfstellige Artikelnummer 67890 und die Prüfziffer 1. Mithilfe der Prüfziffer kann festgestellt werden, ob die Information richtig eingelesen wurde. So können Zahlendreher und Eingabefehler gefunden und manchmal auch korrigiert werden. Das unten abgebildete Label zeigt einen Artikel aus der Schweiz, was man an der 76 erkennt.

76 40125 93002 3
| | | |
| | | Prüfziffer
| | Artikelnummer
| Firmennummer des Herstellers
Ländernummer

7 640125 930023

Land	Ländernummer
Frankreich	30 bis 37
Deutschland	400 bis 440
China	690 bis 695
Italien	80 bis 83

Land	Ländernummer
Thailand	885
Australien	90 bis 91
Polen	590
Dänemark	57

Die EAN-Codes bei Büchern heißen ISBN (International Standard Book Number). Die ISBN dieses Schulbuchs ist 978-3-12-700371-0.

In dieser Tabelle könnt ihr einige Ländernummern finden. Sicher gelingt es euch, zu Hause weitere Ländernummern zu entdecken. Die Nummern 978 bis 979 sind übrigens nicht für Länder, sondern für Bücher vergeben.

1

a. Wie viele verschiedene Artikelnummern sind möglich?

b. Wie viele verschiedene Firmennummern sind bei vierstelligen bzw. fünfstelligen Nummern möglich?

c. Wie viele verschiedene EAN-Labels gibt es in den Ländern Dänemark, Thailand, Australien und Deutschland? Glaubt ihr, dass das ausreicht?

L *Den Sinn von Prüfziffern erkennen und Prüfziffern berechnen, die Tabellenkalkulation sinnvoll einsetzen.*

Die dreizehnte und letzte Ziffer der EAN-Zahl ist die Prüfziffer. Man multipliziert die Ziffern vor der Prüfziffer von links nach rechts abwechselnd mit 1 und mit 3. Dann bildet man die Summe der Produkte und ergänzt sie mit der Prüfziffer zur nächsten Zehnerzahl.

1	Ziffer	4	0	1	2	3	4	5	6	7	8	9	0	1	
2	Faktor	1	3	1	3	1	3	1	3	1	3	1	3	1	Summe
3	Produkt	4	0	1	6	3	12	5	18	7	24	9	0	1	90

2

a. Prüfe, ob die Zahlen gültige EAN-Nummern sind: 4011600001959, 4001731616790, 4008882372006

b. Bestimme die fehlende Prüfziffer von (unvollständigen) EAN-Codes, die deine Mitschüler von mitgebrachten Strichcodes ablesen.

3

a. Erstelle eine Tabellenkalkulation, die für jede mögliche EAN-Zahl die oben genannte Summe berechnet.

b. Bestimme mithilfe dieser Tabellenkalkulation die Prüfziffern der EAN-Zahlen. Nennt euch dazu gegenseitig EAN-Nummern ohne Prüfziffer.

c. Stellt euch jetzt wieder gegenseitig Aufgaben, indem ihr bei der Nennung von EAN-Zahlen eine Ziffer weglasst und nur die Stelle angebt. Berechnet die fehlende Ziffer.

d. Vertausche bei EAN-Nummern Ziffern, ohne dass sich die Prüfziffer ändert.

In Zukunft werden die Daten eines Artikels an der Kasse mit der RFID-Technik elektronisch ausgelesen. Informiert euch über die Vorteile und die Gefahren dieses Verfahrens.

4 Bei der Deutschen Post werden Pakete automatisch sortiert. Dazu bekommt jedes Paket ein Label mit einem Strichcode und dem dazugehörigen elfstelligen Identcode. Natürlich ist die letzte Ziffer auch wieder eine Prüfziffer, damit man Fehler beim Einlesen oder Übermitteln bemerkt.

Die Prüfziffer 3 wird berechnet, indem man die einzelnen Ziffern – ohne die Prüfziffer – abwechselnd mit 4 und 9 multipliziert, also $5 \cdot 4$, $6 \cdot 9$, $3 \cdot 4$, $1 \cdot 9$, usw. bis $1 \cdot 4$. Diese Produkte werden dann addiert und ergeben als Summe 187.
Die Einerziffer dieser Zahl, also 7, wird von 10 subtrahiert: $10 - 7 = 3$.
3 ist dann die Prüfziffer.

a. Erstelle eine Tabellenkalkulation.

b. Sammelt solche Postlabels und überprüft.

c. Stellt euch gegenseitig Aufgaben.

Ergänzende Aufgaben auf Seite 123

27 Terme multiplizieren

**Zahlen kann man multiplizieren, ebenso Terme. Zum Beispiel ist $2 \cdot (b + c) = 2b + 2c$.
Was aber ist $a \cdot (b + c)$? Und was ist $(a + b) \cdot (c + d)$?**

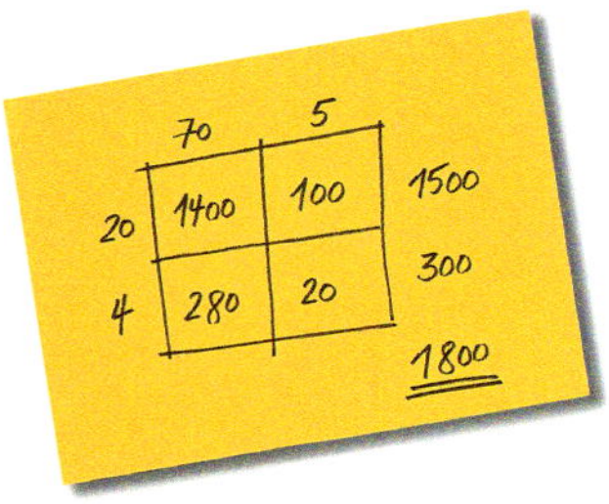

Flächen berechnen

Im Notizheft von Sam findet sich nebenstehende Rechnung.

1 Was hat Sam hier ausgerechnet?

2 Stellt euch Multiplikationsaufgaben, die man auf die gleiche Art wie Sam lösen kann. Funktioniert das auch mit Brüchen, Dezimalzahlen oder negativen Zahlen?

3 Hinter Sams Rechnung steht das Rechteckmodell. Die Fläche eines Rechtecks wird durch eine Multiplikation bestimmt. Man kann mit Sams Idee auch zusammengesetzte Rechtecksflächen bestimmen.

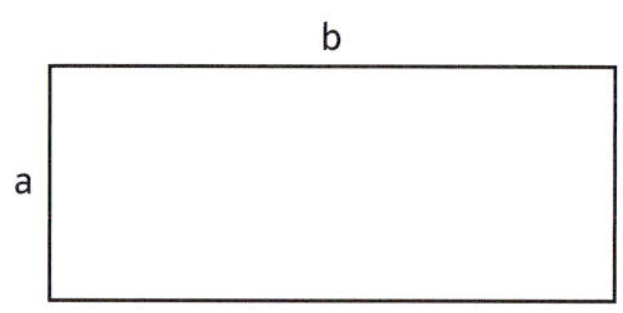

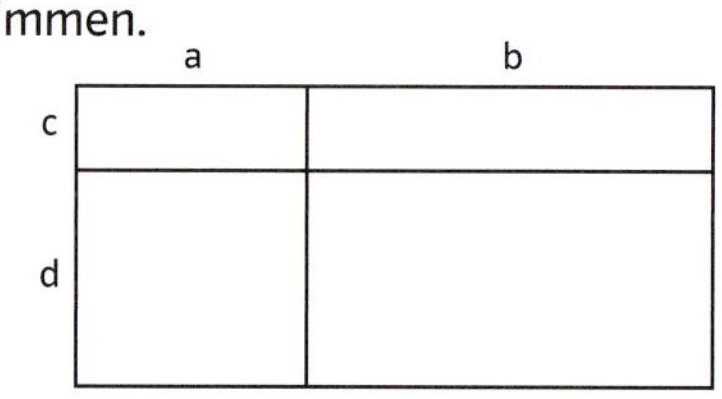

Beschreibe die Fläche $(a + b) \cdot (c + d)$ wie Sam.

Die beiden zu multiplizierenden Zahlen oder Terme heißen Faktoren. Das Ergebnis einer Multiplikation heißt, bei Termen ebenso wie bei Zahlen, Produkt.

Ein Bild von Richard Paul Lohse

Der Schweizer Maler hat 1983 das Bild „6 komplementäre Farbreihen" gemalt.

Online-Link
700371-2701
Bild von R. P. Lohse

L *Terme multiplizieren. Zwischen algebraischer und geometrischer Darstellung wechseln.*

Mit den Variablen für die Längen kann man auch Flächeninhalte ausdrücken. Zum gelben Quadrat oben rechts gehört z. B. der Term $a \cdot a = a^2$. Man liest „a hoch 2“ oder „a Quadrat“.
4 b c ist die Kurzschreibweise für $4 \cdot b \cdot c$.

4

a. Beschreibe das Bild von R. P. Lohse. Welche Gesetzmäßigkeiten findest du?
b. Finde verschiedene Terme für die Länge des Bildes. Erkläre die Terme.
c. Finde Rechtecke, zu denen der Term $a \cdot b = ab$ gehört.

5

a. Alle orangefarbenen Flächen zusammen kann man durch die Terme $2 \cdot a \cdot a + 4 \cdot b \cdot c$ oder $2a^2 + 4bc$ beschreiben. Prüfe das nach. Stelle Terme für die anderen Farben auf.
b. Suche zwei Farben, die einen gleich großen Anteil an der Gesamtfläche haben. Beschreibe beide Farben durch Terme. Vereinfache beide Terme so weit wie möglich. Was stellst du fest?
c. Suche zwei Farben, die zusammen einen gleich großen Anteil haben wie zwei andere Farben. Vergleiche die zugehörigen Terme.
d. Drei Farben bedecken zusammen exakt die Hälfte der Gesamtfläche. Welche? Wie heißt der zugehörige Term? Beschreibe die Fläche der drei anderen Farben mit einem Term.

6

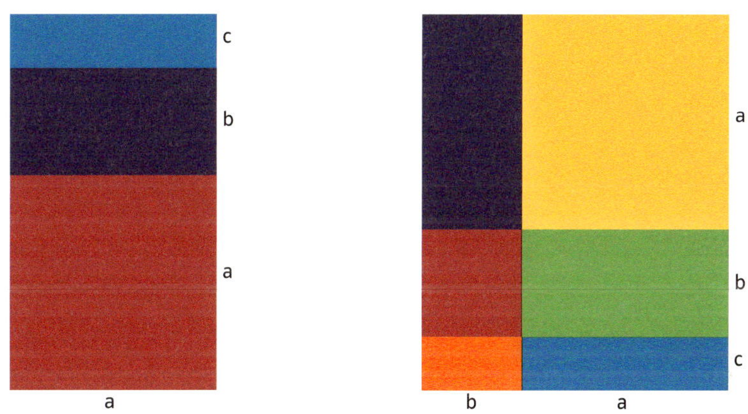

Auch das ist das Distributivgesetz
$a \cdot (c + b + a)$
$= ac + ab + a^2$

Die drei Flächen unten links im Bild bilden zusammen ein Rechteck.
Man kann es so beschreiben:
- $a \cdot (c + b + a)$
  Breite mal Länge
- $ac + ab + a^2$
  drei Teilflächen

Die beiden Terme sind gleichwertig.

Das sechsteilige Rechteck oben rechts kann man mit Termen so beschreiben:
- $(a + b + c) \cdot (a + b)$
  Länge mal Breite
- $a^2 + ab + ab + b^2 + ac + bc$
  sechs Teilflächen
- $a^2 + b^2 + 2ab + ac + bc$
  geordnet und zusammengefasst

Alle drei Terme sind gleichwertig.

a. Entnimm dem Bild zusammengesetzte Rechtecke. Zeichne sie ab und beschrifte sie. Drücke die zusammengesetzte Fläche durch verschiedene, gleichwertige Terme aus.
b. Tauscht Terme aus und sucht dazugehörende Flächen. Vergleicht.

Die Formeln in Aufgabe 7 heißen Binomische Formeln.

7 Zeige, dass gilt:
a. $(a + b)^2 = a^2 + 2ab + b^2$
b. $(a - b)^2 = a^2 - 2ab + b^2$
c. $(a + b) \cdot (a - b) = a^2 - b^2$

Ergänzende Aufgaben auf Seite 125 und 126
Rechentraining auf Seite 127
T4 Teste dich selbst auf Seite 126

28 Verpackte Zahlen

Buchstaben in Gleichungen sind wie verpackte Zahlen. Wenn du sie auspacken kannst, weißt du, für welche Zahlen sie stehen.

Auspacken durch Ersetzen von Gleichungen

1 Wie in der Lernumgebung „Knack die Box“ bedeutet x die Anzahl Hölzchen in einer Schachtel und es gilt:
1. In jeder Schachtel sind gleich viele Hölzchen.
2. Auf beiden Seiten des Gleichheitszeichens sind jeweils gleich viele Hölzchen.

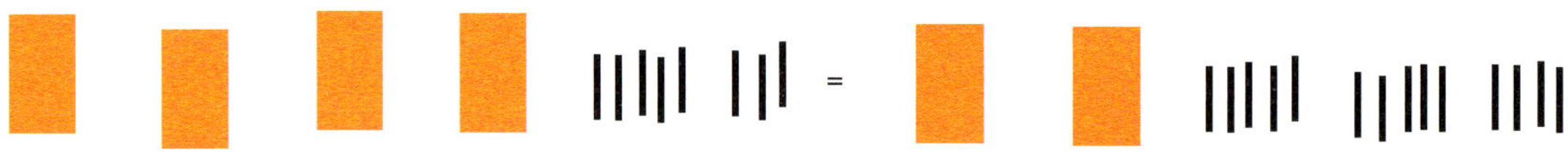

a. Wie kommst du von der ersten Anordnung zu der zweiten? Notiere die zugehörigen Gleichungen.

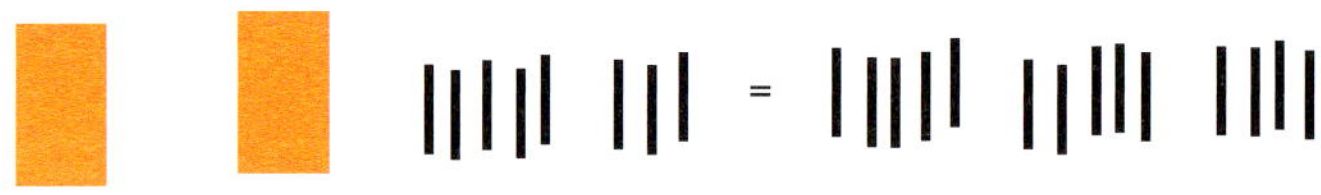

b. Wie hängt die nächste Anordnung mit der vorherigen zusammen? Welche Gleichung passt dazu?

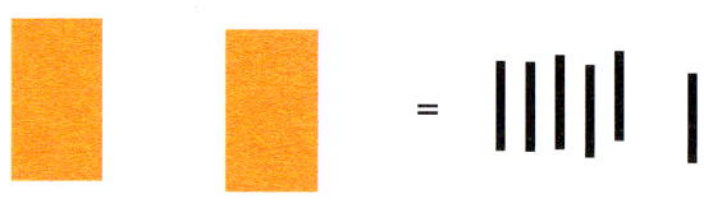

c. Wie hängt diese Anordnung mit der nächsten zusammen? Welche Gleichung passt dazu?

d. Jetzt weißt du, wie viele Hölzchen in jeder Schachtel sein müssen. Überprüfe die Lösung bei allen vier Gleichungen.

2 Was passiert, wenn du bei der ersten Anordnung oben von beiden Seiten die Hälfte nimmst? Suche und beschreibe mit diesem Anfang einen Weg zur letzten Anordnung.

Gleichungen, die die gleichen Lösungen haben, heißen gleichwertig (äquivalent).

3 Suche zu den folgenden Gleichungen andere, die jeweils die gleiche Lösung haben.

a. $4x + 18 = 2x + 24$

b. $4x + 18 = 6x + 2$

c. $6x + 2 = 2x + 24$

d. $5x + 3 = 2x + 24$

L *Gleichungen durch Umformen lösen.*

I
Zu beiden Termen wird dieselbe Zahl addiert.

II
Von beiden Termen wird dieselbe Zahl subtrahiert.

III
Zu beiden Termen wird derselbe Term addiert.

IV
Von beiden Termen wird derselbe Term subtrahiert.

V
Beide Terme werden mit derselben Zahl multipliziert.

VI
Beide Terme werden durch dieselbe Zahl dividiert.

VII
Der Term auf einer Seite wird durch Umformung in seiner Darstellung verändert oder vereinfacht.

Gleichungen aufstellen durch Verpacken

4 Die Zahl 4 wird verpackt.

		$x = 4$
1. Verpacken	$\mid \cdot 3$	$3 \cdot x = 3 \cdot 4$
		$3x = 12$
2. Verpacken	$\mid + 2$	$3x + 2 = 12 + 2$
		$3x + 2 = 14$

a. Beschreibe das Verpacken in Worten.
b. Packe die Zahl 4 wieder aus.
c. Welche der Tätigkeiten I bis VII brauchst du zum Ein- und Auspacken?

5 Die Zahl 4 wird anders verpackt.

		$x = 4$	*Probe: 4 einsetzen*
1. Verpacken	$\mid - x$	$x - x = 4 - x$	
	| Term umformen	$0 = 4 - x$	$0 = 0$
2. Verpacken	$\mid + (x + 8)$	$x + 8 = 4 - x + (x + 8)$	$12 = 12$
	| Term umformen	$x + 8 = 12$	$12 = 12$

Tipp
Beim Auspacken können die Tätigkeiten in **Kurzform** notiert werden:
$4x + 16 = 8x \quad \mid : 4$
$x + 4 = 2x \quad \mid - x$
$4 = x$

a. Welche der Tätigkeiten I bis VII brauchst du zum Ein- und Auspacken?
b. Die Zahl 4 kannst du auch in einem Schritt auspacken. Wie gehst du vor?

6
a. Verpacke selbst eine Zahl.
b. Gib jemandem die letzte Zeile deiner Verpackung und lasse die Zahl auspacken.

Lösen von Gleichungen
Alle Lösungen einer Gleichung bilden zusammen die **Lösungsmenge.** Hat eine Gleichung keine Lösung, ist die Lösungsmenge leer.
Eine Gleichung kannst du lösen, indem du sie durch gleichwertige einfachere Gleichungen ersetzt, bis du in der einfachsten Gleichung die Lösung siehst.
Die Schritte, die dabei erlaubt sind, heißen **Äquivalenzumformungen.**

7 Packe folgende Zahlen aus.
a. $2 \cdot (x + 6) = 4 \cdot (x + 1)$
b. $2 \cdot (2x + 4) = 4 \cdot (x + 2)$
c. $(4x + 6) : 2 = x + 3$
d. $\frac{(6x + 9)}{3} = 2x + 5$
e. $\frac{5x + 3}{4} = \frac{8x - 4}{2}$
f. $x(3x - 5) = (x - 1)(3x + 1)$
g. $x^2 + 3x - 4 = (x + 1)(x - 1)$
h. $\frac{1}{3}u + 4 = \frac{2u}{3} - 8$
i. Verdoppelt man die um 4 vergrößerte Zahl, so erhält man 6 weniger als das Dreifache der Zahl.

8 Verpacke so, dass deine Gleichungen keine oder viele Lösungen haben.
Wie gehst du vor?

Ergänzende Aufgaben auf Seite 128 bis 130

29 Unser Wasser

Wasser ist kostbar! Verschwenden wir es nicht?!

„Das nächste Jahrhundert wird das Jahrhundert des Wassers: Wer es hat, wird reich sein, wer es vergeudet, ein Dummkopf, und wer es verschmutzt, ein Verbrecher."

(Antoine de Saint-Exupéry, 1900 – 1944)

1 Nimm Stellung zu Saint-Exupérys Aussage.

2 In einer siebten Klasse haben 10 Schülerinnen und Schüler zu Hause an einem Tag den Wasserverbrauch in Litern an verschiedenen Stellen gemessen.

	Betül	Lukas	Anika	Marc	Anne	Malte	Leah	Mario	Arina	Fabian
Toilette	24	30	18	40	36	30	24	21	17	36
Hände waschen	1,5	2,5	4	1,5	2,4	2,5	1,2	2,5	3	2
Trinken	1,5	2,1	3,1	1	2,5	2	1,5	2	5	2
Wäsche waschen	30	45	51	22	29	65	7	46	36	10
Kochen	5	2	3	1,5	5	3	5	3	1,5	1

Online-Link
700371-2901
Daten in einer Tabellenkalkulation

a. Was fällt euch an den Messergebnissen auf?
b. Ihr könnt, wenn möglich, in eurer Klasse eine eigene Erhebung durchführen und eure Ergebnisse mit den obigen Ergebnissen vergleichen. Überlegt dazu gemeinsam, wie man vorgehen kann, um die einzelnen Daten möglichst genau zu erheben.
c. Teilt die Messergebnisse untereinander auf und erstellt aus den obigen Urlisten Häufigkeitstabellen und Häufigkeitsdiagramme.
d. Berechnet jeweils arithmetisches Mittel und Zentralwert. Zeichnet dazu einen Boxplot.
e. Diskutiert darüber, welche Werte und Darstellungen hier sinnvoll sind.

3 Mindestens dreimal täglich sollten die Zähne geputzt werden, damit keine schädlichen Zahnbeläge entstehen können. Dabei sollte eine Putzzeit von mindestens drei Minuten eingehalten werden.
a. Lässt du beim Zähneputzen das Wasser weiter laufen? Wie groß ist die Wassermenge, die dabei in einem Jahr verschwendet werden würde?
b. Wie lässt sich diese Wassermenge veranschaulichen?

4 Anna nimmt zweimal in der Woche ein Vollbad. Wie viel Wasser könnte sie pro Jahr einsparen, wenn sie stattdessen duschen würde?

L *Daten erheben und auswerten. Informationen aus Sachtexten/Grafiken entnehmen und interpretieren.*

5 Das Abstellen des Wassers beim Zähneputzen und Duschen statt Baden sind Möglichkeiten, Wasser im Haushalt einzusparen. Sammelt weitere Ideen, wie man Wasser im Haushalt einsparen könnte. Überlegt dabei, wie viel Wasserersparnis einzelne Vorschläge bewirken könnten.

Schmutzwasser ist Abwasser aus Haushalten

Niederschlagswasser ist hier Regen (auch Hagel oder Schnee), der in die Kanalisation eingeleitet wird, da er nicht versickern kann.

6 Lest die folgenden Informationen. Besprecht sie und formuliert Fragen, die ihr untereinander beantworten lasst.
Für die Beseitigung und Reinigung des in die Kanalisation geleiteten Wassers erheben die Kommunen bzw. die Stadtwerke Abwassergebühren.
Ein hohes Gericht hat nun festgelegt, dass die Abwassergebühren aufgeteilt werden müssen: der Frischwasserverbrauch und das anfallende Niederschlagswasser müssen getrennt berücksichtigt werden. Damit sind neue finanzielle Anreize gegeben, Flächen zu entsiegeln, damit das Regenwasser wieder versickern kann, bzw. Regenwasser in Zisternen oder Ähnlichem aufzufangen und zu nutzen.

Entwässerung Vertrags-Nr. 1180161837 — Ihre Verbräuche im Zeitraum 08.12.209 bis 12.12.2010:

Ablesezeitraum	Ablese-(1) art/grund	Zählernummer	Zählwerksnummer	Zählerstand alt	Zählerstand neu	Differenzstände	Faktor	Verbrauch(5)
Schmutz- und Niederschlagswasser								
08.12.2009 – 12.12.2010	2 01	1100083847	001	79	388	309	1,0000	309 m^3
Verbrauch Vorjahr (366 Tage):	VB	332 m^3				Verbrauch akt. Jahr:	VB	309 m^3

Ihre Gebühren im Zeitraum 08.12.2009 bis 12.12.2010:

Abrechnungszeitraum von	bis	Preisart	Preiszone	Verbrauch bzw. Anzahl	Preis	Anteil Tage	Betrag(4)
Schmutz- und Niederschlagswasser							
08.12.2009 bis 12.12.2010		Niederschlagswasser		342 m^3	1,66 EUR/m^3		575,50 EUR
08.12.2009 bis 12.12.2010		Schmutzwasser		309 m^3	2,39 EUR/m^3		738,51 EUR
In nachstehender Summe enthaltene 0% Umsatzsteuer				0,00 EUR		**Summe**	**1314,01 EUR**

Es werden verschiedene Lösungen für die Regenwassernutzung angeboten. Die Kosten für eine Hausanlage mit Zisterne können zwischen 3500 Euro und 10 000 Euro liegen. Zisternen/Regenwassertanks können außerhalb oder innerhalb des Hauses installiert werden. Sie haben ein Volumen zwischen 1000 l und 5000 l. Das Regenwasser wird auf dem Dach aufgefangen und dann in die Zisterne geleitet.

Niederschlagsmenge in l/m^2 (Durchschnittswerte für Nordrhein-Westfalen)

Monat	Jan.	Feb.	März	April	Mai	Juni	Juli	Aug.	Sept.	Okt.	Nov.	Dez.
Niederschlag	80,2	35,6	98,4	101,4	43,6	85,0	84,2	79,0	54,4	84,6	63,0	70,1

Ergänzende Aufgaben auf Seite 131

30 Quod erat demonstrandum

Etwa um 600 v. Chr. entstand bei den Griechen das Bedürfnis, nicht auf das zu vertrauen, was man sieht, sondern Behauptungen exakt zu begründen, das heißt zu beweisen. Heute gilt der Zeitpunkt, zu dem der erste Beweis geführt wurde, als die Geburtsstunde der Mathematik. Vorreiter waren die Philosophen Thales von Milet und Pythagoras von Samos.

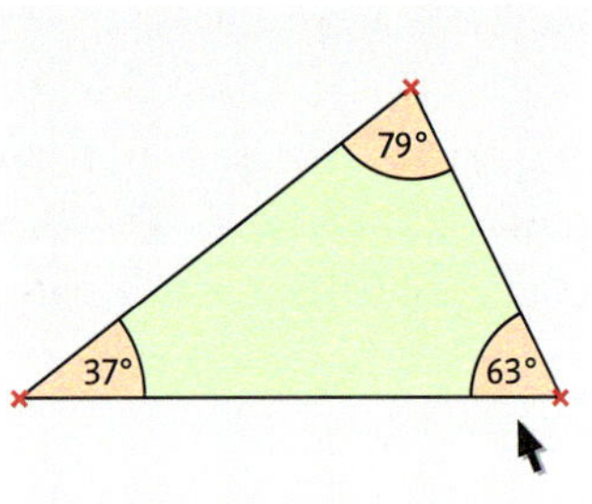

Florian: „Ich habe das mit dem Dreieck mit der DGS ausprobiert, und festgestellt, dass es gar nicht immer stimmt, dass die Winkelsumme 180° ist. Ich hatte auch Dreiecke, bei denen es nur 179° waren."
Sabine: „Das waren bestimmt Messfehler."
Florian: „Aber doch nicht mit dem Computer."
Kevin: „Aber war das dann falsch, was wir letztes Jahr herausgefunden haben?"
Christine: „Es muss doch eine Möglichkeit geben, festzustellen, ob es stimmt, oder nicht. Jeder überlegt jetzt mal und dann vergleichen wir."

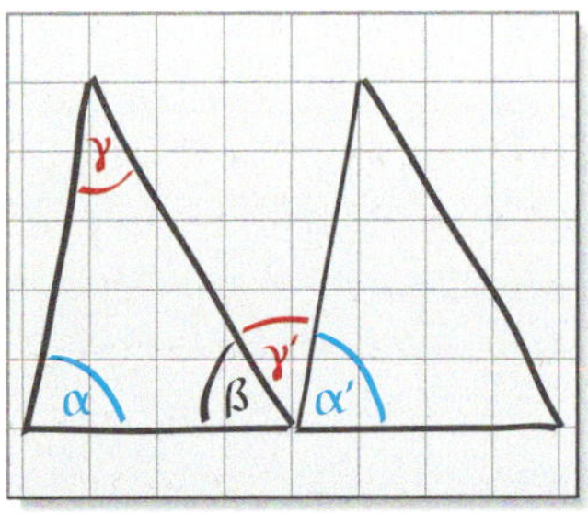

Kevin:
Meine Lösung ist einfacher: Ich zeichne das gleiche Dreieck noch einmal daneben. Da sieht man sofort, dass α genauso groß ist wie α' und γ so groß wie γ'.
α', β und γ' ergeben zusammen 180°.

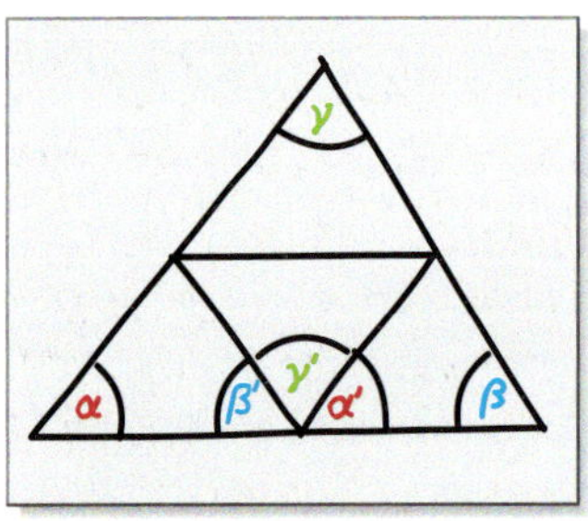

Sabine:
Ich teile mein Dreieck in vier kongruente Dreiecke, indem ich die Seitenmittelpunkte miteinander verbinde. Da die vier Dreiecke kongruent sind, muss α' so groß sein wie α und β' so groß wie β. Da die Winkelsumme auch gleich groß sein muss, ist γ' so groß wie γ. Alle drei bilden eine Gerade, also 180°.

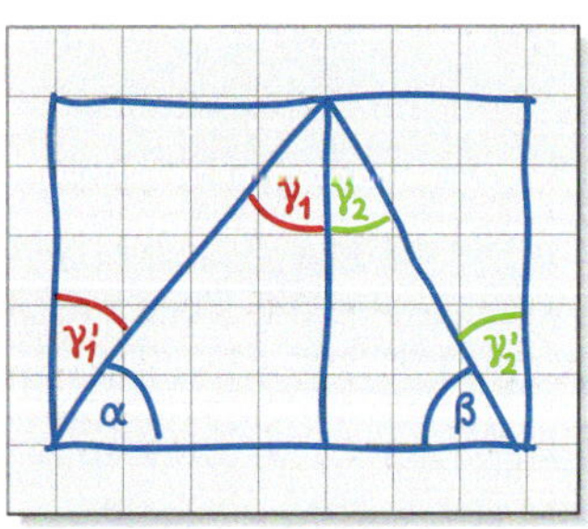

Christine:

$\alpha + \gamma_1' = 90^\circ$	α und γ_1' bilden zusammen die Ecke eines Rechtecks
(I) $\alpha + \gamma_1 = 90^\circ$	γ_1 und γ_1' sind Wechselwinkel
$\beta + \gamma_2' = 90^\circ$	β und γ_2' bilden zusammen die Ecke eines Rechtecks
(II) $\beta + \gamma_2 = 90^\circ$	γ_2 und γ_2' sind Wechselwinkel
$\alpha + \gamma_1 + \beta + \gamma_2 = 90^\circ + 90^\circ$	folgt aus (I) und (II)
$\alpha + \beta + \gamma_1 + \gamma_2 = 180^\circ$	zusammengefasst
$\alpha + \beta + \gamma = 180^\circ$	$\gamma_1 + \gamma_2 = \gamma$

1 Diskutiert die drei Argumentationen. Welche gefällt euch am besten? Was gefällt euch daran? Gibt es Stellen, an denen Argumentationsschritte nicht schlüssig sind? Gibt es Lücken in den Argumentationen?

L *Mathematische Aussagen begründen und beweisen.*

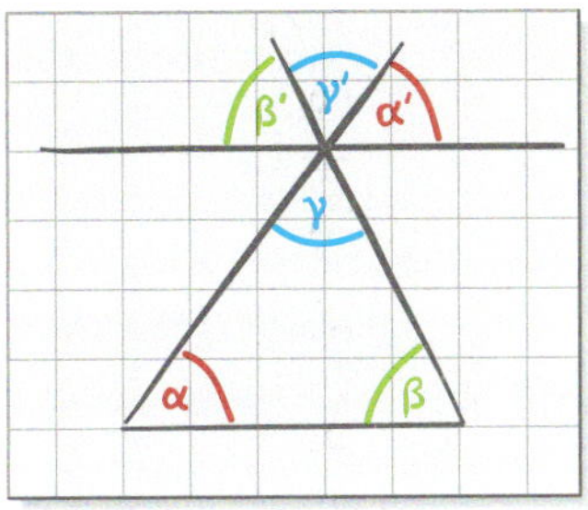

2 Für seinen Beweis hat Florian diese Zeichnung angefertigt. Wie mag seine Argumentation wohl sein?

3 Beweise folgende Aussagen über Innenwinkelsummen und schreibe deine Argumentation genau auf:

a. In einem Viereck beträgt die Summe der Innenwinkel 360°.

b. In einem n-Eck beträgt die Summe der Innenwinkel $(n - 2) \cdot 180°$.

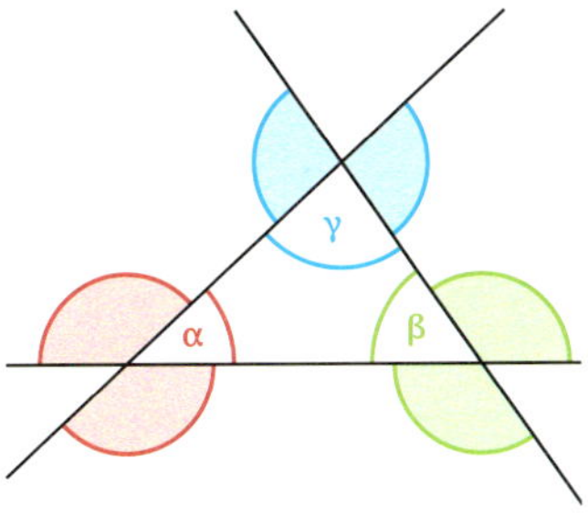

4 Die gefärbten Winkel heißen Außenwinkel.

a. Du kennst die Größe der Innenwinkel des Dreiecks. Wie groß sind die Außenwinkel? Begründe.

b. In einem Dreieck ist $\alpha = 37{,}4°$ und $\beta = 51{,}2°$. Bestimme den Winkel γ und die Außenwinkel α', β' und γ'.

c. Beweise: Jeder Außenwinkel an einer Ecke eines Dreiecks ist genau so groß, wie die Summe der beiden Innenwinkel an den anderen Ecken.

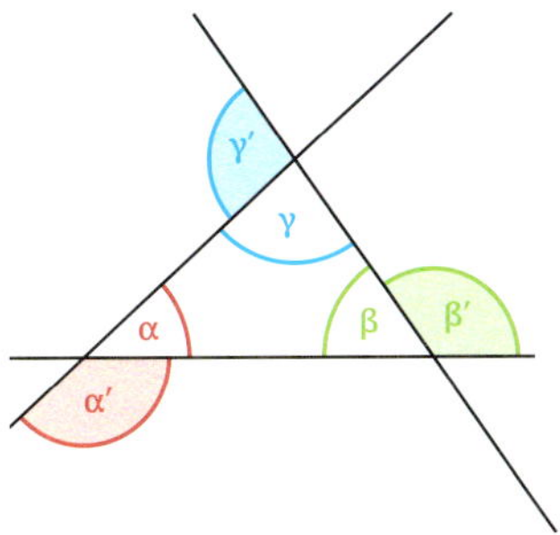

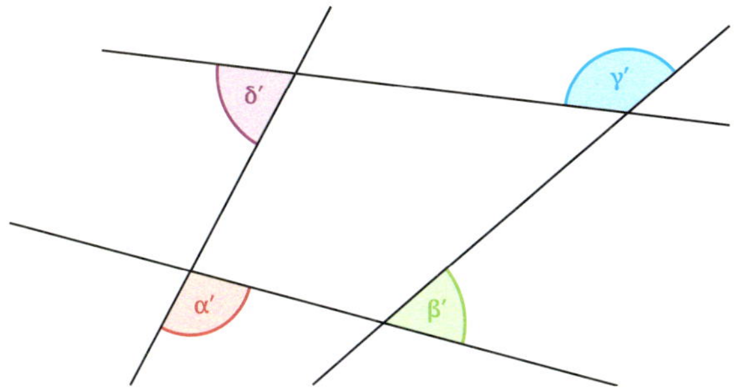

d. Wie groß sind die drei Außenwinkel zusammen? Beweise deine Aussage.

e. Wie ist das bei Vierecken, Fünfecken, … , n-Ecken? Begründe deine Aussagen.

Online-Link
700371-3001
Lernumgebung Viereck
700371-3002
Lernumgebung Dreieck

5 Berechne die Seitenlänge x des Quadrates. Begründe dabei jeden einzelnen Argumentationsschritt.

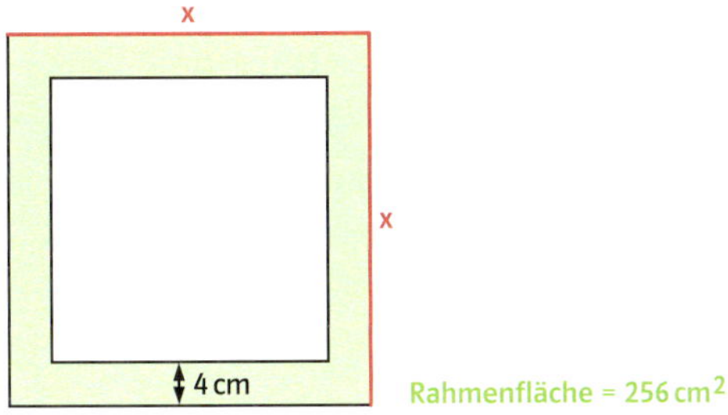

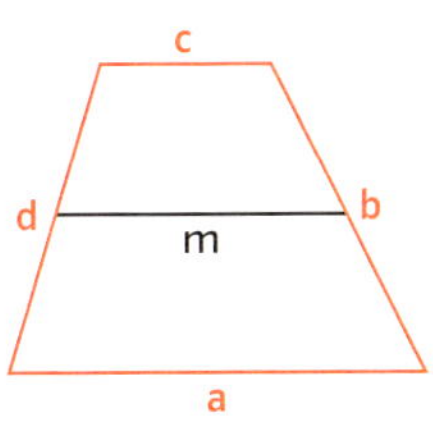

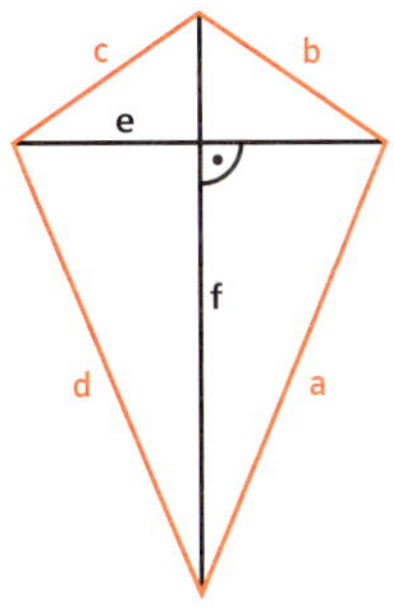

6

a. Welche der folgenden Terme beschreibt den Flächeninhalt eines Trapezes? Begründe.

b. Formuliere einen Term für den Flächeninhalt eines Drachens und begründe.

Ergänzende Aufgaben auf Seite 132

31 Blickwinkel

Um ein Motiv ganz aufs Foto zu bekommen, musst du vielleicht ein paar Schitte rückwärtsgehen. Das hängt vom Aufnahmewinkel deines Kameraobjektivs ab.

100°

74°

46°

28°

23°

12°

Der von einem Objektiv erfasste **Bildwinkel** bestimmt, welcher Szenenausschnitt aufs Bild kommt. Der Bildwinkel hängt unter anderem von der Brennweite des Objektivs ab: Wenn die Brennweite kürzer ist, dann ist der Bildwinkel größer. Eine „normale" Brennweite von 50 mm entspricht etwa dem Sehwinkel des menschlichen Auges (aktiv betrachteter Ausschnitt: ca. 45°). Weitwinkelobjektive haben einen Bildwinkel von mindestens 60° und werden in der Landschaftsfotografie und in engen Räumen eingesetzt. Teleobjektive holen entfernte Details heran. Mit ihrem engen Bildwinkel verdichten sie die Bildaussage.

1 Kommentiere die Bildfolge. Welche Bilder wurden mit einem Weitwinkelobjektiv aufgenommen, welche mit einem Teleobjektiv? Welches Bild entspricht am ehesten dem natürlichen Blickwinkel unserer Augen?

2 Besorgt euch Fotokameras. Bestimmt durch Messen des Sichtbereichs die Bildwinkel der Objektive. Bei einem Zoom-Objektiv gibt es einen maximalen und einen minimalen Bildwinkel.

3 Betrachtet mit der Kamera ein breites Objekt, zum Beispiel ein Fußballtor. Sucht eine Stelle, von der aus das Objekt in der Breite genau das Bild füllt. Markiert diese Stelle am Boden. Sucht mit der gleichen Objektiveinstellung mindestens sechs weitere solche Standpunkte und markiert sie.

4 Zeichnet einen maßstabgetreuen Plan der Situation. Tragt darin das beobachtete Objekt und die markierten Standpunkte ein.

5 Vergleicht eure Ergebnisse, stellt Vermutungen an und schreibt sie auf.

L *Mittelpunktwinkelsatz, Umfangswinkelsatz und Satz des Thales entdecken. Sätze begründen und beweisen.*

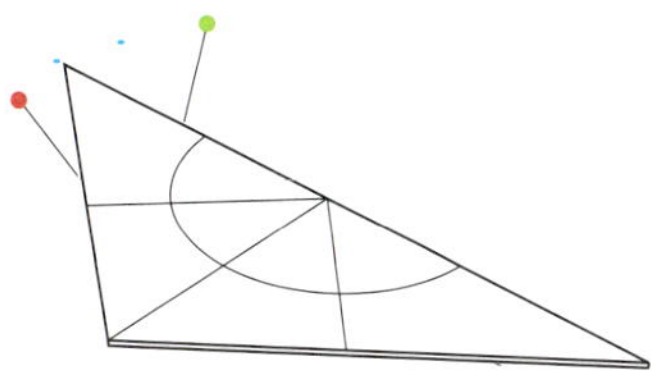

Ein Experiment am Modell

6 Stecke zwei Reißnägel drei Finger breit auseinander in eine Kartonunterlage. Schiebe das Geodreieck mit dem spitzen Winkel voran dazwischen bis zum Anschlag. Markiere auf der Unterlage den Eckpunkt am spitzen Winkel. Bestimme mindestens acht weitere derartige Punkte.

7 Wiederhole das Experiment mit der rechtwinkligen Ecke des Geodreiecks.

8 Notiere deine Ergebnisse der Aufgaben 6 und 7 und vergleiche mit der Vermutung aus Aufgabe 5.

Beweisen

Online-Link
700371-3101
Figuren zu Aufgabe 9

9 Deine Untersuchungen mit der Kamera und mit dem Modell lassen vermuten, dass die gesuchten Punkte, die zum selben Winkel gehören, auf einer bestimmten Linie liegen.

a. Du brauchst zur Begründung deiner Vermutung auch den Außenwinkelsatz, den du in der Lernumgebung „Quod erat demonstrandum" kennen gelernt hast. Schreibe als Formel und in Worten auf, was er bedeutet. Fertige eine geeignete Skizze an.

b. Um deine Vermutung zu beweisen, können dir die abgebildeten Figuren helfen.

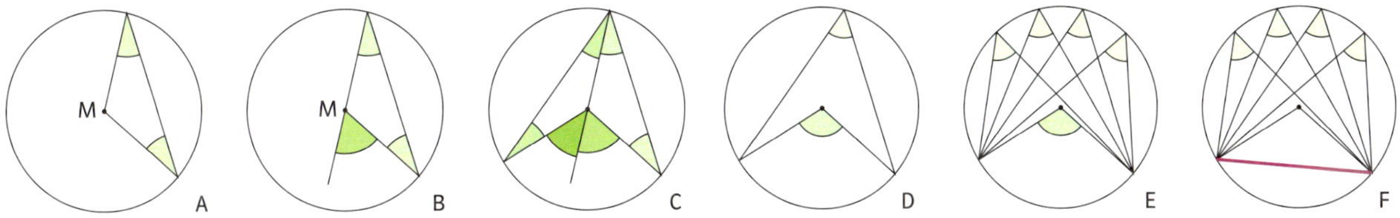

Schreibe zu jeder Abbildung auf, welche Aussage dahinter steckt. Begründe, warum das so ist. (Diese Aufgabe findest du auch im Arbeitsheft.)

Thales von Milet

10 Im 6. Jahrhundert vor Christus traten fast gleichzeitig in verschiedenen Kulturen große Denker auf. In den blühenden griechischen Handelsstädten an der kleinasiatischen Küste wirkten zur gleichen Zeit die ersten abendländischen Philosophen und Wissenschaftler. Zu ihnen gehörten Thales von Milet und Pythagoras von Samos.

a. Thales sagt: „Der Winkel im Halbkreis ist ein rechter."
Erläutere, was Thales damit gemeint hat.

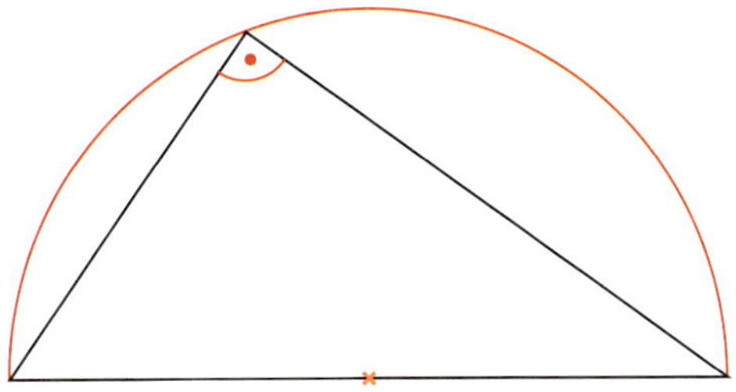

Im rechtwinkligen Dreieck heißt die dem rechten Winkel gegenüberliegende Seite Hypotenuse.

b. Informiert euch über Thales von Milet.

c. Gilt auch die umgekehrte Aussage: „Wenn ein Dreieck einen rechten Winkel hat, liegt der Scheitelpunkt des rechten Winkels auf dem Halbkreis über der Hypotenuse."?

Ergänzende Aufgaben auf Seite 133 und 134

32 Die große Reise

Hast du schon einmal eine große Reise gemacht? Die muss genau geplant werden. Dabei spielen sicher auch finanzielle und ökologische Aspekte eine Rolle. Zu anstrengend soll die Reise auch nicht werden.

Mutter:
Die alte Kaiserstadt Hua Hin möchte ich unbedingt besuchen. Außerdem interessiert mich der Norden Thailands mit Chiang Mai und dem goldenen Dreieck sehr. Eine Schifffahrt auf dem Meer wäre auch sehr schön.

Sohn:
Ich möchte auf einer der Inseln einen Tauchkurs machen. Ein Besuch in einem der Elefantencamps im Norden des Landes wäre super. Da könnte ich auch eine Flussfahrt auf einem Floß machen.

Vater:
Ich möchte gerne die Tempel in Bangkok und Khorat besichtigen. Überall möchte ich die Thai-Küche genießen.

Tochter:
Ich schwimme gerne im Meer. Ich liebe die Natur und daher möchte ich die vielen Pflanzen und Tiere Thailands kennenlernen. Natürlich möchte ich auch auf den Märkten von Bangkok shoppen gehen.

1 Familie Gaiger aus Bielefeld möchte in den nächsten Weihnachtsferien eine Reise nach Thailand machen. Alle haben verschiedene Interessen. Sie möchten das Land und die Leute kennenlernen, sie möchten sich aber auch etwas ausruhen. Natürlich soll die Reise auch nicht zu viel kosten.

a. Stellt einen Reiseplan auf, der möglichst viele Interessen und Wünsche berücksichtigt.

b. Stellt euch gegenseitig eure Reisepläne vor. Welcher wird den Wünschen am besten gerecht? Diskutiert.

L *Eine Reise planen und kalkulieren, Zeiten und Währungen umrechnen, Orientierung auf der Erdkugel.*

2 Die thailändische Währung ist der Baht.

a. Recherchiere den Umrechnungskurs und erstelle eine Tabelle, mit der man leicht Euro in Baht umrechnen kann und umgekehrt.

b. Das durchschnittliche monatliche Einkommen eines Angestellten in Thailand beträgt etwa 10 000 Baht. Vergleiche mit dem Durchschnittseinkommen in Deutschland.

c. Ein Taxi-Fahrer in Bangkok verlangt für eine Strecke von 5 km von Touristen 1200 Baht. Prüfe, ob der Preis angemessen ist.

d. Teure Hotels in Thailand geben die Zimmerpreise in Dollar an. Für eine Übernachtung mit Frühstück werden 120 $ verlangt.

3 Zur Orientierung auf der Erdkugel wird diese mit einem Netz von Breiten- und Längenkreisen überzogen. Die Lage eines Ortes auf der Erde wird dann durch die Angabe des entsprechenden Breiten- und Längenkreises angegeben. Um die nördliche Halbkugel von der südlichen Halbkugel zu unterscheiden, wird der Zusatz N bzw. S angegeben. Orte östlich des Null-Meridians, der durch London verläuft, werden mit E gekennzeichnet, die westlich davon liegenden mit W.

a. Gib die Lage von Bangkok durch seine Koordinaten an.

b. Welche Koordinaten hat deine Heimatstadt?

c. Welche großen Städte liegen etwa auf dem gleichen Breitenkreis wie Madrid?

d. Welche deutsche Hafenstadt liegt etwa auf dem gleichen Längenkreis wie Tunis?

4 Der Erdradius beträgt etwa 6400 km.

a. Begründe, warum der Erdumfang mit ungefähr 40 000 km angegeben wird.

b. Katinka behauptet, dass der kürzeste Abstand auf der Erdkugel zwischen zwei Orten, die auf dem gleichen Breitenkreis liegen, nicht durch den Breitenkreis gebildet wird. Ein Flugzeug, das den kürzesten Weg sucht, sollte nach ihrer Meinung also nicht über dem gemeinsamen Breitenkreis fliegen. Was meint ihr dazu? Nehmt euch einen Globus als Hilfe.

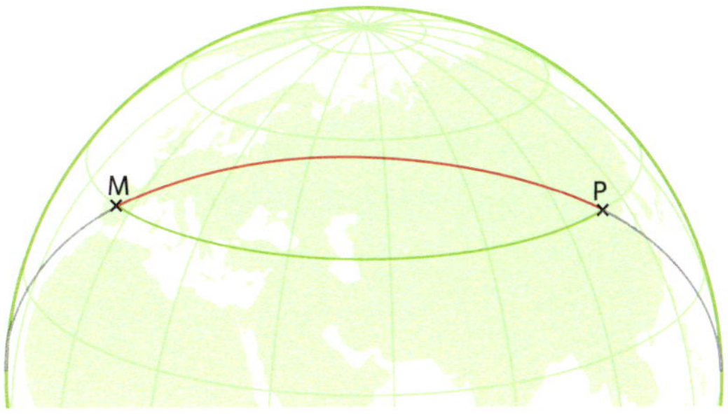

5 Der Zeitunterschied zwischen Deutschland und Thailand beträgt im Winter 6 Stunden.

a. In Thailand gibt es den Unterschied zwischen Sommer- und Winterzeit nicht. Wie groß ist demnach der Zeitunterschied zwischen Deutschland und Thailand im Sommer?

b. Im August startet ein Flug von München nach Phuket um 17:45 Uhr deutsche Zeit und erreicht den Flughafen der thailändischen Insel um 9:25 Uhr Ortszeit. Wie lange dauert der Hinflug?

c. Der Rückflug dauert 12 Stunden und 5 Minuten. Warum dauern Hin- und Rückflug nicht gleich lang? Ein Flieger landet zu Weihnachten von Phuket kommend um 18:15 Uhr in München. Wann ist er in Phuket nach thailändischer Zeit gestartet?

d. Herr Gaiger ruft von Thailand aus seinen Bruder in Bielefeld an. Dieser ist sehr ungehalten. Wann hat Herr Gaiger angerufen?

▶ *Ergänzende Aufgaben auf Seite 135*

33 Zinsen

Bei Bankgeschäften rechnet man wie bei der Prozentrechnung. Oft verwendet man aber andere Begriffe: Den Grundwert nennt man Kapital, den Prozentsatz Zinssatz und den Prozentwert Zinsen.

1 Lisa hat bei der Sparkasse ein Taschengeldkonto, auf das ihr Vater jeden Monat einen festen Betrag einzahlt. Lisas Vater meint, dass seine Tochter dadurch besser lernt, sich ihr Geld einzuteilen. Oft bieten Sparkassen und Banken ein solches Taschengeldkonto an, um auch zukünftige Kunden zu werben.

a. Lisa hat durchschnittlich 200 € auf ihrem Taschengeldkonto. Die Sparkasse zahlt ihr 1,5 % Zinsen im Jahr. Wie viel Zinsen bekommt Lisa ungefähr im Jahr?

b. Eine andere Bank bietet an, ein Taschengeldkonto zu führen, und verspricht eine Verzinsung von 0,5 %. Zusätzlich gibt es bei der Kontoeröffnung eine Gutschrift von 25 €. Vergleiche mit Teilaufgabe a.

Online-Link
700371-3301
Zinsen berechnen mit EXCEL

2

a. Der Vater von Lisa hat 50 000 € geerbt. Er will das Geld für 4 Jahre anlegen. Vergleiche die Angebote, benutze dabei auch die Tabellenkalkulation. Gehe zunächst davon aus, dass die angefallenen Zinsen jährlich ausgezahlt werden.

b. Wie viel Zinsen hätte er insgesamt erhalten, wenn die Zinsen nicht jährlich ausgezahlt worden wären, sondern der Einlage zugerechnet worden wären? Vergleiche.

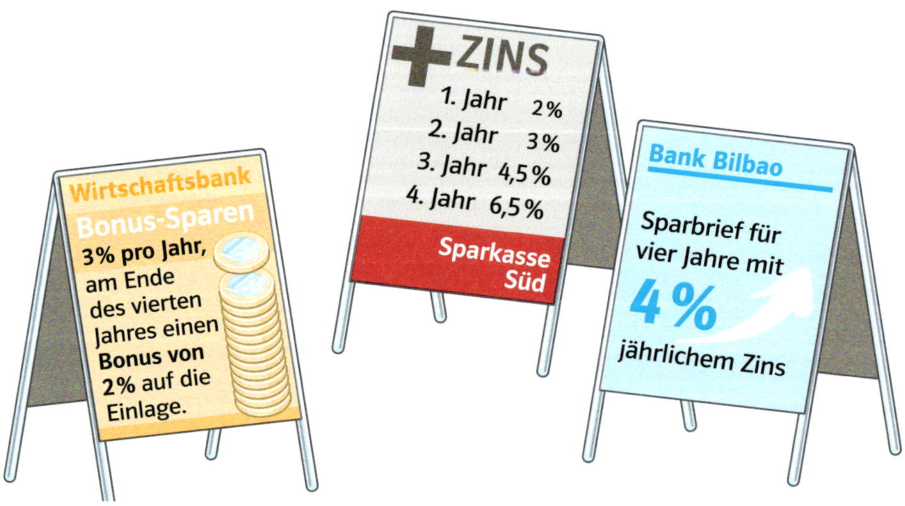

L *Zinsen, Zinssätze und Kapitaleinlagen mithilfe der Prozentrechnung bestimmen.*

3 Familie Hoffmeister benötigt für ein Jahr einen Kredit, weil eine Reihe von Anschaffungen anstehen: neue Kinderkleidung, eine neue Waschmaschine und eine Autoreparatur. Frau Hoffmeister holt sich drei Angebote ein.

a. Lies die Angebote und kläre unbekannte Begriffe.
Was hältst du von den Angeboten?

b. Ein Arbeitskollege von Frau Hoffmeister rät ihr, es mit einem Privatkredit aus dem Internet zu versuchen. Dort verleihen Privatleute Geld an Privatleute zu manchmal günstigeren Konditionen. Suche solche Angebote und vergleiche.

4 Zinsen werden taggenau berechnet. Jeder Monat wird mit 30 Tagen, das Jahr mit 360 Tagen berechnet.
Schreibe mit der Tabellenkalkulation ein Programm, welches Zinsen wie unten abgebildet taggenau ausrechnet.

	A	B	C	D
1	Erstes Datum	12.06.2009	Anzahl Tage	276
2	Zweites Datum	18.03.2010	Zinsen	306,67 €
3	Betrag	5.000,00 €		
4	Zinssatz in %	8		

Um Kredite und damit Zinsen besser vergleichen zu können, ist ein sogenannter **effektiver Zinssatz** anzugeben. Trotzdem sind oft nicht alle Kosten enthalten - wie z.B. Kontoführungsgebühren, Wertermittlungsgebühren, Bereitstellungszinsen.

5 Die Internetbank „direktbank" bietet ein Tagesgeldkonto mit vierteljähriger Verzinsung bei 2% Zinsen pro Jahr an.

a. Welchen finanziellen Vorteil erzielt man, wenn man 4000 € für $2\frac{3}{4}$ Jahre mit einer vierteljärigen Verzinsung anlegt im Gegensatz zu einer einjährigen Verzinsung?

b. Nach wie viel Jahren hat sich das Kapital bei einer vierteljährigen Verzinsung verdoppelt?

Signor Enrico lässt fragen

6 Wie viel Zinsen müssen die Steuerzahler in Deutschland während dieser Unterrichtsstunde für die Schulden der Bundesrepublik Deutschland aufbringen?

Ergänzende Aufgaben auf Seite 136

34 Platonische Körper

Die platonischen Körper, benannt nach dem griechischen Philosophen Platon, werden seit frühester Zeit von den Menschen bewundert. Was ist das Besondere an diesen Körpern?

Platon (427 – 348 v. Chr.) lebte in Athen. Er war ein Schüler von Sokrates und einer der einflussreichsten griechischen Philosophen. Die nach ihm benannten Körper wurden erstmalig von den Pythagoreern untersucht und von Platon ausführlich beschrieben.

Hier siehst du Kantenmodelle der platonischen Körper, die aus dünnen Holzstäben und „Eckenhütchen" aus Tonpapier gebaut wurden.

1

a. Welche besonderen Eigenschaften haben die platonischen Körper?

b. Beschreibe die fünf platonischen Körper nun im Einzelnen. Gehe dabei näher auf die Anzahl und Form der Seitenflächen ein und gib jeweils die Anzahl der Flächen an, die an einer Ecke zusammenstoßen. Erstelle eine Tabelle.

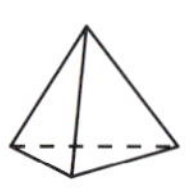
Tetraeder

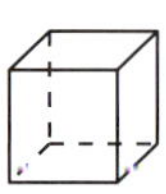
Würfel (Hexaeder)

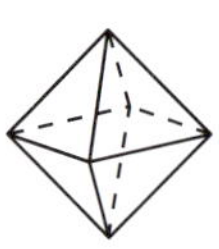
Oktaeder

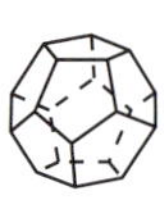
Dodekaeder

Ikosaeder

2 Du siehst hier, wie man die Körper aus Holzstäbchen und „Eckenhütchen" bauen kann.

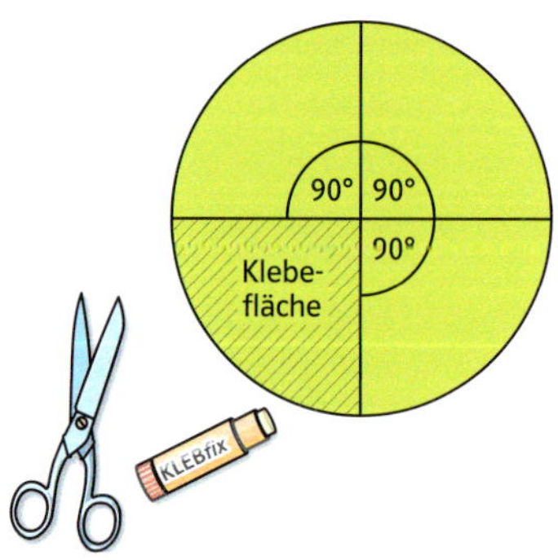

a. Wie viele Eckenhütchen und Holzstäbe braucht man für einen Würfel?

b. Zeichne die Baupläne für die Eckenhütchen eines Tetraeders und eines Oktaeders. Gib jeweils die Anzahl der benötigten Eckenhütchen und Holzstäbe an.

c. Suche dir einen der drei Körper aus und baue das Kantenmodell. Sprecht euch ab, damit alle drei Körper in der Klasse ungefähr gleich oft vorhanden sind.

L *Platonische Körper kennenlernen. Raumvorstellung schulen, Netze zeichnen.*

3 Kopfgeometrie

a. Nimm den Tetraeder in die Hand und verbinde in Gedanken die Mittelpunkte aller Seitenflächen durch Linien. Welcher Körper entsteht?

b. Mache dasselbe mit dem Würfel und mit dem Oktaeder.

c. Verbinde in Gedanken die Mittelpunkte aller Tetraederkanten. Welcher Körper entsteht?

4

a. Bastle das Kantenmodell eines Dodekaeders oder Ikosaeders. Sprecht euch ab, damit beide Körper ungefähr gleich oft vorhanden sind.

b. Betrachte den Dodekaeder von einer Ecke aus. Verbinde in Gedanken die Flächenmitten aller Flächen, die an dieser Ecke zusammenstoßen. Welche Fläche ist das? Welcher Körper entsteht, wenn man die Flächenmitten aller Seitenflächen des Dodekaeders durch Linien verbindet?

c. Führe die Vorstellungsübungen von Teilaufgabe b. jetzt mit einem der Ikosaeder aus.

5 Du siehst hier, wie ein Würfel in einen Dodekaeder hineinpasst. Du kannst also einen Dodekaeder basteln, indem du auf jede der sechs Würfelflächen ein „Walmdach" aufsetzt.

Platon hatte die Idee, dass die Materie aus vier Grundelementen – Feuer, Erde, Luft und Wasser – besteht.
Nach seinen Vorstellungen sollten die kleinsten Bausteine (Atome) der Grundelemente die Gestalt der platonischen Körper haben, und zwar die Feueratome die Gestalt des Tetraeders, die Erdatome die Gestalt des Würfels, die Luftatome die des Oktaeders und die Wasseratome die Gestalt des Ikosaeders. Das Dodekaeder hat Platon dem Weltall zugeordnet. Jede der zwölf Seitenflächen entspricht einem der zwölf Sternbilder.

a. Zeichne das Netz für ein solches Walmdach. Überlege dabei, wie die einzelnen Flächen mit dem Fünfeck zusammenhängen.

b. Bastle einen Dodekaeder nach einem der abgebildeten Modelle.

6 Gibt es wirklich nur fünf platonische Körper?

a. Kann es noch weitere platonische Körper geben, die von gleichseitigen Dreiecken begrenzt sind?

b. Könnte man eines Tages neue platonische Körper entdecken, die von Quadraten, regelmäßigen Fünfecken oder vielleicht sogar von regelmäßigen Sechsecken begrenzt sind? Erläutert eure Überlegungen sorgfältig.

7 „Fünf Körper hat die mächtige Natur erzeugt …".
So beginnt ein Sonett von Luca Pacioli. Suche das Gedicht im Internet. Wo findest du deine Entdeckungen zu platonischen Körpern darin wieder?

Ergänzende Aufgaben auf Seite 137

T5 *Teste dich selbst auf Seite 138*

35 Kalender

Auf welchen Wochentag fällt dein Geburtstag in diesem Jahr? An welchem Wochentag wird er in den folgenden Jahren sein?

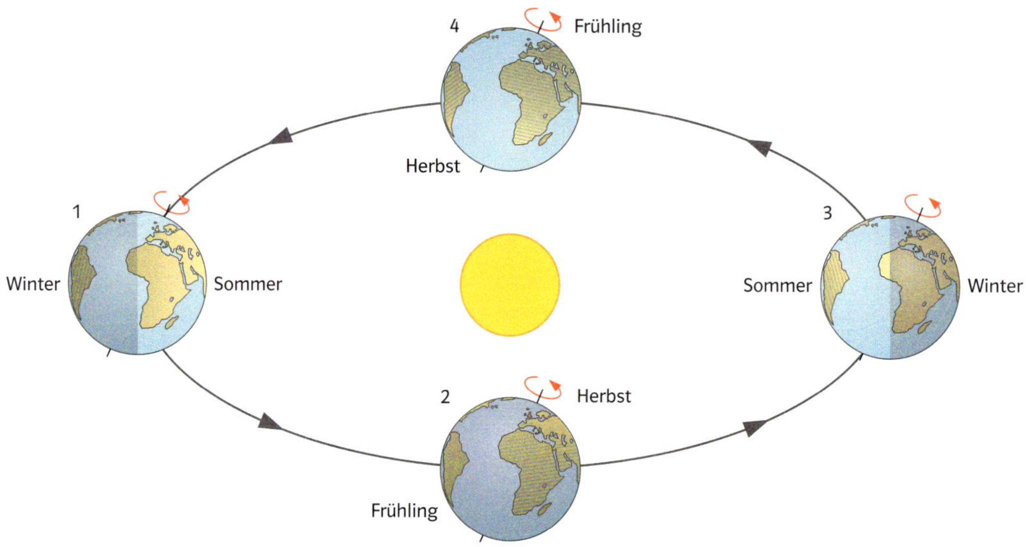

Jahre mit 366 Tagen nennt man Schaltjahre. Der zusätzliche Tag heißt Schalttag.

Julius Cäsar

Papst Gregor XIII

Nach dem gregorianischen Kalender ist ein Jahr ein Schaltjahr, wenn die Jahreszahl durch 4 teilbar ist, mit folgender Ausnahmeregel: Ist die Jahreszahl durch 100, aber nicht durch 400 teilbar, dann ist das Jahr kein Schaltjahr.

1 Ein Erden-Jahr dauert ziemlich genau 365 Tage 5 Stunden 48 Minuten und 46 Sekunden.

a. Matthias meint, dass das genau 365,548 46 Tage sind. Katrin dagegen meint, dass es 365,2422 Tage sind. Wer hat Recht? Begründe.

b. Welches Problem entsteht dadurch, dass dies keine ganze Zahl von Tagen ist? Einen ersten Ansatz zur Lösung machte Julius Cäsar …

2 Unser Kalender geht auf den Kalender der Römer zurück. Ursprünglich begann bei ihnen das Jahr mit dem März. Das sieht man noch heute an einigen Monatsnamen. *September* bedeutet „der Siebte", *Oktober* – „der Achte", *November* – „der Neunte", *Dezember* – „der Zehnte". Der Juli hieß ursprünglich *Quintilis* – „der Fünfte", der August *Sextilis* – „der Sechste". Im Jahr 153 v. Chr. wurde der Jahresbeginn auf den Januar verschoben.

Im Jahr 45 v. Chr. reformierte Julius Cäsar den Kalender grundlegend. Er legte die Länge der Monate so fest, wie wir sie heute kennen. Außerdem legte er fest, dass alle vier Jahre ein Schaltjahr ist: Der Februar hat dann einen Tag mehr. Dieser Kalender heißt „julianischer Kalender". Julius Cäsar zu Ehren wurde der Quintilis in „Julius" umbenannt. Später wurde auch noch der Sextilis in „Augustus" umbenannt.

a. Wieviele Tage haben die einzelnen Monate? Kennst du eine Eselsbrücke?

b. Wie lange ist ein Kalenderjahr nach dem julianischen Kalender im Durchschnitt?

c. Wie viele Schaltjahre gibt es nach dem julianischen Kalender in 400 Jahren?

d. Warum löst der julianische Kalender das Problem aus Aufgabe 1b nicht ganz?

3 Im Jahr 1582 reformierte Papst Gregor XIII. den Kalender noch einmal zu unserem heutigen sogenannten gregorianischen Kalender.

a. Er ließ in diesem Jahr auf den 4. Oktober gleich den 15. Oktober folgen. Warum?

b. Außerdem änderte er die Schaltjahresregel (siehe links). Waren diese Jahre Schaltjahre: 1951, 1812, 1800, 1900, 1960, 2000 …?

c. Wie lange ist ein gregorianisches Kalenderjahr im Durchschnitt? Betrachte einen Zeitraum von 400 Jahren.

d. Wie genau ist unser Kalender?

L *Kalenderrechnung*

Geburtstag

Du hast festgestellt, dass dein Geburtstag nicht jedes Jahr auf den gleichen Wochentag fällt.

4

a. An welchem Wochentag hattest oder hast du in diesem Jahr Geburtstag?
b. Auf welchen Wochentag ist dein Geburtstag letztes Jahr gefallen?
c. Auf welchen Wochentag fällt er nächstes Jahr?
d. Überlege dir, an welchem Wochentag du 16 und an welchem du 20 Jahre alt wirst.

5 Du hast festgestellt, dass sich die Wochentage deines Geburtstages nach einer bestimmten Gesetzmäßigkeit verändern.

a. Beschreibe diese Gesetzmäßigkeit. Wie bist du darauf gekommen?
b. Erklärt einander eure Feststellungen.

6 An welchem Wochentag wurdest du geboren?

a. Auf welchen Wochentag fällt dein 100. Geburtstag?
b. In welchen Jahren wird dein Geburtstag auf einen Sonntag fallen?

7 Wie ist das für Personen, die an einem 29. Februar geboren wurden?

8 Weihnachten kann man auch als eine Art Geburtstag betrachten.
Stelle dir ähnliche Fragen zu diesem Feiertag.

Wochentage berechnen

9 Eine Woche hat sieben Tage. Dies hat bei euren Überlegungen zu den Geburtstagsproblemen eine zentrale Rolle gespielt.
$365 : 7 = 52$, 7er-Rest 1
$366 : 7 = 52$, 7er-Rest 2
Erkläre die Bedeutung der Zahlen.

10 Übertrage diese Tabellen ins Heft. Fülle sie aus, ohne zu rechnen.

a.

Zahl	$1 \cdot 365$	$2 \cdot 365$	$3 \cdot 365$	$4 \cdot 365$	$5 \cdot 365$	$6 \cdot 365$	$7 \cdot 365$	$8 \cdot 365$	…
7er-Rest									

Zahl	$1 \cdot 366$	$2 \cdot 366$	$3 \cdot 366$	$4 \cdot 366$	$5 \cdot 366$	$6 \cdot 366$	$7 \cdot 366$	$8 \cdot 366$	…
7er-Rest									

b. Deine Feststellungen haben dir geholfen, die Wochentage der Geburtstage zu bestimmen. Erkläre.

11 Nimm an, du weißt, welcher Wochentag der 1. Januar eines Jahres war. Damit kannst du auch berechnen, welcher Wochentag z. B. der 28. August desselben Jahres ist. Erkläre.

▶ *Ergänzende Aufgaben auf Seite 139*

36 Hypatia und Ramanujan

Mathematik ist eine der ältesten Kulturwissenschaften. Hier lernst du zwei faszinierende Persönlichkeiten kennen und erfährst, wie sie durch ihr Elternhaus und die politischen, sozialen und religiösen Bedingungen ihrer Zeit geprägt wurden.

Hypatia von Alexandria

Hypatia von Alexandria (370 – 415 n. Chr.)

Hypatia ist die erste Wissenschaftlerin, deren Leben vollständig dokumentiert ist. Obwohl die meisten ihrer Schriften verloren gingen, gibt es noch zahlreiche Hinweise auf sie.
Ihr Vater Theon ist ein einflussreicher Mathematiker und Astronom im ägyptischen Alexandria. Er plant die Erziehung und Bildung seiner Tochter sehr sorgfältig.
Hypatia wächst zu einer aussergewöhnlichen jungen Frau heran. Sie reist nach Athen und Italien und beeindruckt sämtliche Männer durch ihren Verstand und ihre Schönheit. Nach ihrer Rückkehr nach Alexandria wird sie Lehrerin für Mathematik und Philosophie. Sie ist offiziell beauftragt, die Lehren der beiden griechischen Philosophen Platon und Aristoteles zu erklären und weiterzugeben. Ihr Heim wird zum intellektuellen Zentrum. Sie hält Vorträge über Mathematik, Astronomie, Philosophie, Mechanik und schreibt mehrere mathematische Werke mit insgesamt über zwanzig Bänden. Hypatia ist eine führende Wissenschaftlerin und hat auch in der Politik großen Einfluss. Staatsbeamte lassen sich von ihr beraten.

Hypatia kämpft gegen religiöse Eiferer und wird zum Symbol für die Freiheit wissenschaftlichen Denkens.

Zur Zeit von Hypatias Geburt (370 n. Chr.) erlebt das antike wissenschaftliche Leben einen Umbruch. Das Christentum breitet sich im Römischen Reich aus. Die Mehrzahl der christlichen Eiferer sieht in der Mathematik und den Naturwissenschaften nur Irrlehre und Übel. Einige Kirchenväter greifen sogar wieder zu der alten Theorie, die Erde sei eine flache Scheibe und das Weltall stülpe sich wie eine Glasglocke darüber.
In dieser fundamentalistisch religiösen Umgebung ist Hypatia als Heidin und Anhängerin der griechischen Wissenschaften zunehmend gefährdet. Im März 415 n. Chr. wird Hypatia von einem fanatischen christlichen Mönch ermordet. In der folgenden Zeit wird der Verkündung von Platons Lehre in Alexandria und im ganzen Römischen Reich ein Ende gesetzt.
Der Kampf dieser mutigen Frau wird zum Symbol für die Freiheit des wissenschaftlichen Denkens, das in der Folge immer mehr eingeschränkt wird. Zur gleichen Zeit bricht das Römische Reich zusammen, was in Europa dramatische Folgen hat: Weder in Mathematik noch in Physik werden in den nächsten tausend Jahren wesentliche neue Erkenntnisse gewonnen.
Die griechische Wissenschaft überlebt in Byzanz und gelangt in der arabischen Welt zu neuer Blüte. So wird Hypatia zum Symbol für das Ende der antiken Wissenschaft.

Hypatia befasste sich mit algebraischen Gleichungen, die auch heute noch aktuell sind.

Hypatia war eine vielseitige Wissenschaftlerin. Unter anderem befasste sie sich mit algebraischen Gleichungen.

1 Welche natürlichen Zahlen für x, y, z erfüllen die Gleichung $x^2 + y^2 = z^2$?
Eine mögliche Lösung ist $x = 5$, $y = 12$, $z = 13$.
Überprüfe das. Suche weitere Lösungen der Gleichung.

L *Biografien von Wissenschaftlerinnen und Wissenschaftlern kennenlernen.*

Srinivasa Ramanujan

Srinivasa Ramanujan (1887 – 1920)

Ramanujan wächst in Indien auf und hat wissenschaftlichen Erfolg in England.
Der indische Mathematiker Srinivasa Ramanujan kam 1887 in der tamilischen Stadt Erode zur Welt. Seine Familie war arm, gehörte jedoch zur Kaste der Brahmanen, die damals die Gelehrten, Lehrer und Priester stellte. Ramanujans besonderes Talent zeigte sich früh. Er brachte sich die höhere Mathematik hauptsächlich selbst bei, und zwar anhand eines Buches, das mehr Formelsammlung als Lehrbuch war. Im Studium war er brilliant in Mathematik, scheiterte aber in allen anderen Fächern.

Nach seinen misslungenen Versuchen zu studieren verbrachte er ein Jahr zu Hause und widmete sich seinen Forschungen. Schließlich vermittelte man ihm eine Stelle bei der Hafenverwaltung von Madras. Von dort aus begann er, Kontakt mit britischen Mathematikern aufzunehmen. Godefrey Harold Hardy (1877 – 1947), ein einflussreicher britischer Professor, schaute sich die Formeln des Inders genau an. Er schrieb darüber: „Einige Formeln erschlugen mich regelrecht. (...) Sie mussten wahr sein, denn wären sie das nicht gewesen, so hätte kein Mensch die Phantasie besessen, sie zu erfinden."

Hardy holte Ramanujan zu sich nach Cambridge und verschaffte ihm ein Stipendium. Im Jahre 1913 begann die umfangreiche fruchtbare Zusammenarbeit der beiden, die leider nur wenige Jahre dauerte. Trotz des wissenschaftlichen Erfolgs und der weltweiten Anerkennung fühlte sich Ramanujan in Großbritannien nie wirklich wohl. Er vertrug das nasskalte Klima nicht und bekam eine Tuberkulose. Nach dem Ende des Krieges kehrte er nach Indien zurück. Dort starb er am 26. April 1920 mit 32 Jahren. Sein mathematischer Nachlass tauchte erst 1976 wieder auf. Er besteht aus mehr als 600 Formeln und Sätzen. Zu einigen Formeln konnten bis heute keine Beweise gefunden werden, und Mathematiker rätseln noch immer über ihre Bedeutung.

Taxi Nr. 1729
Ich erinnere mich, dass ich ihn eines Tags besuchen ging, als er in Putney krank im Bett lag. Ich war in Taxi Nr. 1729 gekommen und erwähnte, dass mir diese Zahl ziemlich langweilig vorkäme. „Nein", antwortete er, „es ist eine sehr interessante Zahl, nämlich die kleinste Zahl, die sich auf zwei verschiedene Arten als Summe zweier Dreierpotenzen darstellen lässt."

Ramanujan hat einen brillianten Zahlensinn und arbeitet mit Intuition anstelle wissenschaftlicher Strenge.
Ramanujan beschäftigte sich während der fünf Jahre in England hauptsächlich mit der Zahlentheorie. Er war brilliant im Umgang mit Zahlen, seine Fähigkeiten gingen weit über die anderer Mathematiker hinaus. Die bekannteste Anekdote darüber, die Geschichte vom Taxi, stammt von Hardy.

2 Überprüfe Ramanujans Behauptung in der Geschichte vom „Taxi Nr. 1729" (siehe Rand).

Zwischen Ramanujan und Hardy gab es gravierende charakterliche und kulturelle Unterschiede. Der Brite war Atheist und sah sich als Anhänger von Beweisen für Theorien sowie einer gewissen Strenge seiner Wissenschaft. Der Inder dagegen war ein tiefreligiöser Mensch, der zudem bei seiner Arbeit vorwiegend auf seine Intuition vertraute. Er behauptete oft, dass die Göttin Namagiri ihn zu seinen Träumen inspirierte.

3 Wie arbeiten Mathematiker? Gibt es besondere Eigenschaften und Arbeitsweisen? Was unterscheidet die Mathematik von den anderen Schulfächern? Diskutiert darüber und tauscht euch aus.

▶ *Ergänzende Aufgaben auf Seite 140*

37 Der grafikfähige Taschenrechner

Mit einem grafikfähigen Taschenrechner kannst du dir Graphen und Diagramme anzeigen lassen. Beachte, dass die Tastenbezeichnungen und Menüs bei verschiedenen Rechnertypen abweichen können.

Mit den Pfeiltasten kannst du in den Menüs die Positionen wechseln. Mit der Taste ENTER bestätigst du deine Auswahl. Dieser Punkt wird dann dunkel unterlegt.

Graphen zeichnen anhand einer Wertetabelle

.Die Tabelle gibst du im Statistik-Menü STAT ein. Die Werte werden dort in die Listen L1 und L2 eingetragen. Im Menü für Statistik-Zeichnungen STAT PLOT hast du die Auswahl zwischen verschiedenen Darstellungsarten. Zuordnungen kannst du entweder mit Markierungen (Punkte oder Kreuze) oder als durchgezogene Linie anzeigen lassen.

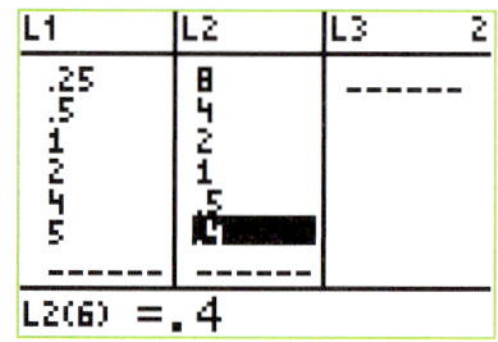

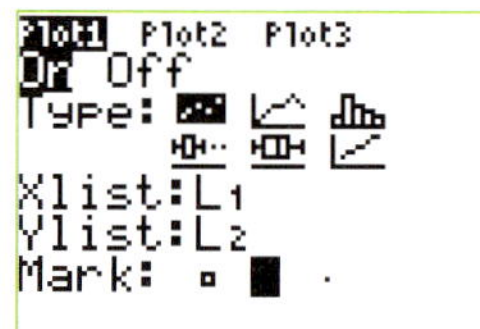

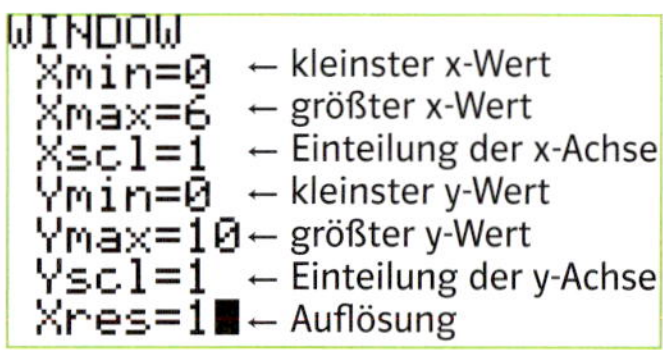

Jetzt musst du noch einen geeigneten Ausschnitt für das Koordinatensystem auswählen. Diese Einstellungen rufst du auf dem Rechner mit der Taste WINDOW auf. Wähle hierfür Werte, die kleiner (größer) als der kleinste (größte) Wert in den eingegebenen Listen sind. Der Graph wird dir nun mit der Taste GRAPH angezeigt

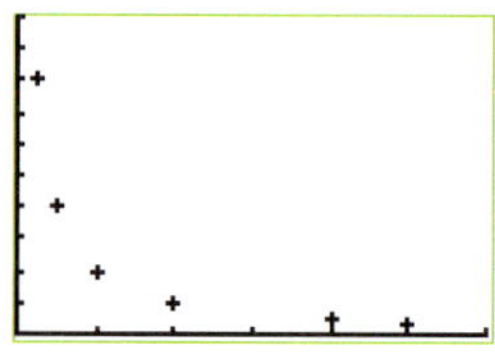

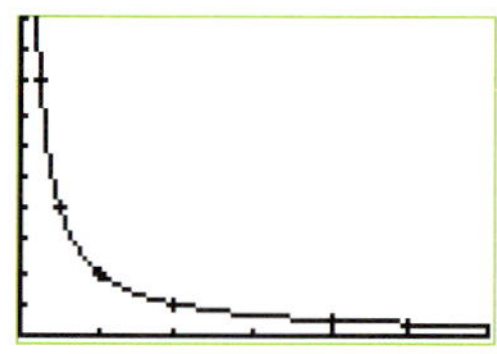

Wenn du alle Einträge z. B. von Liste L1 löschen willst, bewegst du den Cursor mit den Pfeiltasten auf das Symbol L1 im Tabellenkopf, drückst die Tasten Clear und dann Enter.

1 Eine Wertetabelle ist gegeben. Stelle grafisch dar.

a.

x	0	1	2	4	5	8
y	0	1,5	3	6	7,5	12

b.

x	1	2	3	5
y	3	5	7	11

Graphen zeichnen anhand einer Gleichung

Im Funktioneneditor Y = gibst du die Zuordnungsvorschrift ein. Die Variable x erhält man mit der Taste X, T, Θ, n .

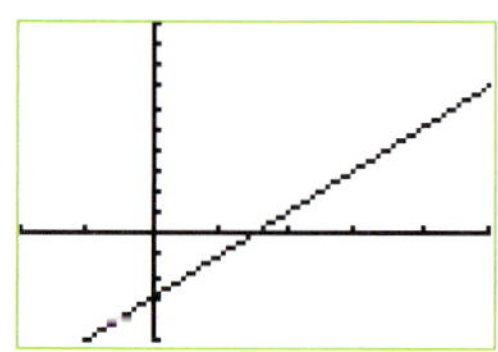

Im WINDOW -Menü musst du einen geeigneten Bildausschnitt wählen. Dann kannst du dir mit der Taste GRAPH den Graphen der Zuordnung anzeigen lassen.

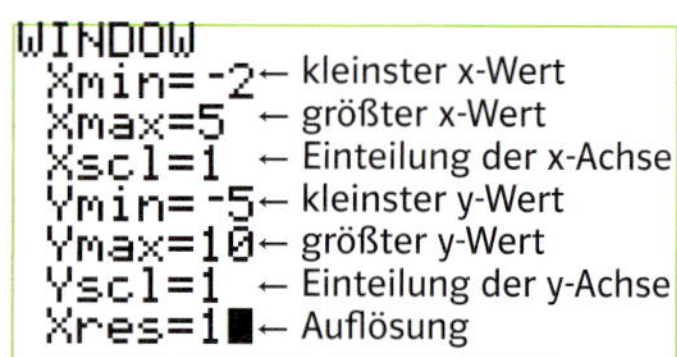

trace (engl.):
1. Spur
2. ausfindig machen, aufspüren

Nach dem Drücken der Taste TRACE hast du die Möglichkeit, mithilfe der Pfeiltasten den Graphen entlangzufahren. Dabei werden die x- und y-Koordinaten der Punkte des Graphen angezeigt. Wenn du eine x-Koordinate eingibst, wird der zugehörige y-Wert bestimmt.

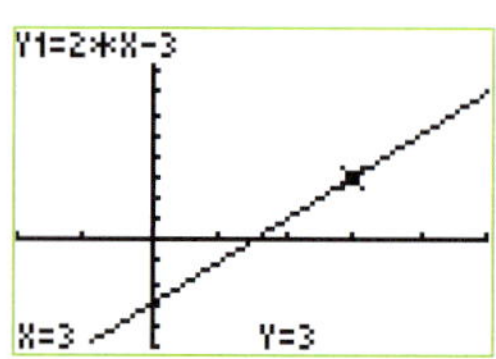

L *Mit dem GTR Graphen zeichnen. Boxplot berechnen und darstellen.*

Mit der Taste ZOOM drückst, erhältst du eine weitere Möglichkeit, den Bildausschnitt zu verändern: ZOOMFit stellt zum ausgewählten x-Bereich den y-Bereich so ein, dass man möglichst viel vom Graphen sieht. ZSquare ändert die WINDOW-Einstellungen so, dass der Maßstab in x- und in y-Richtung gleich groß wird. ZStandard stellt in x- und in y-Richtung den Ausschnitt von -10 bis 10 ein.

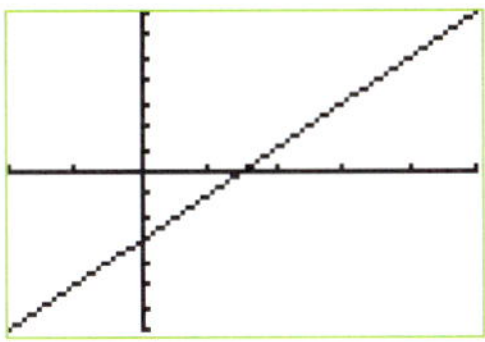
ZOOMFit

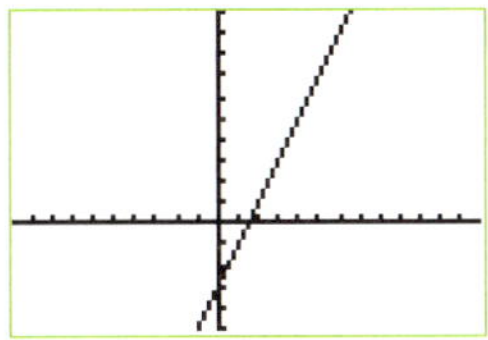
ZSquare

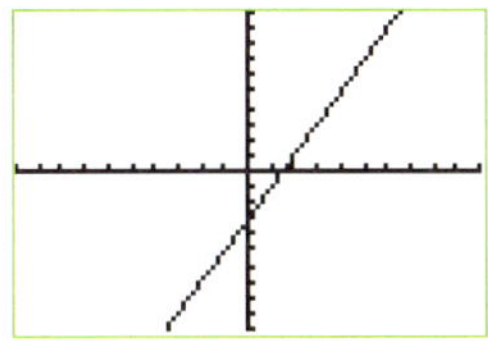
ZStandard

Wertetabelle erstellen

Der Rechner kann dir auch eine Wertetabelle zu der Zuordnungsvorschrift erstellen: Im Menü TBLSET legst du den Startwert der Tabelle (Tblstart) und die Schrittweite (Δ Tbl) fest. Mit der Taste TABLE wird dir dann die Tabelle angezeigt.

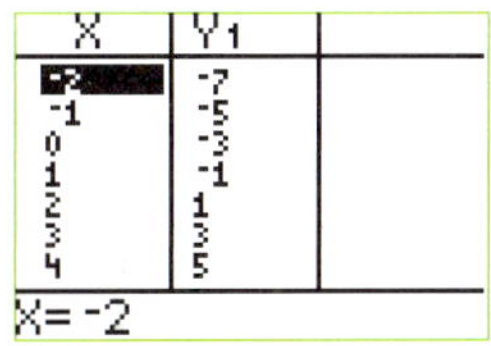

Mit den Pfeiltasten kannst du in der Tabelle nach oben oder unten „rollen".

2 Finde zu den Graphen aus Aufgabe 1 die passenden Gleichungen und überprüfe sie, indem du die Graphen, die von der Tabelle und von der Gleichung ausgehend gezeichnet werden, gleichzeitig anzeigen lässt.

3 Stelle die Zuordnung $y = 5x + 10$ grafisch dar.

a. Verwende dazu verschiedene Einstellungen für Xmin, Xmax, Ymin, Ymax im WINDOW-Menü. Beschreibe, was dir auffällt.

b. Auch mit ZOOM kannst du den Bildausschnitt verändern. Probiere die verschiedenen Möglichkeiten damit aus.

Boxplot

Gib die Werte im Statistik-Menü STAT ein. Wähle nun im Menü für Statistik-Zeichnungen STATPLOT den Boxplot aus. Unter WINDOW musst du die Einstellungen für den Bildausschnitt geeignet wählen: Orientiere dich für die Werte der x-Achse (Xmin, Xmax, Xscl) an den Werten der Tabelle. Wenn Ymin=0 eingestellt ist, siehst du die x-Achse mit Einteilung am unteren Ende des Fensters. Die anderen Werte für die y-Achse (Ymax, Yscl) sind unerheblich. Dann kannst du dir mit GRAPH den Boxplot ansehen.

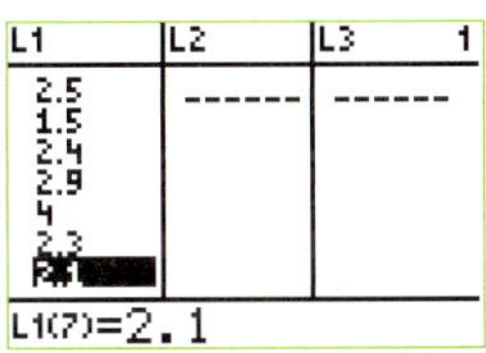

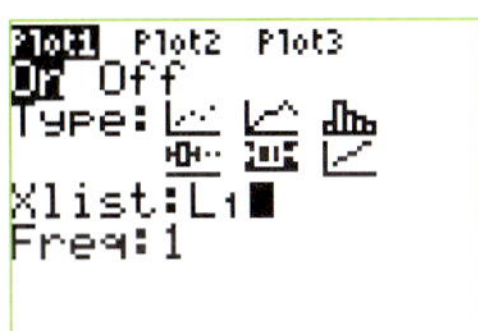

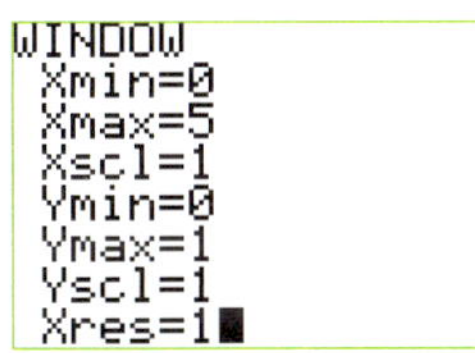

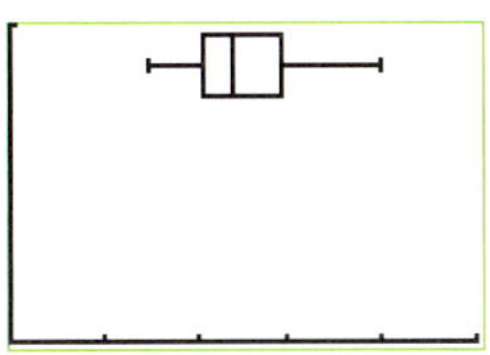

Mit der Taste TRACE und den Pfeiltasten (nach rechts und links) hast du die Möglichkeit, dir die Werte für den Median, die Quartile, Maximum und Minimum anzeigen zu lassen.

4 Erstelle zu folgenden Werten den Boxplot: 2,5; 1,5; 2,4; 2,9; 4; 2,3; 2,1. Bestimme Minimum, Maximum, qu, qo und den Median (Zentralwert).

Ergänzende Aufgaben ab Seite 141

1 Wie viel ist viel?

Größenvorstellungen

1 Ein Stapel mit zehn Blättern Kopierpapier von der Qualität 80 g/m² ist etwa 1 mm dick. Wie hoch wäre ein Blätterturm mit tausend, einer Million … Blättern? Vergleiche die Höhe mit einem Stapel Kopierpapier in deiner Schule.

2
a. Du zählst von 1 bis 1 000 000. Wie lange dauert das, wenn du ohne Unterbrechung jede Sekunde eine Zahl sagst?
b. Und wenn du von 1 000 000 bis 10 000 000 zählen würdest?
c. Und wenn du von 1 000 000 bis 1 000 000 000 000 zählen würdest?
d. Stelle fest, wie lange du wirklich brauchst, um die Zahl 8 255 789 345 016 zu sprechen.

3
a. Wie viele Millionen Sekunden alt warst du an deinem letzten Geburtstag?
b. Kann ein Mensch 1 Billion Sekunden alt werden? Begründe.

Zehnerpotenzen

Beispiel
$100 \cdot 1000$
$= 10^2 \cdot 10^3$
$= 100\,000$
$= 10^5$

4 Stelle als Zehnerpotenzen dar und berechne. Was entdeckst du?
$10 \cdot 1000$; $100 \cdot 1000$; $1000 \cdot 1000$; $10\,000 \cdot 1000$; $100\,000 \cdot 1000$

5 Was gehört zusammen? Notiere Ausdrücke mit gleichem Ergebnis in einer Zeile.

$100 \cdot 10$ | $10^4 \cdot 10^2$ | 1000 | $10\,000$ | $10^6 \cdot 10$ | $10^0 \cdot 10^3$
$1 \cdot 10^6$ | $10\,000\,000$ | $10^3 \cdot 10^4$ | 10^4 | $100\,000 : 10$ | $100 \cdot 100$

6 Notiere als Zahlwörter.

5 Millionen · 10 = 50 Millionen	5 Millionen · 10 000
5 Millionen · 100	5 Millionen · 100 000
5 Millionen · 1000	5 Millionen · 10 000 000

Orientierung im Zahlenraum

7 Nenne die Zahl, die in der Mitte zwischen den beiden angegebenen Zahlen liegt.

a.	**b.**
10^3 und 10^4	10^6 und 10^{12}
10^3 und 10^5	10^6 und 10^{10}
10^3 und 10^6	10^6 und 10^8
10^3 und 10^9	10^6 und 10^9
10^3 und 10^{12}	10^6 und 10^7

8 Wie stellst du dir die folgenden Größen vor? Beschreibe.
a. 1 m **b.** 1 g **c.** 1 ml
d. 1 Mio. Gramm **e.** 1 Mrd. Millimeter **f.** 1 Tausend Liter

µ steht für „mikro“ oder ein Millionstel.
1 µg = 0,000 001 g

9
a. Ein Haar ist durchschnittlich 30 µm dick. Wie viele Haare muss man nebeneinander legen, um einen Streifen der Breite 1 cm zu erhalten?
b. Bei Medikamenten muss man die Menge oft in „Tropfen“ abmessen. Ein Tropfen einer wässrigen Lösung enthält etwa 50 µl. Wie viele Tropfen ergeben 1 ml, wie viele ergeben 1 l?
c. Ein Sandkorn einer bestimmten Größe wiegt etwa 2,5 µg. Wie viele Sandkörner sind in einem Kilogramm Sand enthalten?

Rechentraining – Größen

1

a. Wie viele erwachsene Menschen wiegen zusammen ungefähr eine Tonne?
b. Du hast keine Waage. Wie bestimmst du nun möglichst genau 1 kg?
c. Schätze, wie groß ein Stein sein müsste, der ungefähr 1 kg wiegt. Prüfe das nach.
d. Eine kleine Ameise wiegt ungefähr 1 mg, eine Schokolinse 1 g. Wie viele Schokolinsen sind etwa gleich schwer wie zehn Tafeln Schokolade? Wie viele Ameisen etwa haben das gleiche Gewicht wie zehn Tafeln Schokolade?

2 Ordne der Größe nach.

a.	101 l	1002 ml	10,2 cl	11 dl	1,003 l	102 ml	1,2 dl
b.	0,032 kg	302 mg	3,022 kg	0,0302 g	322 g	0,0032 t	3,02 g

3 Gib in der Größeneinheit an, die in Klammern angegeben ist.

a.	**b.**	**c.**
$\frac{3}{4}$ kg (g)	$\frac{3}{10}$ m (cm)	$\frac{1}{8}$ l (dl)
$\frac{3}{5}$ kg (g)	$\frac{3}{10}$ m (dm)	$\frac{1}{8}$ m (dm)
$\frac{3}{8}$ kg (g)	$\frac{1}{8}$ m (mm)	$\frac{1}{8}$ m (mm)
$\frac{3}{10}$ kg (g)	$\frac{1}{4}$ m (mm)	$\frac{1}{4}$ m (mm)
$\frac{3}{20}$ kg (g)	$\frac{1}{2}$ m (mm)	$\frac{1}{2}$ l (dl)

Beispiel
400 m = $\frac{2}{5}$ km

4 Gib mit (gekürzten) Brüchen an in der Einheit in Klammern.

a.	**b.**	**c.**
750 ml (l)	125 m (km)	12,5 g (kg)
75 dl (l)	375 mm (m)	37,5 g (kg)
7,5 cl (l)	87,5 cm (m)	875 g (kg)
2,5 dl (l)	875 cm (km)	87,5 kg (t)

Beispiel
20 cm = 0,2 m

5 Schreibe mit Komma.

a.	**b.**	**c.**
2 cm (m)	9 m (km)	500 g (kg)
32 cm (m)	89 m (km)	1500 g (kg)
432 cm (m)	789 m (km)	15 t (kg)
4320 cm (m)	90 mm (m)	150 g (kg)
32 dm (m)	900 mm (m)	150 mg (g)
320 dm (m)	9000 µm (m)	1500 mg (g)

6 Gib in der angegebenen Größeneinheit an.

a.	**b.**	**c.**
10 t (kg)	1 km (m)	100 l (dl)
1 kg (mg)	10 m (mm)	1 l (ml)
100 mg (g)	10 mm (m)	10 l (ml)
0,1 g (kg)	0,01 m (km)	330 ml (l)
10 mg (g)	1 dm (m)	0,33 l (cl)
0,01 g (kg)	0,1 m (km)	3,3 dl (l)

Lösungen auf Seite 142

3 Kleingeld

Wertetabellen

1

a. Max möchte in der Schweiz Urlaub machen. Dort bezahlt man mit Schweizer Franken (CHF). Damit er einen besseren Überblick hat, legt er sich für verschiedene Geldbeträge eine Tabelle an. Schreibe ab und ergänze.

Euro	CHF
0,10	
0,50	
1,0	1,62
2	
5	
	16,20
	32,40

CHF	Euro
0,10	
0,50	
1,0	
2	
5	
10	
20	
50	

Montag:

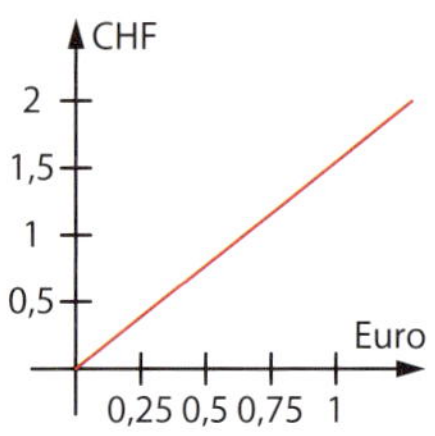

Mittwoch:

Euro	CHF
0,5	0,74
2	2,97
15	22,2

b. Während seines Aufenthaltes in der Schweiz hat Max beobachtet, dass die Währungskurse ständig variieren. Vergleiche. Verläuft der Graph zum Kurs von Mittwoch steiler oder flacher als der von Montag?

2 Vergleiche die Preise (in CHF). Erkläre.

a. Reibkäse
120 g 2,40
250 g 5,–

b. Fruchtjoghurt
180 g 0,90
500 g 2,10

c. Fertigfondue
400 g 3,80
1 kg 9,–

d. Cola im Restaurant
1 dl 1,50 (offen)
2 dl 2,50 (offen)
3 dl 3,90 (Fläschchen)
5 dl 5,00 (offen)

e. ICE TEA
klein 3 dl –,45
mittel 5 dl –,50
groß 10 dl –,80
Vorteil 10 dl –,65

f. Finde weitere Beispiele.

Graphen

3 Zeichne einen Graphen für den Wechsel von Euro zum Kurs von 1,600 CHF (für 1,600 CHF erhält man 1 Euro). Lies einige Wertepaare aus deinem Graphen ab.

4 Nicole hat Münzen gestapelt. Sie möchte wissen, wie viel die Münztürme jeweils wiegen. Sie hat ihre 10-Cent-Münzen gewogen und in verschiedenen Koordinatensystemen grafisch dargestellt. Nimm Stellung zu den Graphen der verschiedenen Koordinatensysteme.

a.

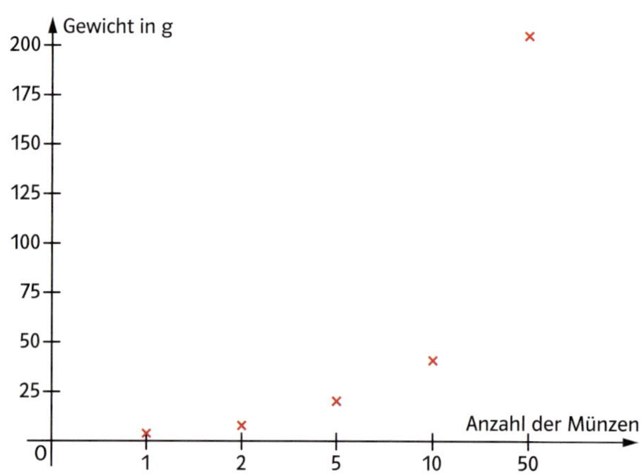

b.

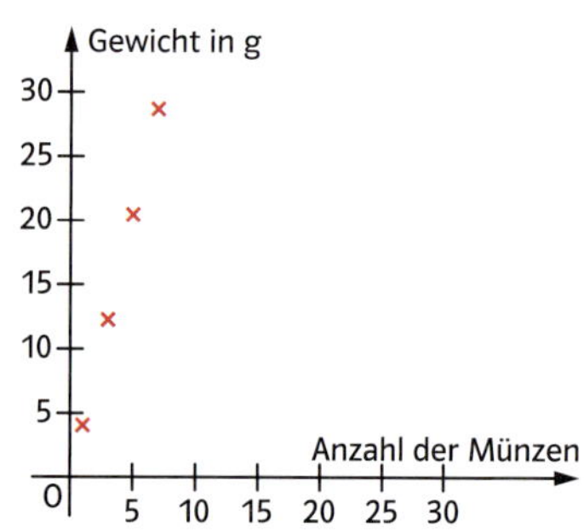

5 Finde zu jeder Situation den Graphen, der am besten passt. Ergänze die Beschriftung der x-Achse.

a. Jede Erstkundin eines Versandhauses erhält einen Einkaufsgutschein geschenkt.

b. Wer in einem Warenhaus einkauft, bezahlt bis zu einem bestimmten Einkaufsbetrag den vollen Preis. Für Beträge darüber hinaus wird Rabatt gewährt.

c. Bei einer Einführungsaktion wird ein neuer Kaugummi zuerst sehr günstig abgegeben. Später wird der Preis stark angehoben.

d. Bei der Deutschen Bahn ist der Durchschnittspreis pro Kilometer bei längeren Strecken tiefer als bei kurzen Strecken.

e. Kirschen werden zu einem festen Preis pro Kilogramm verkauft.

f. Eine Pianobar verlangt Eintritt. Getränke und Verzehr werden zusätzlich verrechnet.

g. Wer im Freibad fünf Tageskarten auf einmal kauft, erhält die sechste Karte gratis.

h. Ein Schüler, der nie zum Golfspielen geht, bezahlt für ein Jahresabo beim Golfclub gleich viel wie eine Schülerin, die mehrmals pro Woche Golf spielt.

A
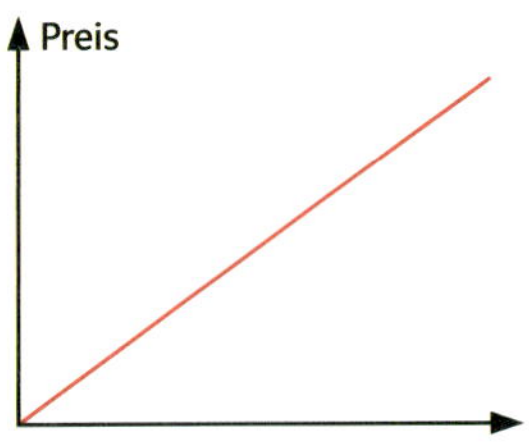

B
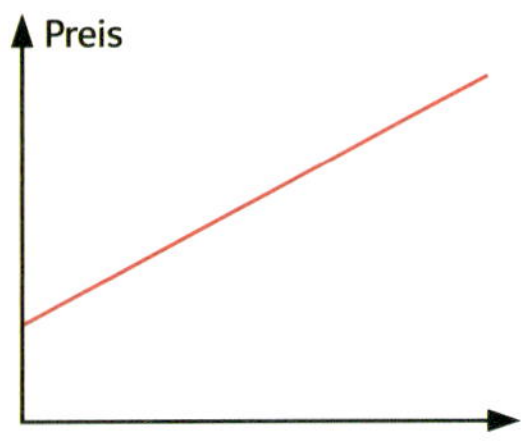

C
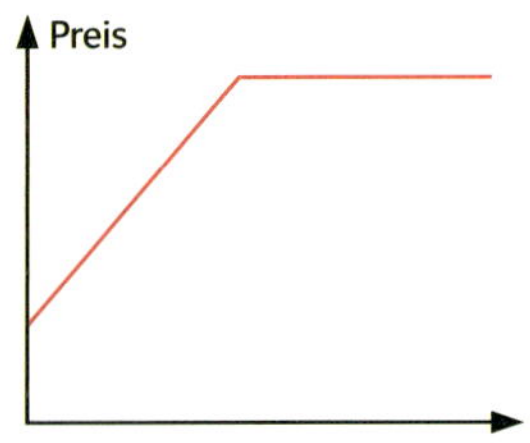

D
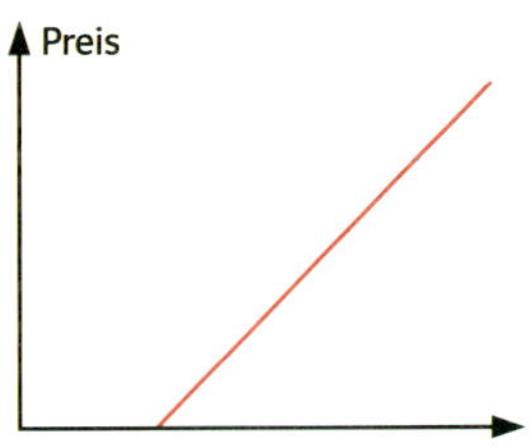

E
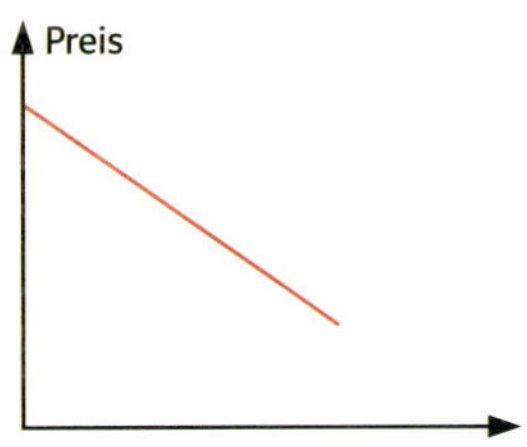

F
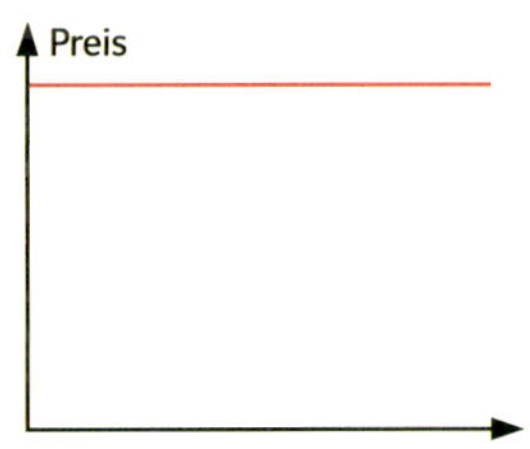

G
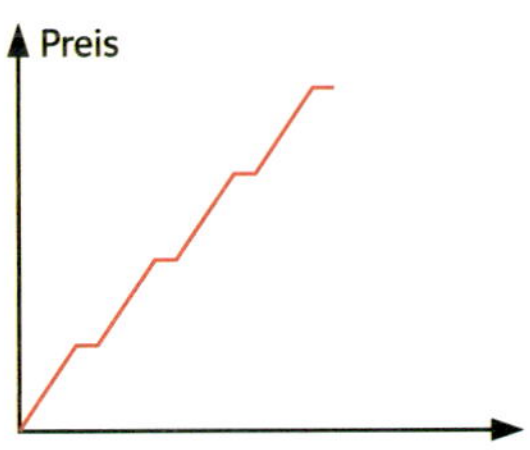

H
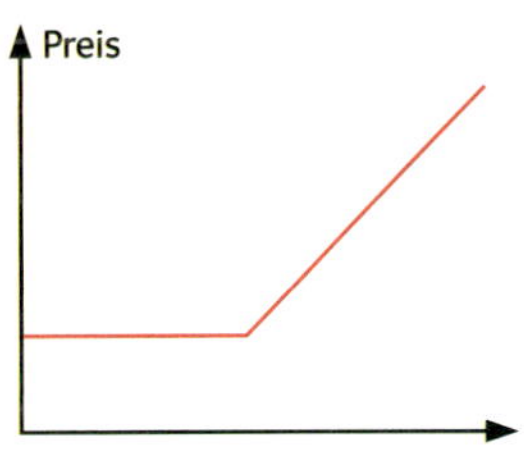

I
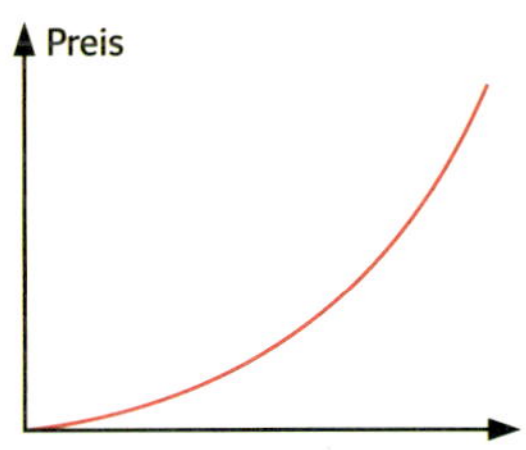

J
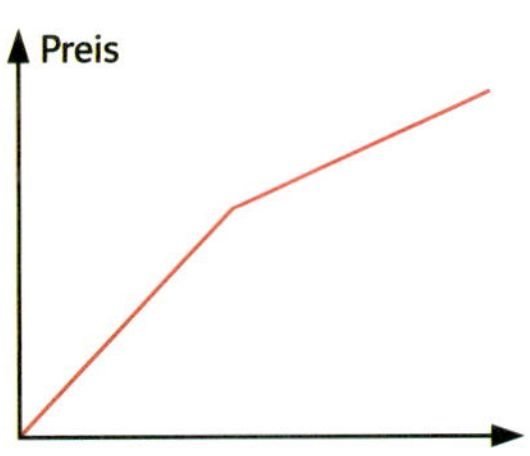

K
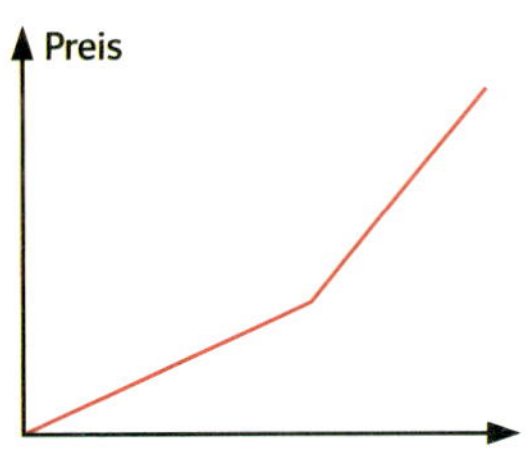

L
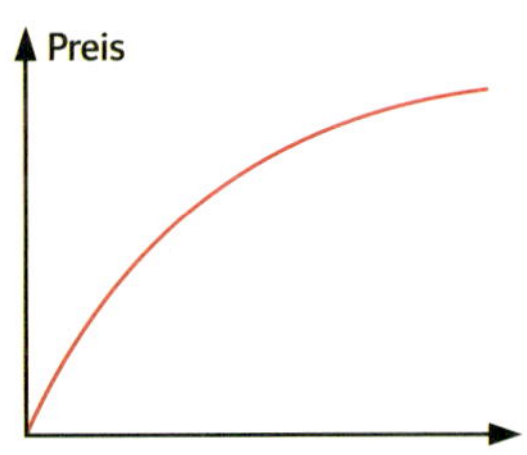

6 Wähle vier Graphen aus und finde selbst je eine passende Situation.

4 x-beliebig

Streichholzketten

Wenn du mit Streichhölzern Ketten legst, entdeckst du Gesetzmäßigkeiten. Zwischen der Anzahl der Kettenglieder und der Anzahl benötigter Streichhölzer besteht eine Beziehung. Für eine beliebig lange Kette (eine Kette mit x Gliedern) kann diese Beziehung als Term geschrieben werden.

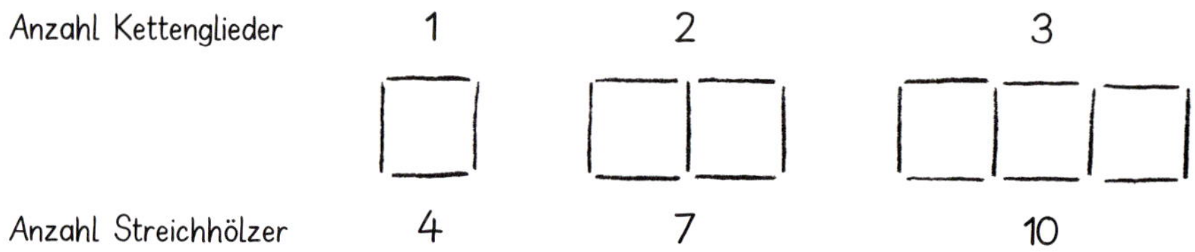

1 Beschreibe, wie die Anzahl Streichhölzer von der Anzahl Kettenglieder abhängt.

2 Zur Kette oben wurden zwei Terme gefunden: $3 \cdot x + 1$ und $4 + (x - 1) \cdot 3$
Welche Darstellung passt zu welchem Term? Warum?

3 Beschreibe den Zusammenhang zwischen der Anzahl Kettenglieder und der Anzahl Hölzer. Erkläre die Terme, die du findest, mithilfe der Figuren.

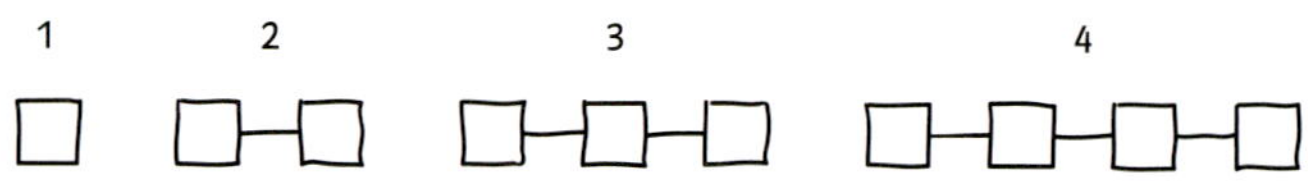

4 Baue mindestens zwei andere Streichholzketten.
- **a.** Bestimme die Anzahl Hölzer für 1, 2, 3, 4, 5 Kettenglieder.
- **b.** Beschreibe die Gesetzmäßigkeit in Worten.
- **c.** Bestimme die Anzahl Hölzer für 10 und für 20 Kettenglieder.
- **d.** Suche einen Term für die Anzahl Hölzer bei x Kettengliedern.

Figurenfolgen von Würfelbauten

5

- **a.** Bestimme einen Term, der die Anzahl der Würfel angibt.
- **b.** Bestimme einen Term für die Anzahl der sichtbaren Quadrate in der Figurenfolge.
- **c.** Wie viele Quadrate sind in der 8., 12. und 15. Figur sichtbar?
- **d.** Bestimme einen Term für die verdeckten Quadrate in der Figurenfolge.
- **e.** Wie viele Quadrate sind in der 8., 12. und 15. Figur verdeckt?

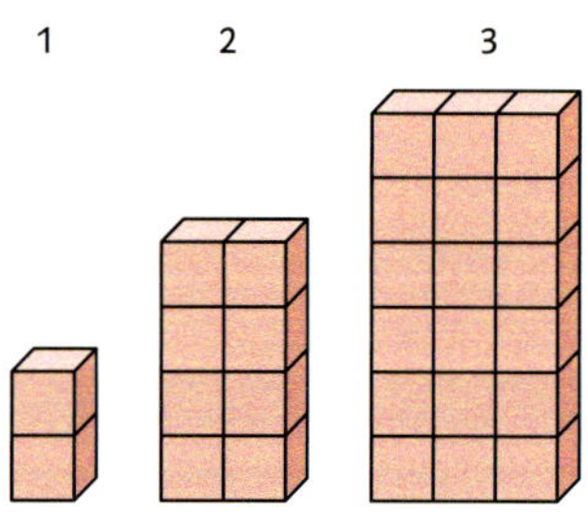

6 Bearbeite dieselben Aufgabenstellungen wie in Aufgabe 5 für Figurenfolge links.

7
- **a.** Die beiden Terme $2x + 5$ und $3x + 3$ ergeben für $x = 2$ den Wert 9. Finde weitere Terme, die für $x = 2$ den Wert 9 ergeben.
- **b.** Die beiden Terme x^2 und $5x + 6$ ergeben für $x = 6$ den Wert 36. Finde weitere Terme, die für $x = 6$ den Wert 36 ergeben.

▶ 5 6 Mit negativen Zahlen rechnen

Ganze Zahlen

1 Schreibe ab und setze das passende Zeichen (=, >, <) ein.

a. (−2) + (−5) ☐ (−8)
b. (−9) + (−1) ☐ 2 + 7
c. (−8) + (−10) ☐ 0
d. (−1) + (−5) ☐ 0 + (−6)
e. (−17) + 3 ☐ 14
f. 8 + (−3) ☐ (−5)

2 Suche zwei ganze Zahlen, die die folgende Bedingung erfüllen.

a. Wenn man zwei Zahlen addiert, erhält man als Summe −3. Die erste Zahl ist kleiner als die zweite Zahl und beide Zahlen haben dasselbe Vorzeichen.
b. Wenn man zwei Zahlen addiert, erhält man als Summe −3. Die erste Zahl ist kleiner als die zweite Zahl und beide Zahlen haben unterschiedliche Vorzeichen.
c. Wenn man zwei Zahlen addiert, erhält man als Summe −5. Eine der beiden Zahlen ist 0.
d. Wenn man zwei Zahlen addiert, erhält man als Summe −5. Die erste Zahl ist größer als die zweite Zahl und beide Zahlen haben dasselbe Vorzeichen.

Zahlengerade

3

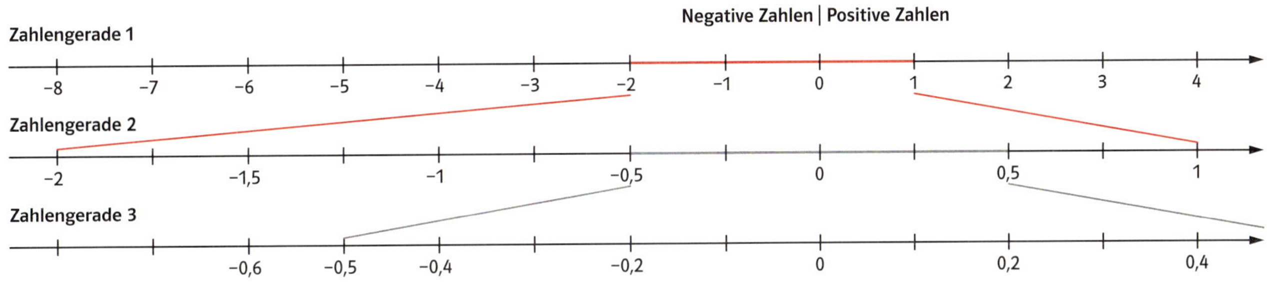

a. Zeigt einander jeweils auf einer der drei Zahlengeraden folgende Rechnungen. Notiert sie mit dem Ergebnis im Heft.

A	3 − 4	−3 + 4	−0,4 + 0,3
B	−1,25 + 1,75	−1,75 + 1,25	−0,35 + 0,25
C	−0,1 + 0,2	−0,2 − 0,1	−0,5 − 0,25

b. Berechne die Differenzen.

A	10 − 100	1 − 10	0,1 − 1	0,01 − 1	0,001 − 1
B	200 − 250	20 − 25	2 − 2,5	0,2 − 0,25	0,2 − 0,205
C	4,2 − 5,6	4,5 − 5,9	4,8 − 6,2	5,1 − 5,9	5,4 − 5,6

Differenzen

4 Notiere jeweils Rechnung und Ergebnis.

A Wie warm ist es, wenn die Temperatur von 4 °C um 3 °C / um 5 °C / um 10 °C sinkt?
B Der Gipfel des Mount Everest liegt 8848 m ü. M. Der tiefste Punkt unter dem Meer befindet sich im Marianengraben, 19 870 m tiefer. Wie viele Meter unter dem Meeresspiegel liegt dieser Punkt?
C Im Jahr 2015 wird es 2600 Jahre her sein, seit Thales von Milet erfolgreich eine Sonnenfinsternis vorausgesagt hatte. Wann war das?

5 Berechne.

a.	b.	c.
18 + (6 + 11)	18 − (6 + 11)	18 + (6 − 11)
18 − (6 − 11)	18 − (−6 + 11)	18 + (−6 − 11)
−18 + (11 − 6)	18 − (−11 + 6)	−18 − (−6 − 11)
18 + 2(6 − 11)	18 + 2 · (6 + 11)	18 + 2 · (11 − 6)

▶ 5 6 Mit negativen Zahlen rechnen

Aufgaben erfinden

6 Bei den Aufgaben müssen alle Kärtchen verwendet werden. Die Zahlen müssen einstellig sein.

1 2 3 4 5 6 7 − − − + + +

a. Bilde eine Rechnung, sodass das Ergebnis eine möglichst große Zahl ist.
b. Bilde eine Rechnung, sodass das Ergebnis eine möglichst kleine Zahl ist.
c. Bilde eine Rechnung, sodass das Ergebnis eine Zahl nahe bei null ist.

Kontostand

7 Herr Greif besitzt zwei Konten. Der Kontostand auf dem 1. Konto beträgt −250,65 €, der auf dem 2. Konto −1121,11 €.
a. Schreibe die Summe beider Kontostände mithilfe von Klammern und berechne sie.
b. Berechne den Unterschied zwischen den beiden Kontoständen auf die gleiche Weise.

minus mal minus

8 Rechne. Setze die Reihen jeweils um drei Aufgaben fort und notiere, wie sich die Ergebnisse von Zeile zu Zeile verändern.

a.	b.	c.	d.
$3 \cdot (+4)$	$3 \cdot (-4)$	$(-5) \cdot (-4)$	$(+5) \cdot (-7)$
$2 \cdot (+4)$	$2 \cdot (-4)$	$(-5) \cdot (-2)$	$(+2) \cdot (-7)$
$1 \cdot (+4)$	$1 \cdot (-4)$	$(-5) \cdot 0$	$(-1) \cdot (-7)$
$0 \cdot (+4)$	$0 \cdot (-4)$	$(-5) \cdot (+2)$	$(-4) \cdot (-7)$

minus geteilt durch minus

9

a.	b.	c.	d.
$6 : (-2)$	$64 : (-4)$	$4 : (-12)$	$(-2) : (-12)$
$4 : (-2)$	$64 : (-2)$	$1 : (-9)$	$(-6) : (-6)$
$2 : (-2)$	$64 : (-1)$	$(-2) : (-6)$	$(-18) : (-3)$
$0 : (-2)$	$64 : \left(-\frac{1}{2}\right)$	$(-5) : (-3)$	$(-54) : (-1{,}5)$

10 Immer 36

$36 = (-9) \cdot a = 9 \cdot b = c : (-9) = d : 9$

a. Welche Zahlen kannst du für a, b, c bzw. d einsetzen?
b. Finde und vergleiche weitere verschiedene Produkte und Quotienten mit dem Ergebnis 36.
c. Finde jeweils verschiedene Produkte und Quotienten mit dem Ergebnis

(A) 24 (B) -60 (C) $\frac{1}{2}$ (D) $-\frac{3}{4}$

11 Finde möglichst alle ganzen Zahlen z, die die Ungleichung erfüllen. Vielleicht hilft dir eine Tabelle dabei.

a. $4 \cdot z < -15$ b. $-4 \cdot z < -20$ c. $6 - 4 \cdot z > 20$ d. $0 > 3\,(z - 4)$

7 Wir untersuchen Kreise

Taschenrechner erlaubt!
Entscheide selbst.

1 Größen schätzen

a. Suche dir einen runden Gegenstand, der gut in deine Hand passt. Lege ihn auf ein leeres Blatt Papier und umfahre ihn mit einem Stift. Zeichne außerdem eine gerade Strecke, die so lang sein soll, wie du dir den Umfang des Gegenstandes vorstellst. Schätze Durchmesser, Umfang und Flächeninhalt deines Gegenstandes (in cm bzw. cm^2) und schreibe die Schätzungen ebenfalls auf.
Überprüfe deine Schätzungen durch Messen und Rechnen. Hast du gut geschätzt? Vergleicht untereinander, wo die größten Abweichungen vorliegen.

b. Suche weitere Gegenstände, die folgende Größenordnung haben sollen:
Einen Gegenstand mit …
… einem Radius von ca. 6 cm; … einem Durchmesser von ca. 6 cm;
… einem Umfang von ca. 6 cm; … einer Fläche von ca. 6 cm^2.
Lege eine Tabelle an und schätze die fehlenden Angaben.

Gegenstand	Radius	Durchmesser	Umfang	Flächeninhalt

c. Arbeitet in Gruppen zu 3 bis 4 Personen. Findet runde Gegenstände (Kreise, Kugeln, Zylinder …) mit bestimmten Größenordnungen, zum Beispiel einen Gegenstand mit einem Umfang von 1 m oder 500 cm oder einen Gegenstand mit einem Flächeninhalt von 300 cm^2 oder …
Stellt euch selbst weitere Aufgaben. Ihr könnt die Gegenstände auch fotografieren und ein Plakat gestalten.

2 Arbeitet zu zweit.
Wählt euch einen zylindrischen Gegenstand aus, bei dem der Durchmesser nicht zugänglich ist, z. B. einen Baum, das Abflussrohr eines Waschbeckens, eine Litfaßsäule, einen Laternenpfahl oder Ähnliches.
Wie könnt ihr den Durchmesser bestimmen, wenn euch als Hilfsmittel nur ein Maßband zur Verfügung steht? Beschreibt, wie ihr dabei vorgeht.

Größen berechnen

3 Von einem Kreis ist jeweils eine Größe bekannt. Berechne die fehlenden Größen.
(Radius r; Durchmesser d; Umfang u; Flächeninhalt A)

a. r = 2,5 m; r = 0,4 cm
b. d = 36 mm; d = 1 m
c. u = 81,8 cm; u = 112 m
d. A = 154 m^2; A = 531 mm^2

4 2011 soll in Berlin ein besonders großes Riesenrad, das sogenannte Great Berlin Wheel gebaut werden. Das Riesenrad wird 175 m hoch sein, davon machen 165 m den Durchmesser des Riesenrades aus.
Zur Weltausstellung 1900 wurde in Paris ein Riesenrad mit einem Durchmesser von 100 m gebaut. Um wie viele Meter ist das Berliner Riesenrad im Umfang größer als es das Pariser Riesenrad war?

8 Mit rationalen Zahlen rechnen

Termdarstellungen finden

1 Jeweils vier Terme haben den gleichen Wert. Rechne im Kopf und schreibe zusammengehörige Terme ins Heft.

$0{,}4 : 0{,}5$ $\quad$ $0{,}8 : \left(-\frac{1}{4}\right)$ $\quad$ $4 \cdot 0{,}4$ $\quad$ $-\frac{2}{5} \cdot 8$

$-8 : (-5)$ $\quad$ $(-16) \cdot \left(-\frac{1}{10}\right)$ $\quad$ $0{,}4 : \frac{1}{4}$

$0{,}8 : \left(-\frac{2}{5}\right)$ $\quad$ $-1{,}6 \cdot 1{,}25$ $\quad$ $-1{,}6 \cdot \left(-\frac{1}{2}\right)$ $\quad$ $-0{,}2 : \frac{1}{10}$

$8 : (-2{,}5)$ $\quad$ $\frac{2}{5} \cdot 2$ $\quad$ $-4 \cdot \frac{4}{5}$ $\quad$ $-16 : (-20)$ $\quad$ $0{,}8 \cdot (-2{,}5)$

Beispiel
0,6 : 0,2
= 1,2 : 0,4
= 2,4 : 0,8
= 3 : 1
= 6 : 2 usw.
= 3

2

a. Finde jeweils weitere Divisionsaufgaben, die das gleiche Ergebnis haben und schreibe sie ins Heft.
A 3 : 4 $\quad$ **B** 0,25 : (−0,5) $\quad$ **C** 0,9 : 0,2 $\quad$ **D** −0,6 : 0,02

b. Finde und notiere zu den folgenden Aufgaben jeweils eine möglichst leicht zu lösende „Ersatzaufgabe" und bestimme das Ergebnis.
A −6 : 0,4 $\quad$ **B** 3,6 : 0,45 $\quad$ **C** 0,36 : (−0,4) $\quad$ **D** 36 : 2,4

Rechenregeln und algebraische Terme

3 Die beiden ersten Zahlen kann man wählen. Dann wird immer mit der gleichen Regel gerechnet.

0,2	0,3	0,5	0,8	1,3

$\frac{1}{4}$	$\frac{1}{4}$	$\frac{1}{2}$	$\frac{3}{4}$	$\frac{5}{4}$

a	b			1

a. Wie lautet die Regel?
b. Die erste Zahl ist eine Dezimalzahl, z. B. a = 0,05; 0,35; 0,68; −0,7; 1,4
Bestimme nun die zweite Zahl b so, dass die Zielzahl 1 ist.
c. Die Startzahl ist ein gewöhnlicher Bruch, z. B. $a = \frac{1}{3}; \frac{1}{6}; \frac{1}{7}; -\frac{1}{3}; \frac{4}{3}$.
Bestimme nun die zweite Zahl b so, dass die Zielzahl 1 ist.
d. Beschreibe mit einem algebraischen Term, wie du die Zielzahl aus a und b berechnen kannst.

Terme berechnen

4 Rechne vorteilhaft.

a. $8{,}3 + (-3{,}8) + 0{,}7$ $\quad$ **b.** $\frac{5}{8} \cdot \left(-\frac{11}{40}\right) \cdot \left(-\frac{8}{5}\right)$ $\quad$ **c.** $-\frac{5}{7} + \frac{7}{5} + \frac{5}{7}$

d. $(-2{,}5) \cdot (-0{,}45) \cdot 8$ $\quad$ **e.** $(-76{,}7) + (-15{,}2) + (-12{,}3)$ $\quad$ **f.** $\left(-\frac{3}{4}\right) - \left(-\frac{7}{20}\right) + \left(-\frac{3}{20}\right)$

5 Berechne.

a. $((-1{,}3) + (-3{,}8)) \cdot (-7{,}3)$ $\quad$ **b.** $(1{,}8 + 2{,}6 - 4{,}7) \cdot (13{,}1 - (-5{,}4))$

c. $(9 - ((-4) + (-13))) \cdot (-4)$ $\quad$ **d.** $(-9) \cdot (-17 - (16 - 43))$

e. $(13 - (14 - 15) - 12) \cdot (-2)$ $\quad$ **f.** $(24 - (23 - 28)) \cdot (32 - 35)$

g. $\left(\left(-\frac{1}{2}\right) + \left(-\frac{1}{3}\right)\right) \cdot \frac{2}{5}$ $\quad$ **h.** $\left(\frac{1}{3} + \frac{1}{2} - \frac{1}{6}\right) \cdot \left(\frac{1}{4} - \left(-\frac{1}{8}\right)\right)$

i. $(2{,}3 - ((-1{,}2) + (-2{,}3))) \cdot 1{,}1$ $\quad$ **j.** $(-2{,}3) \cdot (-2{,}1 - (3{,}8 - 2{,}5))$

k. $\left(4 - \left(1{,}2 - \frac{7}{5}\right) - 0{,}8\right) \cdot (-0{,}5)$ $\quad$ **l.** $\left(3 - \left(\frac{5}{6} - \frac{2}{3}\right)\right) \cdot \left(\frac{3}{17} - \frac{20}{17}\right)$

6 Berechne.

a. $(-36) \cdot \frac{1}{8} - 4$
b. $-\frac{1}{3} + \left(-\frac{3}{4}\right) : 6$
c. $-5 \cdot \left(\frac{1}{4} - 2\frac{3}{8}\right)$
d. $\left(2 - \frac{1}{4} : \frac{5}{12}\right) : \left(-\frac{1}{4}\right)$
e. $-7{,}5 - 24 \cdot \left(-\frac{3}{4}\right)$
f. $\left(-\frac{2}{3}\right) \cdot 9 - \frac{1}{2}$
g. $\left(2\frac{3}{4} - 3\frac{4}{5}\right) : (-2)$
h. $\left(3 - \frac{3}{5} : \frac{1}{20}\right) \cdot \left(2 - \frac{1}{6} \cdot 11\right)$
i. $(-14) \cdot 6 - 17 \cdot (-5)$
j. $\left(-\frac{4}{5}\right) : \frac{1}{5} - \left(-\frac{1}{4}\right) \cdot 3$
k. $\frac{1}{2} \cdot \left(0{,}8 - \frac{7}{4}\right)$
l. $-1 \cdot \left(2\frac{1}{4} - \frac{3}{4} : 6\right) : \left(-5 + \frac{1}{4} \cdot 6\right)$

7 Berechne.

a. $((-3{,}4) + 6{,}5) \cdot (-2{,}2)$
b. $((-1{,}8) : 0{,}9) \cdot (5 - (-1{,}7))$
c. $1{,}2 \cdot (-4) - 0{,}6 \cdot (-5)$
d. $(-5{,}4) : ((-3{,}1) + 5{,}8)$
e. $((-3{,}5) + (-4{,}1)) : (-4)$
f. $(-2{,}2) \cdot (-6) + 5 \cdot (-1{,}8)$

8 Rechne vorteilhaft.

a. $(-8) \cdot \left(\frac{1}{8} + \left(-\frac{1}{4}\right)\right)$
b. $\frac{2}{7} \cdot \left(-\frac{2}{5}\right) + \frac{2}{7} \cdot \left(-\frac{3}{5}\right)$
c. $((-660) + (-36)) : (-6)$
d. $((-3{,}3) + 44) : 11$
e. $2{,}25 \cdot (-2{,}7) - 2{,}25 \cdot (+7{,}3)$
f. $(-0{,}45) : 9 + (-17{,}55) : 9$

9 Berechne.

a. $-3587 + 578 + (-837) + (-578) + 3587 + 537$
b. $37{,}4 + (-14{,}35) + 54{,}13 + (-19{,}4) + (-55{,}65) + 15{,}87$
c. $3\frac{4}{5} + \left(-4\frac{5}{6}\right) + 5\frac{6}{7} + \left(-7\frac{6}{7}\right) + \left(-1\frac{1}{6}\right) + \left(-2\frac{3}{5}\right)$
d. $\left(-3\frac{4}{5}\right) - \left(+4\frac{5}{6}\right) + \left(-2\frac{2}{6}\right) - 1\frac{1}{3} + 3\frac{4}{5} - \left(-1\frac{5}{6}\right)$

10 Bestimme z.

a. $(-0{,}5 + 1{,}4) \cdot 5 - (z : 3) = 5{,}1$
b. $-0{,}2 \cdot \left(17{,}4 - 4\frac{2}{5}\right) + (z \cdot 3) = 1$
c. $6 \cdot \left(14\frac{1}{3} - (-3{,}5) + z\right) + (-15) = 2$
d. $\left(11\frac{1}{12} - 3\frac{1}{4} - z\right) : 11 - \frac{3}{4} = -0{,}25$

Kopfgeometrie

11 Welche der vier Figuren (A – D) stimmen mit der roten Figur überein? Versuche, die Aufgabe in deiner Vorstellung zu lösen.

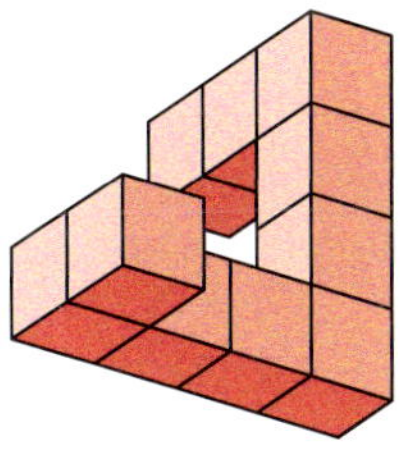

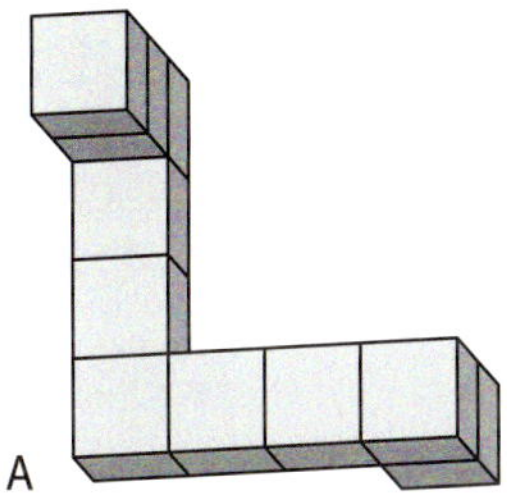
A

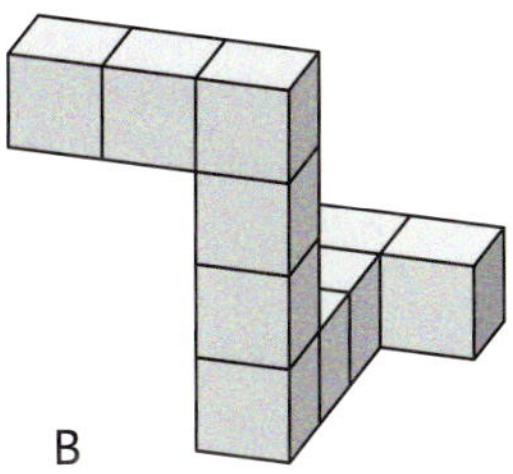
B

C

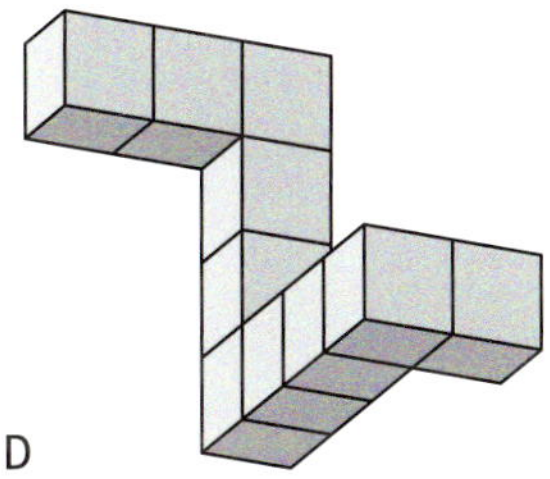
D

Rechentraining – Rationale Zahlen

Ohne Taschenrechner!

1 Berechne.

a.	b.	c.	d.
$\frac{1}{2} - \frac{1}{3}$	$\frac{3}{4} - \frac{1}{2}$	0,25 − 0,3	0,3 − 0,25
$\frac{1}{2} - \frac{1}{4}$	$\frac{3}{4} - \frac{2}{3}$	0,25 − 0,03	0,03 − 0,25
$\frac{1}{2} - \frac{1}{5}$	$\frac{3}{4} - \frac{3}{4}$	0,25 − 0,003	0,003 − 0,25
$\frac{1}{2} - \frac{1}{6}$	$\frac{3}{4} - \frac{4}{5}$	0,25 − 0,0003	0,0003 − 0,25
$\frac{1}{2} - \frac{1}{8}$	$\frac{3}{4} - \frac{5}{6}$	0,025 − 0,0003	0,0003 − 0,025
$\frac{1}{2} - \frac{1}{10}$	$\frac{3}{4} - \frac{6}{7}$	0,025 − 0,003	0,003 − 0,025
$\frac{1}{2} - \frac{1}{20}$	$\frac{3}{4} - \frac{7}{8}$	0,025 − 0,03	0,03 − 0,025
$\frac{1}{2} - \frac{1}{100}$	$\frac{3}{4} - \frac{8}{9}$	0,025 − 0,3	0,3 − 0,025

2 Übertrage die Multiplikationstabellen in dein Heft und vervollständige sie.

a.

·	$\frac{2}{3}$		$\frac{5}{8}$	
			$-\frac{15}{32}$	
	$\frac{2}{5}$			
$\frac{1}{3}$		$-\frac{2}{15}$		$-\frac{3}{10}$
		$\frac{3}{25}$		

b.

·	0,25		−0,1	
0,5		0,1		
		0,06		0,375
−0,1				
	−0,05			

c.

·	$\frac{3}{4}$	$-\frac{2}{3}$		
0,5			$-\frac{3}{10}$	
		0,06		
−0,1				
			$\frac{1}{2}$	$\frac{1}{6}$

3 Notiere einen gewöhnlichen Bruch mit natürlichen Zahlen im Zähler und im Nenner. Untersuche systematisch, wie sich der Wert des Bruches verändert, wenn du

a. nur den Zähler z mit einer Zahl a multiplizierst: $\frac{z \cdot a}{n}$

b. nur den Nenner n mit einer Zahl a multiplizierst: $\frac{z}{n \cdot a}$

c. nur den Zähler durch eine Zahl a dividierst: $\frac{z : a}{n}$

d. nur den Nenner durch eine Zahl a dividierst: $\frac{z}{n : a}$

e. Zähler und Nenner mit der gleichen Zahl a multiplizierst: $\frac{z \cdot a}{n \cdot a}$

f. Zähler und Nenner durch die gleiche Zahl dividierst: $\frac{z : a}{n : a}$

g. Vergleiche die Aufgaben a. bis f. miteinander. Was fällt dir auf?

h. Notiere Formeln für die folgenden Rechnungen:

A $\frac{a}{b} \cdot c =$ **B** $\frac{a}{b} : c =$ **C** $c \cdot \frac{a}{b} =$ **D** $c : \frac{a}{b} =$

i. Was passiert, wenn du in den Formeln in h. für a eine negative Zahl einsetzt? Begründe.

4 Berechne durch Ausklammern.

a. $4{,}7 \cdot 3 + 4{,}7 \cdot 7$ **b.** $13 \cdot 30 + 6 \cdot 13$ **c.** $4 \cdot (-1{,}6) - (-1{,}6) \cdot 5$

d. $\frac{2}{3} \cdot (-9) - 3 \cdot \frac{2}{3}$ **e.** $(-14) \cdot 0{,}6 + (-1{,}4) \cdot 0{,}6$ **f.** $153 \cdot \frac{1}{9} - \left(+\frac{1}{9}\right) \cdot 99$

g. $-1{,}2 \cdot 0{,}6 - \frac{2}{5} \cdot (-1{,}2)$ **h.** $10 \cdot \frac{3}{8} + \left(-\frac{3}{8}\right) \cdot 2\frac{2}{3}$ **i.** $\frac{18}{8} \cdot \left(-2\frac{1}{4}\right) - \frac{9}{4} \cdot 2\frac{1}{4}$

5 Berechne möglichst geschickt.

a. $5{,}3 - (1{,}3 + 5{,}3)$
b. $5{,}3 - (1{,}3 - 5{,}3)$
c. $5{,}3 - (-1{,}3 + 5{,}3)$
d. $5{,}3 + (-1{,}3 - 5{,}3)$
e. $\frac{25}{14} \cdot \left(\frac{7}{10} - \frac{14}{15}\right)$
f. $\frac{25}{14} \cdot \left(\frac{4}{11} - \frac{8}{22}\right)$
g. $\frac{25}{14} \cdot \left(-\frac{2}{5} + \left(-\frac{4}{10}\right)\right)$
h. $\frac{25}{14} \cdot \left(\frac{9}{25} - \left(-\frac{1}{5}\right)\right)$
i. $1\frac{1}{5} : \left(-\frac{4}{15}\right) \cdot \left(-\frac{3}{8}\right)$

6 Berechne.

a. $5\frac{1}{3} \cdot \frac{8}{3} - \frac{4}{3} : \frac{2}{3} \cdot \frac{1}{3}$
b. $5\frac{1}{3} \cdot \left(\frac{8}{3} - \frac{4}{3}\right) : \left(\frac{2}{3} \cdot \frac{1}{3}\right)$
c. $5\frac{1}{3} \cdot \left(\frac{8}{3} - \left(\frac{4}{3} : \frac{2}{3}\right) \cdot \frac{1}{3}\right)$
d. $\left(5\frac{1}{3} \cdot \left(\frac{8}{3} - \left(\frac{4}{3} : \frac{2}{3}\right)\right)\right) \cdot \frac{1}{3}$
e. $5\frac{1}{3} \cdot \left(\frac{8}{3} - \frac{4}{3}\right) : \frac{2}{3} \cdot \frac{1}{3}$
f. $\left(5\frac{1}{3} \cdot \frac{8}{3}\right) - \left(\frac{4}{3} : \frac{2}{3}\right) \cdot \frac{1}{3}$
g. $\left(\left(5\frac{1}{3} \cdot \frac{8}{3}\right) - \frac{4}{3}\right) : \left(\frac{2}{3} \cdot \frac{1}{3}\right)$
h. $\left(5\frac{1}{3} \cdot \left(\left(\frac{8}{3} - \frac{4}{3}\right) : \frac{2}{3}\right)\right) \cdot \frac{1}{3}$
i. $5\frac{1}{3} \cdot \left(\frac{8}{3} - \frac{4}{3} : \frac{2}{3}\right) \cdot \frac{1}{3}$

7 Berechne.

a. $(-12) \cdot \frac{1}{8} - 6$
b. $-18 - 24 \cdot \left(-\frac{4}{9}\right)$
c. $(-12) \cdot 1{,}4 - 13 \cdot (-5)$
d. $-0{,}5 + \left(-\frac{3}{4}\right) \cdot 6$
e. $-0{,}75 \cdot 16 - \frac{1}{4}$
f. $-\frac{5}{6} \cdot \frac{6}{15} + \left(-\frac{15}{14} \cdot \left(-\frac{14}{45}\right)\right)$
g. $2\frac{5}{7} \cdot \left(-\frac{2}{19}\right) + \frac{4}{14} - (-3)$
h. $\left(1 - \frac{1}{2} \cdot 0{,}3\right) - 0{,}35 + \frac{2}{5}$
i. $\frac{5}{13} - \frac{3}{26} + 2\left(\frac{1}{4} - \frac{7}{52}\right)$

8

a. Dividiere die Summe von $\frac{1}{2}$ und $\frac{1}{3}$ durch das Produkt dieser Zahlen.
b. Subtrahiere das Produkt von $-1{,}2$ und $1\frac{1}{5}$ von der doppelten Differenz dieser Zahlen.
c. Addiere die Differenz von $2{,}75$ und $-1\frac{35}{100}$ und das Produkt dieser Zahlen.
d. Multipliziere das Produkt von $-3{,}5$ und $\frac{4}{7}$ mit der Summe dieser Zahlen.

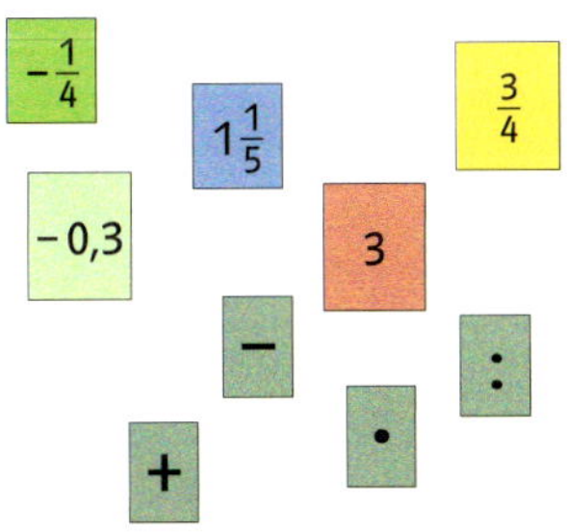

9 Lege mit den Karten Berechnungen
a. mit einem möglichst großen Ergebnis.
b. mit einem möglichst kleinen Ergebnis.
c. mit einem Ergebnis möglichst nahe an -1.

Tipp: Du darfst Klammern setzen.

10 Lorenza hat so gerechnet:

$8{,}7 - 5{,}4 - 3{,}7 - 2 \cdot (-4{,}2 - 0{,}8) =$
$8{,}7 - 5{,}4 - 3{,}7 - 8{,}4 - 1{,}6 =$
$(8{,}7 - 3{,}7) + (-8{,}4 - 5{,}4) - 1{,}6 =$
$5 - 13{,}8 - 1{,}6 = -10{,}4$

a. Wie rechnest du?
b. Schreibe die Berechnung von Lorenza in dein Heft. Kommentiere mit einem Stift anderer Farbe ihre Rechnung.

11 Bestimme z.

a. $2 \cdot z = 0{,}4$
$3 : z = 7{,}5$
$4 + z = \frac{23}{5}$
$5 - z = 4\frac{20}{100}$

b. $6 \cdot \left(z - \frac{2}{5}\right) = -1{,}2$
$7 : \left(z - \frac{3}{5}\right) = -35$
$8 + \left(z - \frac{4}{5}\right) = 7{,}8$
$9 - (z - 1) = 9{,}2$

c. $\left(\frac{1}{4} \cdot z\right) - \frac{3}{16} = 0$
$(0{,}5 : z) + \left(-\frac{4}{7}\right) = 0$
$\left(\frac{3}{4} + z\right) : 1{,}75 = 1$
$(1 - z) \cdot (-8) = 1$

d. $\frac{2}{9} \cdot z - \frac{5}{4} = -1$
$-2{,}5 : z + \frac{3}{2} = -1$
$-\frac{5}{2} + z : \frac{7}{4} = -2$
$-\frac{1}{2} - z \cdot \frac{8}{4} = -2$

Lösungen auf Seite 142 und 143

T1 Teste dich selbst

Bist du bei der Bearbeitung der Aufgaben sicher? Notiere deine Einschätzung jeweils.

☺ Da bin ich sicher. Das kann ich.

😐 Da bin ich unsicher. Das werde ich weiter üben.

☹ Das kann ich nicht. Hier brauche ich Hilfe.

1 Gib in der Größeneinheit an, die in Klammer angegeben ist.

a. $\frac{2}{5}$ kg (g)
1500 g (kg)
1500 µg (g)

b. 0,3 m (dm)
$\frac{3}{8}$ m (mm)
900 mm (m)

c. 200 m² (a)
0,01 a (m²)
2 a (ha)

2 Schreibe ab und notiere ein + oder ein − statt des Kästchens, sodass die Gleichungen stimmen.

a. 8 + 4 · (□ 2) □ 2 · (−5) = −10

b. 8 · (□ 3) □ 2 · (−5) = 34

c. 8 □ 4 · (−2) □ 2 · (−5) = 6

d. 8 □ 4 · ((−2) □ 2 · (−5)) = −24

3 Gegeben sind die folgenden Zahlen: 10^6; 10^7; 10^9; 10^{12}

a. Wie viele Millionen sind es jeweils?

b. Wie viele Tausender sind es jeweils?

4 Berechne und notiere das Ergebnis in Ziffernschreibweise.

a. 10 Billiarden : 10; 1 Billiarde : 100; 10 Billionen : 1000

b. 10 Milliarden : 10 000; 1 Million : 100 000; 100 Milliarden : 1 000 000

5

a. Notiere die Anzahl Hölzchen für die ersten 5 Figuren.

b. Wie heißt der Term für die Anzahl der Hölzchen der x-ten Figur?

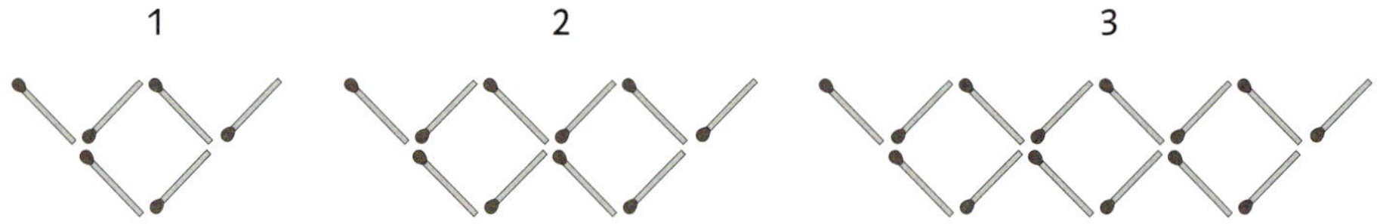

6 Von einem Kreis ist jeweils eine Größe bekannt. Berechne die fehlenden Größen (Radius r; Durchmesser d; Flächeninhalt A; Umfang u).

a. r = 7 cm

b. d = 4,8 m

c. u = 34 dm

7 Aus einem Brett mit den Maßen 35 cm auf 100 cm sollen möglichst viele kreisrunde Tabletts mit dem Durchmesser 30 cm ausgeschnitten werden. Wie viele Tabletts können ausgeschnitten werden? Wie viel Prozent des Brettes wird für die Tabletts genutzt?

8 Berechne.

a. $\frac{2}{3} - \left(-\frac{3}{5}\right)$
$-\frac{2}{3} - \left(-\frac{3}{5}\right)$
$\frac{2}{3} - \frac{3}{5}$
$-\frac{2}{3} - \frac{3}{5}$

b. 0,04 − 0,2
0,4 − 0,02
−0,04 + 0,2
−0,4 + 0,02

c. $\frac{5}{6} : \frac{10}{3}$
$\frac{5}{6} \cdot \frac{10}{3}$
$\frac{10}{3} : \frac{5}{6}$
$\frac{3}{10} \cdot \frac{5}{6}$

d. 2,1 : 0,7
2,1 · 0,7
0,21 : 0,07
21 · 0,007

 Lösungen auf Seite 144

9 Kopfgeometrie

Partnerarbeit

1 Die Aufgaben werden von links nach rechts immer schwieriger. Wenn ihr das vorgegebene Netz herstellt, könnt ihr die Lösung gut kontrollieren.

A
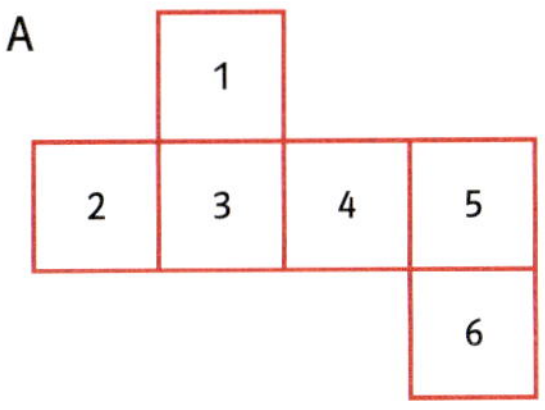

B
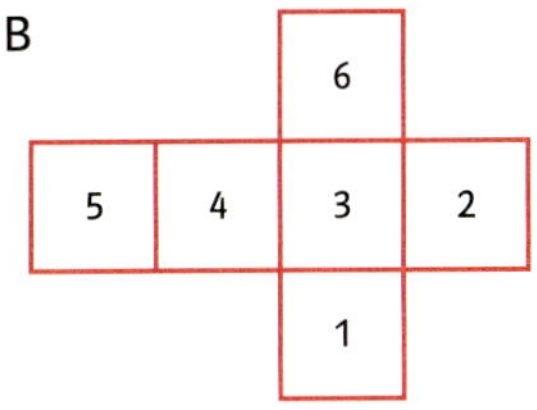

C
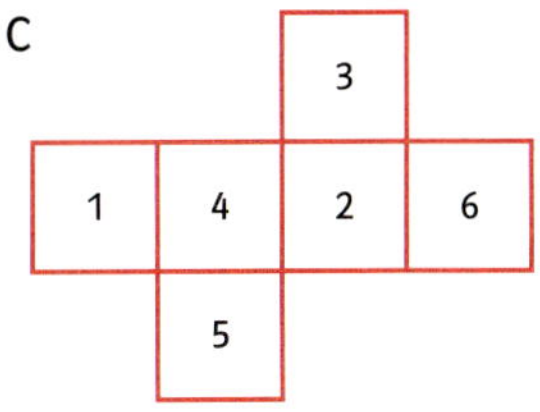

a. Stelle dir vor, du faltest eines der oben stehenden Netze so zu einem Würfel, dass die Zahlen sichtbar bleiben. Lege den Würfel jetzt in Gedanken so hin, dass die 4 oben und die 3 links liegt. Welche Zahl ist dann unten? Wo liegt die 1, wo die 6?

b. Wo ist die 2 und wo die 1, wenn du den Würfel so hinlegst, dass die 6 oben und die 5 rechts liegt?

c. Stellt euch gegenseitig weitere solche Fragen.

Würfelnetze

2

a. Nimm eines der Würfelnetze aus Aufgabe 1. Wähle eine Zahl; sie bleibt am Boden liegen. Gefaltet wird „nach oben", d.h. die Zahlen stehen jetzt im Innern des Würfels. Welche Zahl ist oben? Welche hinten? Überprüfe auch hier durch Falten.

b. Stelle dir selbst weitere solche Fragen.

3 Welche der folgenden Figuren sind Würfelnetze? Ergänze im Heft mögliche weitere Würfelabwicklungen.

A
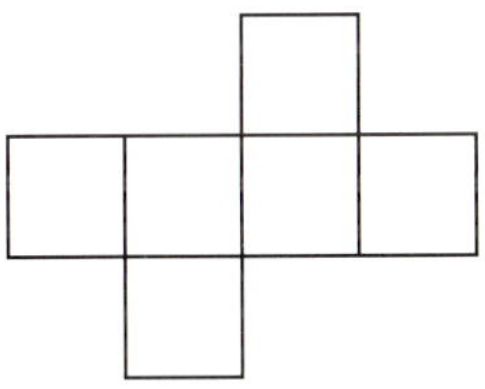

B
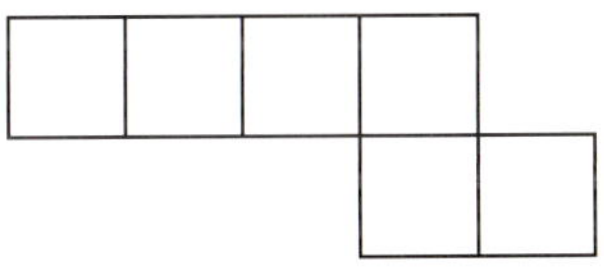

C
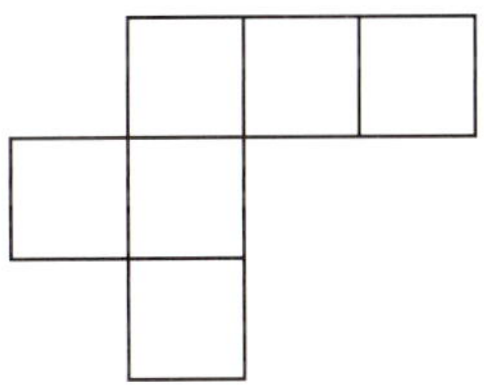

D
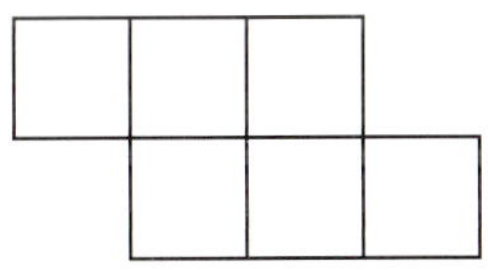

4 Das Netz wird zu einem Würfel gefaltet. Welche Fläche liegt dann der grauen Fläche gegenüber?

A
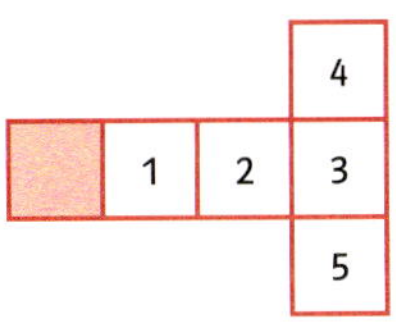

B
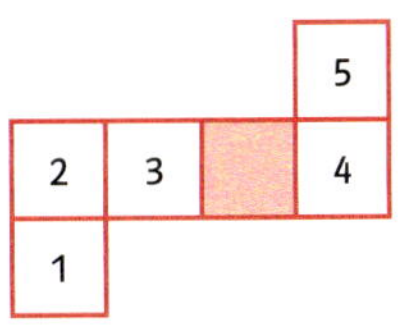

C
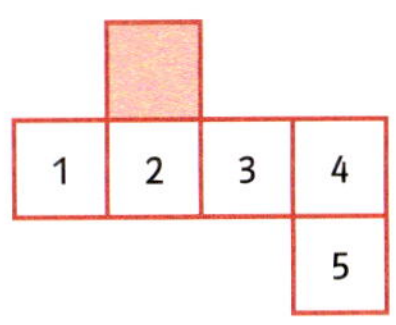

D
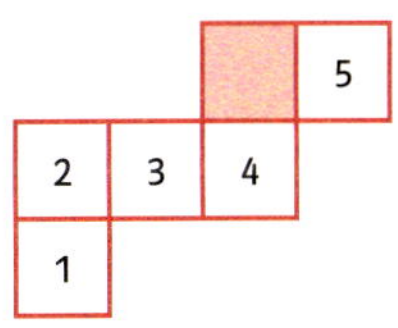

5 Das Netz wird zum Würfel zusammengesetzt. Welche anderen Quadratecken bilden mit der markierten Ecke zusammen eine Würfelecke? Zeichne das Bild ab und trage die Punkte ein.

A
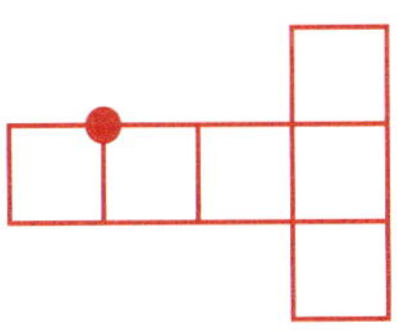

B
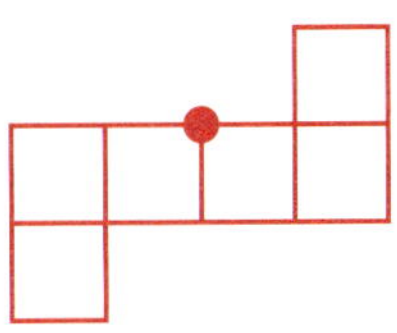

C
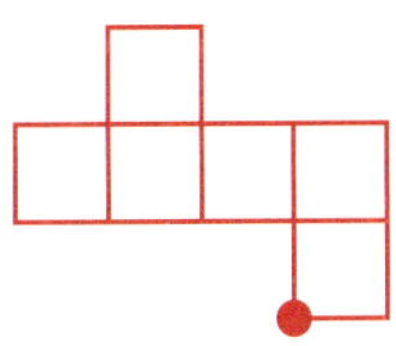

D
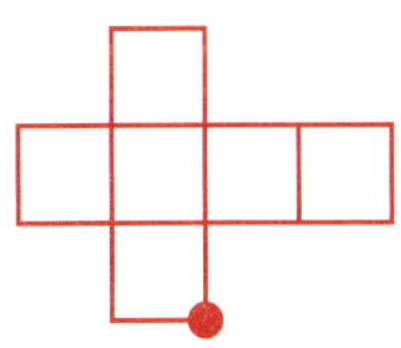

11 Knack die Box

Beispiel

und

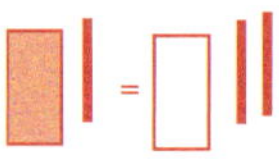

Es gelten folgende Regeln:
1. Beidseits des Gleichheitszeichens liegen gleich viele Hölzer.
2. In Boxen gleicher Farbe liegen jeweils gleich viele Hölzer.

1 Boxen knacken – Wie viel ist drin?

Lösung

1. Versuch ▮ = 2; ▯ = 1
2 + III = 1 + 1 + II
5 = 4 (falsch!)

2. Versuch ▮ = 3; ▯ = 2
3 + III = 2 + 2 + II
6 = 6 (richtig)
3 + I = 2 + II
4 = 4 (richtig)

a. 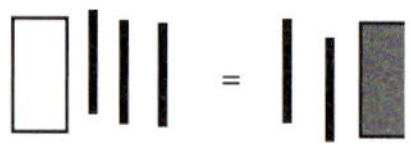 und 

b. 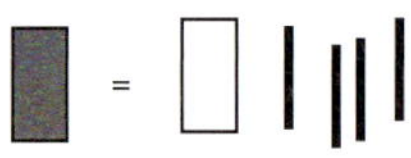 und 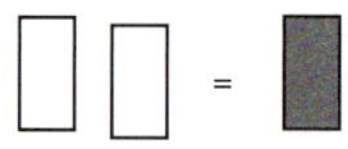

c. 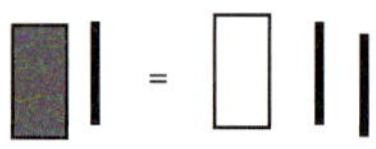 und 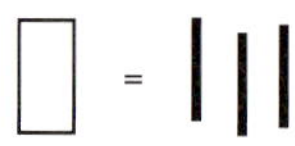

d. 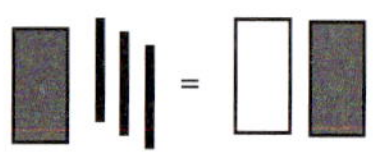 und 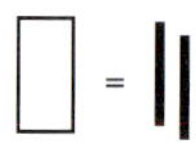

e. Suche vier weitere solche Aufgaben. Mische darunter eine Aufgabe, die gar keine Lösung hat. Lasse die Aufgaben von jemandem bearbeiten.

2 Suche zu jeder Tabelle eine passende Boxenanordnung und formuliere die Gleichung. Jedes x und jedes dazugehörende y der Tabelle muss für die Boxenanordnung und die Gleichung passen.

I

x	1	2	3	4	5	6	7
y	2	4	6	8	10	12	14

II

x	1	2	3	4	5	6	7
y	3	4	5	6	7	8	9

III

x	3	4	5	6	7	8	9
y	1	2	3	4	5	6	7

IV

x	2	4	6	8	10	12	14
y	1	2	3	4	5	6	7

V

x	1	2	3	4	5	6	7
y	–	3	–	2	–	1	–

VI

x	3	3	3	3	3	3	3
y	1	2	3	4	5	6	7

VII

x	1	2	3	4	5	6	
y	5	4	3	2	1	0	

VIII

x	1	1	1	1	1	1	1
y	1	2	3	4	5	6	7

A 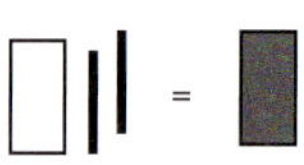 oder x + 2 = y

B 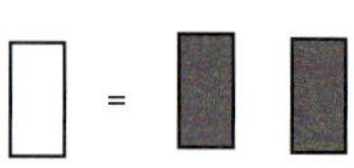

C 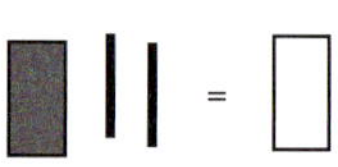

D 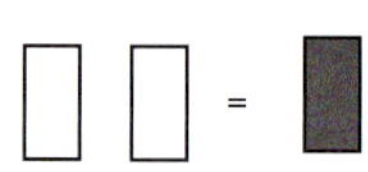

E 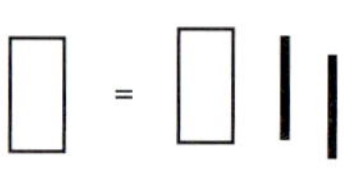

F 

G 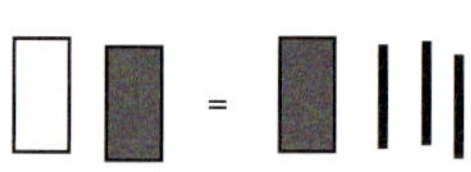

H 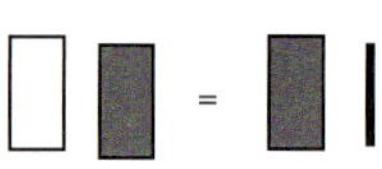

I 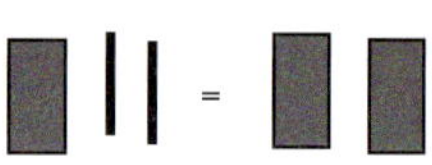

J 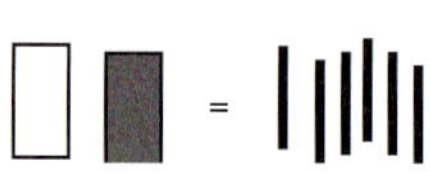

3 Herr Herrmann lässt seine Klasse Boxen knacken.

a. Wie müssen die Boxen gefärbt sein, damit es eine Lösung gibt?

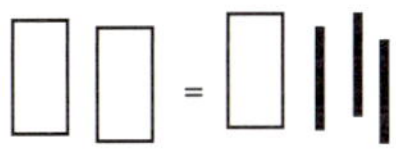 und 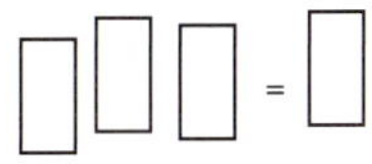

b. Suche auch hier geeignete Färbungen. Durch wie viele Streichhölzer muss das Fragezeichen ersetzt werden, damit die Aufgabe eine Lösung hat?

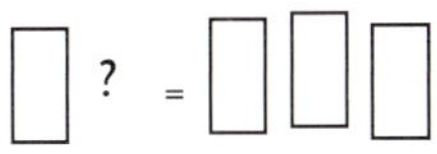 und 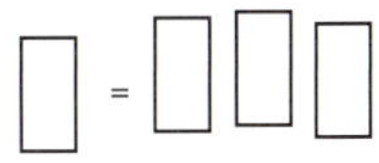

4 Notiere Tabellen nach den folgenden Vorschriften. Zeichne eine mögliche Boxenanordnung und schreibe die Gleichung dazu.

Beispiel
In einer hellen Box liegen fünf Hölzer mehr als in einer dunklen.

Lösung

x	5	6	7	8	9	10
y	0	1	2	3	4	5

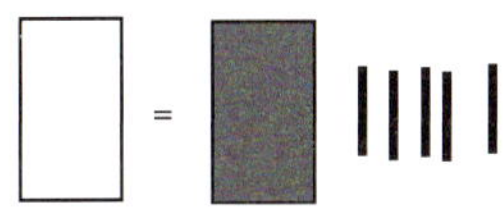

Um eine Gleichheit herzustellen, müssen auf der Seite der dunklen Box noch fünf Hölzer hinzugefügt werden.

c. In einer hellen Box liegen zwei Hölzer mehr als in einer dunklen.
d. In einer hellen Box liegen zwei Hölzer weniger als in einer dunklen.
e. In einer dunklen Box liegen dreimal so viele Hölzer wie in einer hellen.
f. In einer hellen Box liegt ein Hölzchen mehr als in zwei dunklen.
g. In einer hellen und in einer dunklen Box liegen insgesamt zwölf Hölzer.

5 Ordne zu: Welche Texte passen zu welcher Tabelle? Suche jeweils eine mögliche Boxenanordnung und notiere die passende Gleichung.
Anzahl Hölzer in einer hellen Box: x
Anzahl Hölzer in einer dunklen Box: y

A In einer dunklen Box liegt ein Holz mehr als in einer hellen.
B In einer hellen Box liegen drei Hölzer mehr als in einer dunklen.
C In einer hellen Box liegen doppelt so viele Hölzer wie in einer dunklen.
D In einer hellen und in einer dunklen Box liegen im Ganzen zehn Hölzer.
E In zwei hellen Boxen liegen gleich viele Hölzer wie in einer dunklen.
F Fünf Hölzer und die Anzahl Hölzer in einer hellen Box entsprechen gleich vielen Hölzern wie die Anzahl Hölzer in einer dunklen und in einer hellen Box zusammen.

I

x	2	4	6	8	10	12
y	1	2	3	4	5	6

II

x	1	2	3	4	5	6
y	2	3	4	5	6	7

III

x	1	2	3	4	5	6
y	9	8	7	6	5	4

IV

x	1	2	3	4	5	6
y	2	4	6	8	10	12

V

x	1	2	3	4	5	6
y	5	5	5	5	5	5

VI

x	4	5	6	7	8	9
y	1	2	3	4	5	6

12 Wort – Bild – Term

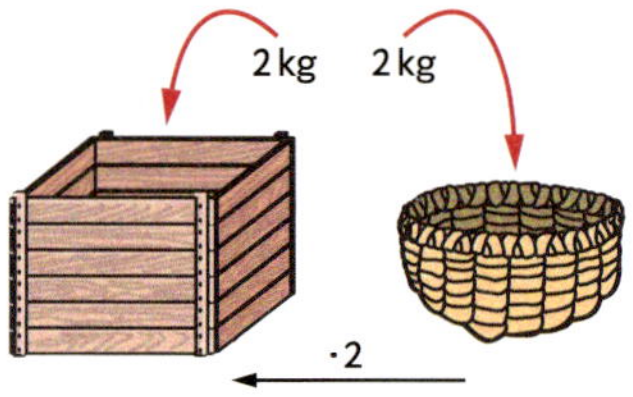

Tabelle

vorher		nachher	
Kiste	Korb	Kiste	Korb
12	6	10	8
10	8	8	10

Algebraisch

	Kiste	Korb
vorher:	x	y
Beziehung	$x + y = 18$	
nachher:	$x - 2$	$y + 2$

1 Folgende Situationen liegen vor.

A Eine Kiste ist doppelt so schwer wie ein Korb. Man füllt in beide noch 2 kg.

B Eine Kiste und ein Korb wiegen zusammen 18 kg. Man nimmt 2 kg aus der Kiste und gibt sie in den Korb.

C Ein Korb ist doppelt so schwer wie eine Kiste. Man füllt in beide noch 2 kg.

D Ein Korb ist halb so schwer wie eine Kiste. Man füllt 2 kg von der Kiste in den Korb.

a. Ordne die Skizze der richtigen Situation A, B, C oder D zu. Zeichne Skizzen zu den verbleibenden Situationen.

b. Eine der Situationen A, B, C oder D wurde links mithilfe einer Tabelle und algebraisch notiert. Um welche Situation handelt es sich?

c. Notiere Tabellen zu den anderen Situationen und stelle sie jeweils algebraisch dar.

2

a. Großmutter, Mutter und Tochter sind zusammen 108 Jahre alt. Die Mutter ist dreimal so alt wie die Tochter. Die Großmutter ist fünfmal so alt wie die Tochter.

b. Drei Geschwister sind zusammen 25 Jahre alt. Das mittlere ist 3 Jahre älter als das jüngste. Das älteste ist 4 Jahre älter als das jüngste.

c. Ein Dreieck hat 36 cm Umfang. Die längste Seite ist doppelt so lang wie die kürzeste. Die mittlere Seite ist eineinhalbmal so lang wie die kürzeste.

d. Ein Dreieck hat 16 cm Umfang. Die längste Seite ist 3 cm länger als die kürzeste. Die mittlere ist 2 cm kürzer als die längste.

3 Drei Geschwister verdienen in den Ferien mit Blumengießen Taschengeld. Zusammen erhalten sie 84 Euro. Notiere jeweils wie viel Geld jeder bekommt.

a. Alois bekommt doppelt so viel wie Cyril. Barbara erhält dreimal so viel wie Cyril.

b. Alois bekommt doppelt so viel wie Cyril. Barbara erhält halb so viel wie Cyril.

c. Alois bekommt gleich viel wie Cyril. Barbara erhält 9 € mehr.

d. Alois erhält 10 € mehr als Barbara. Cyril erhält 5 € mehr als Barbara.

e. Alois erhält 10 € weniger als Barbara. Cyril erhält 5 € weniger als Barbara.

f. Alois erhält doppelt so viel wie Cyril. Barbara bekommt 16 € weniger als Alois.

g. Alois erhält halb so viel wie Barbara. Cyril bekommt 8 € weniger als Alois.

h. Stellt euch gegenseitig weitere derartige Aufgaben. Achtet darauf, dass sie mit 84 € lösbar sind.

4 Ein Triathlon besteht aus einer Schwimm-, einer Fahrrad- und einer Laufstrecke.

a. Kurzdistanz: Gesamtlänge 51,5 km. Die Laufstrecke ist 8,5 km länger als die Schwimmstrecke. Die Fahrradstrecke ist viermal so lang wie die Laufstrecke.

b. Schülerinnen und Schüler: Gesamtlänge 13 km. Die Laufstrecke ist fünfmal so lang wie die Schwimmstrecke. Die Fahrradstrecke ist viermal so lang wie die Laufstrecke.

c. Mitteldistanz: Gesamtlänge 102 km. Die Schwimmstrecke ist 18 km kürzer als die Laufstrecke. Die Fahrradstrecke ist 60 km länger als die Laufstrecke.

d. Ironman-Distanz: 226 km. Die Laufstrecke ist 137,8 km kürzer als die Fahrradstrecke, aber 38,4 km länger als die Schwimmstrecke.

e. Beschreibe einen eigenen Triathlon und lasse von jemandem die Teildistanzen ausrechnen.

13 Potenzieren

1 Großeltern sind Vorfahren der 2. Generation, Urgroßeltern der 3. Generation.

a. Wie viele Urgroßeltern hast du?

b. Wie viele Vorfahren der 8. Generation hast du?

c. Wie viele Vorfahren der 12. Generation hast du?

d. In Wirklichkeit sind die Vorfahren der 12. Generation wohl weniger zahlreich. Weshalb wohl?

2 Auf einem Teich wächst eine Seerose. Nach einer Woche sind es zwei, nach zwei Wochen vier, dann acht und so weiter. Nach elf Wochen ist der Teich zur Hälfte mit Seerosen bedeckt.

a. Nach wie vielen Wochen ist der Teich vollständig zugedeckt?

b. Wie viele Seerosen sind auf dem zugedeckten Teich?

3 Man könnte die Telefonkette für eine Klasse oder nach der Idee des Kettenbriefs organisieren. Alle müssten dann z. B. zwei Mitschülerinnen oder Mitschüler anrufen.

a. Nach wie vielen Reihen wäre deine ganze Klasse informiert?

b. Nach wie vielen Reihen wäre die ganze Schule informiert?

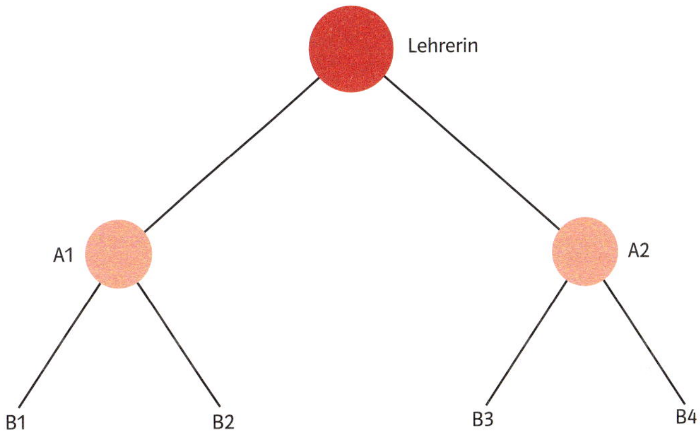

4 Potenzen berechnen.

a.	$4^2 = 4 \cdot 4$	$2^4 = 2 \cdot \ldots$	4^3	3^4
b.	10^6	100^3	1000^2	100^4

c. Ermittle den Wert für x.

$3^x = 81$	$2^x = 64$	$10^x = 100\,000$	$4^x = 1024$

Beispiel
$5 \cdot 5 = 5^2$
$3^2 \cdot 3 = 3 \cdot 3 \cdot 3 = 3^3$
$7^3 : 7 = 7 \cdot 7 \cdot 7 : 7 = 7^2$

5 Schreibe jeden Term als Potenz.

a.	$3 \cdot 3$	$3 \cdot 3 \cdot 3$	$(3 \cdot 3) \cdot 3$	$3 \cdot 3 \cdot 3 \cdot 3 \cdot 3$
b.	$4 \cdot 4 \cdot 4$	$4^2 \cdot 4 \cdot 4$	$4^2 \cdot 4^2$	$4^2 \cdot 4^3$
c.	$5^3 : 5 = 5 \cdot 5 \cdot 5 : 5 = 5^2$	$5^2 : 5$	$5^4 : 5 : 5$	$5^4 : 5 \cdot 5$
d.	$a^2 \cdot a$	$a^3 \cdot a$	$a^3 : a$	$a^4 : a^2$
e.	$b^3 \cdot b^2$	$b^3 \cdot b^3$	$b^3 : b^3$	$b^3 - b^3$

6 Vergleiche.

a.	2^3 und 3^2	3^4 und 4^3	2^{10} und 10^2	
b.	3^3 und 6^3	2^3 und 4^3	5^3 und 10^3	x^3 und $(2x)^3$
c.	$2 \cdot 3$ und 2^3	$3 \cdot 4$ und 3^4	$3 \cdot 2$ und 3^2	$4 \cdot 3$ und 4^3

d. 2^n und n^2 — Wann gilt $2^n < n^2$, wann $2^n = n^2$ und wann $2^n > n^2$?

14 Boccia – Pétanque – Boule

Grund-Konstruktionen
Konstruiere auf einem unlinierten Blatt.

1 Du siehst hier zwei Punkte P und Q. Ausgehend von diesen Punkten ist eine Konstruktion ausgeführt.

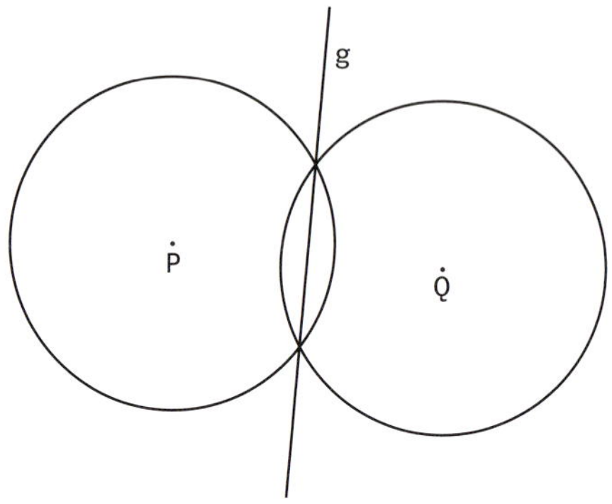

a. Beschreibe diese Konstruktion. In welcher Reihenfolge wurde vorgegangen?
b. Führe die Konstruktion in deinem Heft selber aus.
c. Welche Eigenschaften bezüglich P und Q hat die Gerade g?

2 Hier siehst du zwei Geraden, die sich kreuzen. Ausgehend von diesen Geraden ist eine Konstruktion ausgeführt.

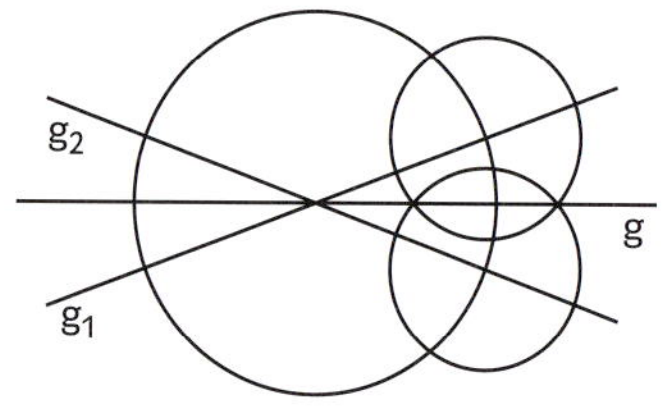

a. Beschreibe diese Konstruktion. Wie wurde vorgegangen?
b. Führe die Konstruktion in deinem Heft selbst aus.
c. Welche Eigenschaften bezüglich g_1 und g_2 hat die Gerade g?

3 Hier siehst du eine Konstruktion mit einer Geraden g und einem Punkt P.

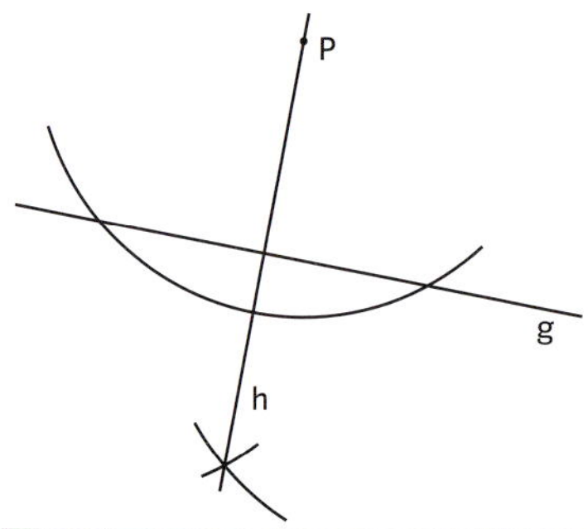

a. Beschreibe diese Konstruktion. Wie wurde vorgegangen?
b. Führe die Konstruktion in deinem Heft selbst aus.
c. Welche Lage hat die Gerade h bezüglich der Geraden g?

4 Führe die Konstruktionen in Aufgabe 1, 2 und 3 mit einer Dynamischen Geometriesoftware (DGS) aus.

Konstruktionsbeschreibungen

5 Kopfgeometrie
a. Lies dir die folgende Konstruktionsbeschreibung durch und stelle dir jeden einzelnen Schritt im Kopf vor. Welche Figur entsteht am Ende?
- Zeichne einen Punkt P und eine waagerechte Gerade durch diesen Punkt.
- Zeichne die Senkrechte zu der Geraden durch den Punkt.
- Zeichne einen Kreis um P.
- Markiere die Schnittpunkte des Kreises mit den beiden Linien und verbinde diese Punkte.

Führe dann die Konstruktion auf dem Papier durch. Welche Figur entsteht? Warum?
b. Führe dieselbe Konstruktion mit einer DGS durch. Lese die automatisch erstellte Konstruktionsbeschreibung durch und vergleiche mit dem Text in a.
c. Konstruiere mit einer DGS ein Quadrat. Beginne mit einer der vier Seiten. Vergleiche mit der Konstruktion in Teilaufgabe b.

6 Partnerarbeit

a. Führe auf einem unlinierten Blatt eine geometrische Konstruktion durch, z. B. ein Kreisornament oder eine eckige Figur. Schreibe die Konstruktionsbeschreibung auf einem anderen Zettel auf. Tauscht untereinander eure Beschreibungen aus, haltet die Zeichnungen aber geheim! Führt dann jeweils die beschriebene Konstruktion durch. Vergleicht danach eure Zeichnungen.

b. Was ist eine gute Konstruktionsbeschreibung? Diskutiert und stellt Regeln auf.

7

a. Zeichne zwei parallele Geraden. Finde mehrere Punkte, die von diesen beiden Geraden gleich weit entfernt sind.
Wo liegen alle diese Punkte?

b. Wie kannst du die Linie, auf der alle diese Punkte liegen, konstruieren? Beschreibe, wie du vorgehst.

8

a. Zeichne drei Punkte P, Q und R. Finde einen Punkt, der von allen drei Punkten gleich weit entfernt ist.

b. Nimm einen runden Gegenstand, der nicht zu klein ist, z. B. eine CD, einen Teller, einen Becher. Umfahre in deinem Heft den Gegenstand mit einem Bleistift. Konstruiere den Mittelpunkt dieses Kreises.

c. Kannst du vier Punkte so finden, dass ein Kreis durch die vier Punkte geht?

---

9 Partnerarbeit

Zeichnet verschieden große Kreise auf ein Blatt Papier. Markiert jeweils den Kreismittelpunkt und schneidet die Kreise aus.
Bildet mit zwei Büchern einen spitzen Winkel. Legt die Kreise so hin, dass sie beide Schenkel des Winkels berühren (also die beiden Buchrücken). Wo liegen die Kreismittelpunkte?

Boccia

10 Boccia wird auf einem 4,50 m breiten und 28 m langen, speziell präparierten Platz gespielt. Boccia ist vorwiegend im Tessin und in Italien populär, das „Schweinchen" heißt dort „pallina" (Kügelchen, Bällchen).

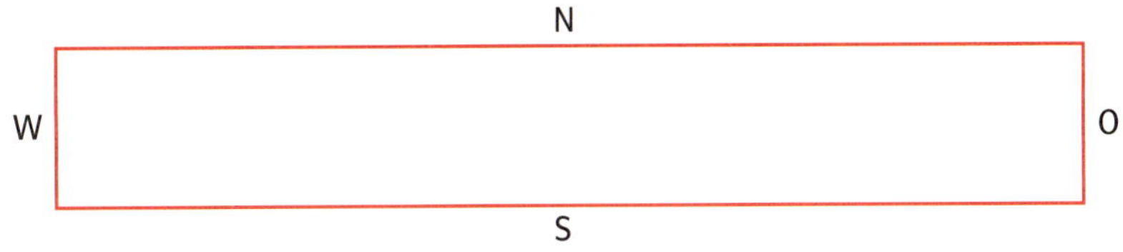

a. Fertige eine maßstabgerechte Zeichnung eines Boccia-Platzes an.
Wo kann die „pallina" überall liegen, damit sie …

b. … gleich weit von der Bande N wie von der Bande S entfernt ist? Konstruiere in deine Zeichnung. Wie weit ist die „pallina" in diesem Fall in Wirklichkeit von den Banden N und S entfernt?

c. … gleich weit von der Bande N wie von der Bande W entfernt ist? Konstruiere in deine Zeichnung.

d. … von allen Ecken des Spielfeldes gleich weit entfernt ist? Konstruiere in deine Zeichnung. Wie weit ist die „pallina" in diesem Fall in Wirklichkeit etwa von den Ecken entfernt?

15 Auf Biegen und Brechen

Rechtecke mit gleichem Flächeninhalt

1

a. Gib 10 verschiedene Rechtecke mit einer Fläche von 60 cm^2 an. Halte entsprechende Seitenlängen in einer Wertetabelle fest.

Länge der Seite a (cm)				
Länge der Seite b (cm)				

Stelle die Rechtecke in einem Diagramm grafisch dar.

b. Gib 10 verschiedene Rechtecke mit einer Fläche von 24 cm^2 an. Erstelle eine Wertetabelle. Stelle die Rechtecke in einem Diagramm grafisch dar.

c. Stelle die Rechtecke mit einer Fläche von 24 cm^2 auf deinem GTR dar. Wähle eine günstige Skaleneinteilung. Lass die Werte durch eine Kurve verbinden. Vergleiche mit der Darstellung in Teilaufgabe b.

d. Welches der Rechtecke mit einer Fläche von 60 cm^2 hat den größten Umfang? Beschränke dich auf Rechtecke mit ganzzahligen Seitenlängen.

e. Stelle den Zusammenhang zwischen der Seitenlänge a und dem Umfang u der Rechtecke mit einer Fläche von 60 cm^2 grafisch dar.

f. Stelle den Zusammenhang zwischen der Seitenlänge a und der Diagonale der Rechtecke mit einer Fläche von 60 cm^2 grafisch dar.

Proportionale und umgekehrt proportionale Zuordnungen

2 Eine Strecke von 6 km wird mit unterschiedlichen Geschwindigkeiten zurückgelegt.

a. Übertrage die Wertetabelle in dein Heft und trage zu jeder Geschwindigkeit die benötigte Zeit ein.

Geschwindigkeit in km/h	2	3	4	5	6	8	10
Benötigte Zeit in h							

b. Stelle den Zusammenhang zwischen Geschwindigkeit und benötigter Zeit grafisch dar.

c. Erstelle eine entsprechende Wertetabelle für eine Strecke von 15 km und stelle die Zuordnung *Geschwindigkeit* ↦ *benötigte Zeit* im selben Diagramm grafisch dar.

3

a. Begründe, welche der folgenden Zuordnungen einer proportionalen Zuordnung am nächsten kommt.

A Das Körpergewicht einer Person hängt von der Körpergröße ab.

B Die Höhe der Telefonrechnung hängt von der Länge der Telefonate ab.

C Die benötigte Menge an Brötchen beim Frühstück hängt von der Zahl der frühstückenden Personen ab.

b. Wähle eine der beiden anderen Zuordnungen aus und formuliere Bedingungen, unter denen die Zuordnung echt proportional ist.

Grafische Darstellung

4 Stelle mithilfe von Wertetabellen grafisch dar. Welche Zuordnungen sind proportional? Welche umgekehrt proportional?

a. $b = 3a$ **b.** $b = \frac{6}{a}$ **c.** $b = \frac{2}{a}$ **d.** $a \cdot b = 10$ **e.** $b = \frac{a}{6}$

5 Seitenlänge und Diagonale im Quadrat

Zeichne Quadrate mit den Seitenlängen a. Miss die Länge der Diagonalen d. Zeige anhand einer Wertetabelle, dass es sich um eine proportionale Zuordnung handelt.

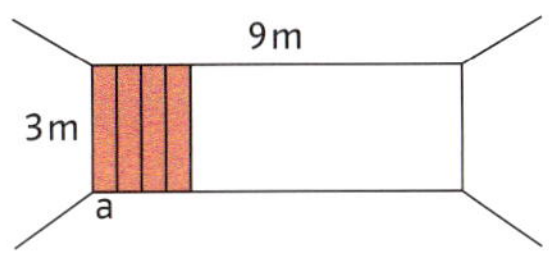

6 Eine Zimmerwand ist 9 m lang und 3 m hoch. Sie kann mit ganz verschiedenen Tapeten beklebt werden. Je nach Art und Muster der Tapete sind die Tapetenrollen verschieden breit.

Breite der Tapetenstreifen a in m	0,5	0,6	0,9	1	1,5	1,8	
Anzahl Streifen z					20		30
Länge aller Tapetenstreifen c in m						10	14

a. Die Breiten der Tapetenstreifen sind erfunden. Lege im Heft eine Tabelle an und ergänze die Werte, die zu diesen Rollenbreiten passen würden.

b. Untersuche die Zuordnungen: $a \mapsto z$, $a \mapsto c$ und $z \mapsto c$.
Stelle sie grafisch dar. Welche sind proportional, welche umgekehrt proportional?

c. Gib zu den Zuordnungen einen Term an, mit dem sich die zweite Größe aus der ersten berechnen lässt.

d. Eine Tapetenrolle ist nach Euro-Rollenmaß 0,53 m breit und 10,05 m lang. Wie viele Rollen braucht man in Wirklichkeit für diese Fläche, wenn man die Tapete nur an der Längsseite zusammensetzen darf?

7 Nenne je ein Beispiel für eine proportionale, eine umgekehrt proportionale und eine Zuordnung, die weder proportional noch umgekehrt proportional ist.

8 Gehört die Gleichung zu einer proportionalen, umgekehrt proportionalen oder zu keiner der beiden Zuordnungen?

a. $y = 3x$ **b.** $\frac{y}{4} = x$ **c.** $a \cdot b = 24$ **d.** $y = 2x + y$

9 Bestimme die Gleichung der Zuordnung.

a.
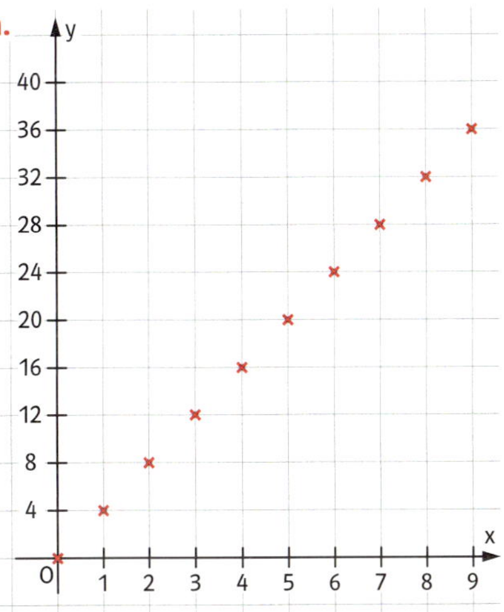

b.
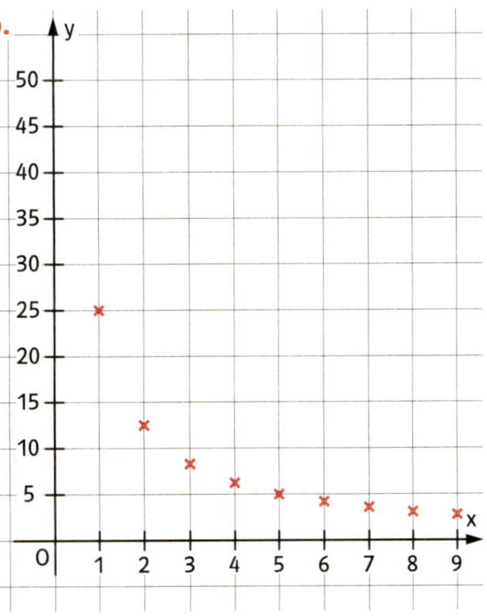

c.
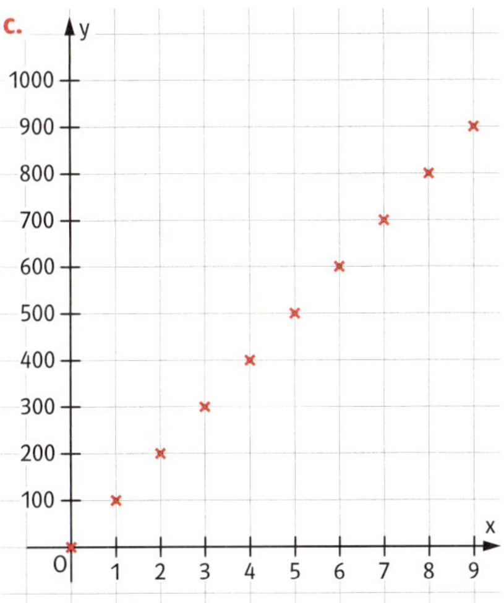

T 2 Teste dich selbst

Bist du bei der Bearbeitung der Aufgaben sicher? Notiere deine Einschätzung jeweils.

☺ Da bin ich sicher. Das kann ich.

😐 Da bin ich unsicher. Das werde ich weiter üben.

☹ Das kann ich nicht. Hier brauche ich Hilfe.

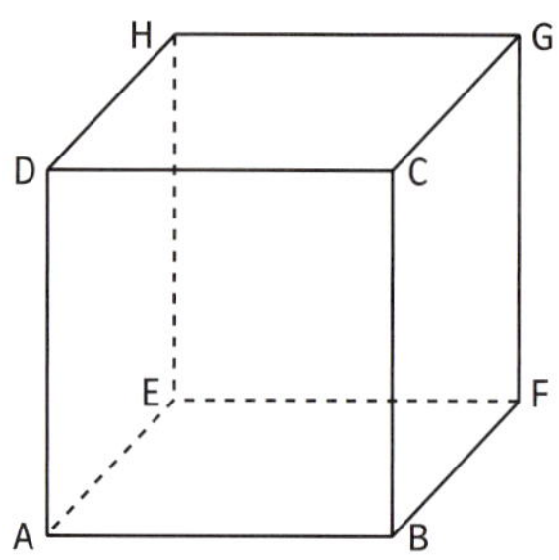

1 Kippe den Würfel in Gedanken um die hintere untere Kante $\overline{EF}$ um 90° nach hinten.

a. Wie heißen nun die Ecken der hinteren Seitenfläche?

b. Welche Seitenfläche liegt jetzt unten?

c. Welche beiden Ecken bilden die obere, vordere Kante?

2 x steht für die Anzahl der Streichhölzer in einer hellen, y für die Anzahl in einer dunklen Box. Ergänze entweder die fehlende Tabelle oder eine fehlende Gleichung oder einen passenden Text.

a.

x	0	3	6	9	12	15	18
y	0	1	2	3	4	5	6

b. Text: In drei dunklen und einer hellen Box liegen insgesamt 15 Streichhölzer.

c. Gleichung: $x = \frac{1}{2} \cdot y$

vorher	x	y
nachher	x + 22	y – 22

Beziehung: $x + y = 90$

3

a. Erfinde eine Geschichte zur Tabelle auf dem Rand und ordne die Variablen zu.

b. Bei der Obsternte hat ein Bauer 4 Tonnen Äpfel mehr geerntet als sein Nachbar. Gemeinsam haben Sie 22 Tonnen geerntet. Wie viel haben die einzelnen Bauern geerntet?

4 Wie viele Ebenen hat ein Stammbaum von dir, der bis zu deinen Ur-Ur-Urgroßeltern zurück reicht? Wie viele Vorfahren waren es insgesamt?

5 Konstruiere mit Zirkel und Lineal, beschreibe dann die Konstruktion:

a. gleichseitiges Dreieck

b. Winkel von 30°

6 Entscheide jeweils, ob die Zuordnung proportional, umgekehrt proportional oder keines von beiden ist.

a. Eine Tafel Schokolade kostet 0,69 €. Drei Tafeln kosten 2,07 €.

b. $k = 4m + 2$

c. $a \cdot b = 30$

d. Max benötigt für seinen Weg zur Schule mit dem Fahrrad 12 Minuten. Bei schlechtem Wetter schafft er die Strecke in 8 Minuten.

e.

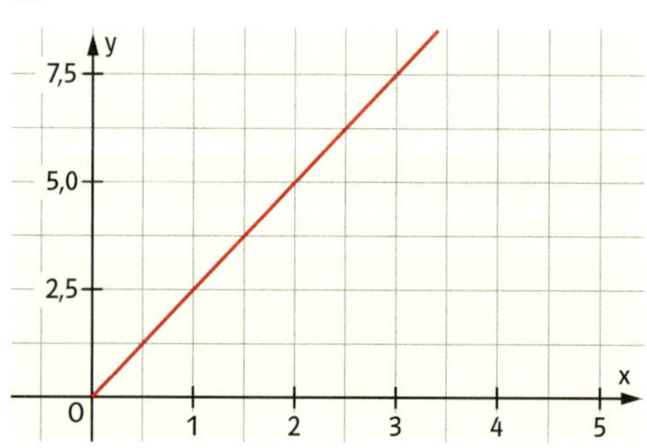

f.

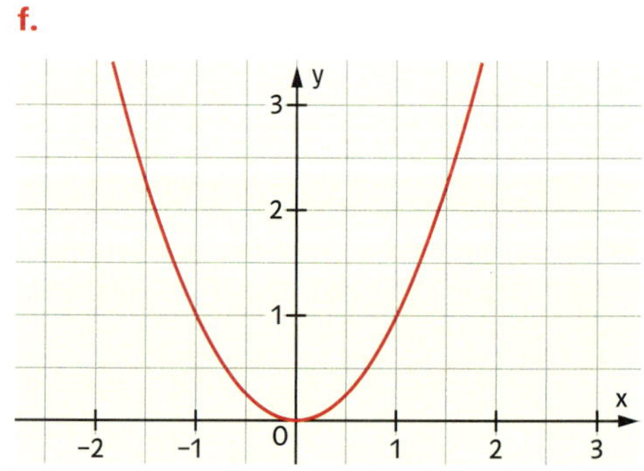

16 Ironman

Ordnen und zuordnen

Beispiel

$\frac{1}{5}$; 0,05; 0,5; 20 %

Lösung

00,5 < $\frac{1}{5}$ = 20 % < 0,5

1 Ordne die Zahlen nach ihrer Größe.

a. $\frac{2}{100}$; 0,2; 2 %; $\frac{1}{2}$; 0,2 %; $\frac{1}{50}$; 20; 0,02; 2

b. 25 %; 2,5; $\frac{50}{200}$; $\frac{50}{2}$; $\frac{1}{4}$; 0,25; $\frac{5}{20}$; 2,5 %; 0,0025

c. 0,125; $\frac{25}{2}$; $\frac{125}{10\,000}$; $\frac{250}{200}$; $\frac{2}{16}$; 1,25 %; 125 %; $\frac{2}{8}$; $\frac{1}{8}$ %

d. $\frac{6}{4}$; 0,666; $\frac{200}{300}$; 66 %; $\frac{2}{3}$; 66,6 %; 66,7 %; 0,6; $\frac{39}{60}$

e. $\frac{25}{30}$; 84 %; 0,833; $\frac{83}{100}$; 8,3 %; $\frac{10}{12}$; 0,84 %; $\frac{1}{12}$

2 Ordne den Größen die entsprechenden Anteile in Prozenten zu und umgekehrt.

a.

Masse	50 kg	20 kg	1 kg	3 kg	120 kg	20 g		
Anteil in %	100 %						45 %	0,7 %

b.

Inhalt	800 ml	300 ml	1 l		1 ml	10 l		2,5 ml
Anteil in %	40 %			100 %			0,25 %	

c.

Anteil in %	20 %			4 %				99,9 %
Betrag	80 €	100 €	1 €		20 Cent	1 Cent	255 Cent	

Dividieren

Beispiel

$\frac{1}{1}$ = 1:1 = 1 = $\frac{100}{100}$ = 100 %

$\frac{1}{2}$ = 1:2 = 0,5 = $\frac{50}{100}$ = 50 %

3 Dividiere im Kopf, schriftlich oder mit dem Taschenrechner. Runde gegebenenfalls. Schreibe wie im Beispiel.

$\frac{1}{3}$ $\frac{1}{4}$ $\frac{1}{5}$ $\frac{1}{6}$ $\frac{1}{7}$ $\frac{1}{8}$ $\frac{1}{9}$ $\frac{1}{10}$

Beispiel

0,4 h = 24 min

1 h 30 min = 1,5 h

4

a. Gib in h und min an: 1,3 h; 1,25 h; 2,6 h; 0,125 h; 7,1 h; 3,8 h; 0,05 h

b. Gib als Dezimalzahl an: 3 h 15 min; 1 h 10 min; 45 min; 2 h 17 min; 1 h 37 min 30 s; 6 min; 30 s

Abbrechende und periodische Dezimalbrüche

5 Wandelt man eine Bruchzahl in einen Dezimalbruch um, so erhält man entweder einen abbrechenden Dezimalbruch oder einen periodischen Dezimalbruch.

a. Gib mithilfe deines Taschenrechners die Dezimalbruchschreibweise für $\frac{4}{5}$, $\frac{1}{9}$, $\frac{5}{6}$, $\frac{6}{7}$, $\frac{2}{11}$, $\frac{4}{15}$, … an.

b. Ist die Dezimalschreibweise von $\frac{1}{19}$ periodisch?

Periodische Dezimalbrüche

Beispiel

$\frac{1}{11}$ = 1:11 = $0,\overline{09}$

6

a. $\frac{2}{11}$ = 2 : 11 … $\frac{10}{11}$ = 10 : 11

Bestimme bei allen diesen Dezimalbrüchen die Perioden. Was fällt dir auf?

b. Untersuche diesen Zusammenhang auch für folgende Brüche: $\frac{1}{7}$; $\frac{2}{7}$; $\frac{3}{7}$; $\frac{4}{7}$; $\frac{5}{7}$; $\frac{6}{7}$

7 Berechne die folgenden Aufgaben einmal mit Dezimalbrüchen und einmal mit Brüchen. Überlege jeweils, welche Rechenart geschickter ist.

a. $0,\overline{1} \cdot 9$ **b.** $3 \cdot 0,\overline{6}$ **c.** $0,\overline{3} + 0,4$

17 Wählen

Wahlen auswerten

1 Gestern wurde das Team der Schülervertretung gewählt. Das Team besteht aus sieben Schülerinnen und Schülern, davon zwei aus der Unterstufe, zwei aus der Mittelstufe (464 Schülerinnen und Schüler) und drei aus der Oberstufe. Jede Stufe wählt ihre Kandidatin beziehungsweise ihren Kandidaten. Die Personen mit den meisten Stimmen kommen in das SV-Team. Jede Schülerin und jeder Schüler hat eine Stimme.

Unterstufe

Name	Thea Hofmann	Poalo Neubürger	Laura Dersch	Aline Weber
Stimmenanzahl	131	91	54	34

Mittelstufe

Name	Maren Hörner	Freddy Badouin	Marvin Becker
Prozentsatz	23 %	48 %	29 %

Oberstufe

Name	Tanja Rohner	Talitha Lohmann	Jannis Pöhler	Max Reinhardt
Stimmenanzahl	88	148	194	77

a. Berechne alle Prozentsätze und die Anzahl der Stimmen. Vergleiche.
b. Wer wurde in das SV-Team gewählt?
c. Wer wäre in das SV-Team gewählt worden, wenn sich das Team aus den sieben Personen mit den meisten Stimmen zusammensetzen würde?

Bestimmter Grundwert

2

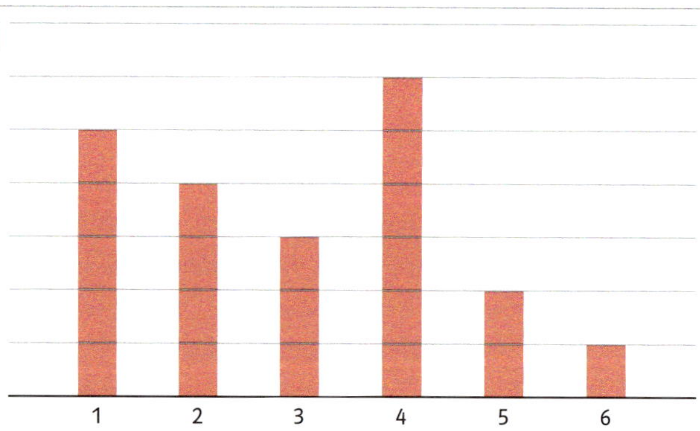

a. Die Höhe des ersten Balkens stellt den Grundwert dar, die anderen Balken die zugehörigen Prozentwerte. Gib die jeweiligen Prozentsätze an.
b. Nun ist der zweite Balken der Grundwert und die übrigen stellen wiederum die Prozentwerte dar. Verfahre genauso wie in Teil a.
c. Lass dann den Grundwert weiter wandern.

3 Latein, Französisch oder Spanisch? Bald steht die Wahl der dritten Fremdsprache an. In diesem Jahr haben sich die Schüler bereits entschieden:
Latein: 17 Französisch: 26 Spanisch: 52
a. Schätze, wie viel Prozent der Schüler jeweils die Sprache gewählt haben. Wie gehst du vor?
b. Evi behauptet: Latein wurde dreimal weniger gewählt als Spanisch. Was hältst du von dieser Aussage?
c. Aus der Klasse 7b haben 14 Schülerinnen und Schüler Spanisch gewählt, das sind mehr als 50 %. Wie viele Schüler hat die Klasse höchstens? Warum?

4 Lege die Angaben von Aufgabe 3 zugrunde.
An derselben Schule wählten im letzten Jahr auch schon mehr als 50 % der Schülerinnen und Schüler Spanisch als dritte Fremdsprache. Ca. 30 % wählten Latein und ca. 20 % Französisch.

a. Wie viel Prozent mehr wählten dieses Jahr Französisch als dritte Fremdsprache?

b. Stimmt die Aussage, dass sich die Anzahl der Lateinwähler um 50 % verringert hat?

Umfrageergebnisse darstellen

5 Die Klasse 7b des Gymnasiums in Elbenburg hat in der Klassenstufe eine Befragung zu den bevorzugten Freizeitaktivitäten durchgeführt. 168 Fragebögen wurden ausgezählt und das untenstehende Kreisdiagramm erstellt.
Zwei Tage später wird bemerkt, dass noch nicht alle Fragebögen ausgezählt wurden. Auf den restlichen 32 Bögen gab es folgende Nennungen:

Du kannst auch mit einer Tabellenkalkulation arbeiten.

Sport treiben 15	Musikinstrument spielen 3
Computerspiele spielen 0	Lesen 4
Fernsehen 3	Sonstiges 7

a. Erstelle ein neues Kreisdiagramm zu den vollständigen Daten.

b. Vergleiche die beiden Diagramme.

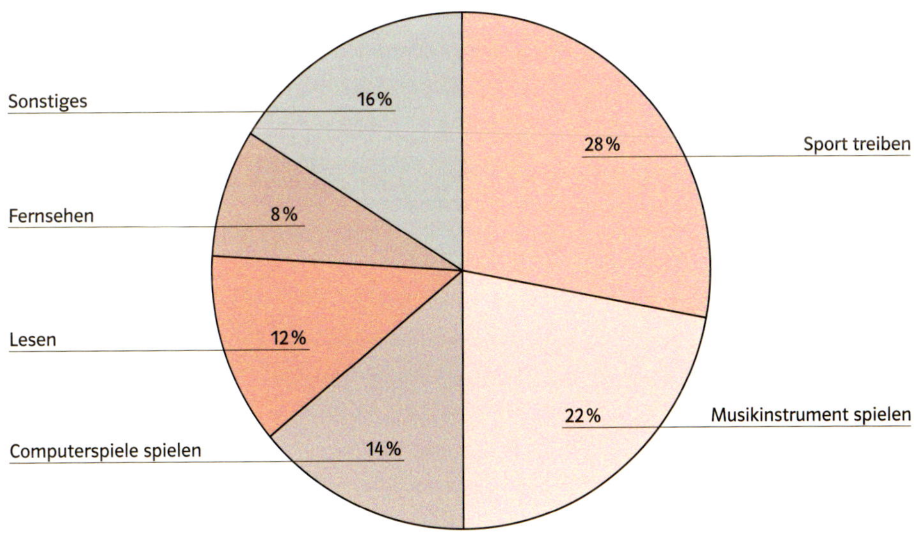

Prozentangaben bewerten

6 Beurteile die folgenden Aussagen und gib für dein Urteil eine Begründung an.

a. Oberbürgermeister Roland Bergsträsser musste mit 34 % eine Wahlschlappe hinnehmen. Im Vergleich zur letzten Wahl (82 % aller Stimmen) hat er knapp die Hälfte seiner Stimmen eingebüßt.

b. Bürgermeisterin Petra Louis hat ihr Wahlergebnis 2009 im Vergleich zu 2004 um 25 % verbessert. 2009 konnte sie 70 % aller Stimmen auf sich vereinigen, 2004 nur 56 %.

Rechentraining – Prozentrechnung

1 Berechne die fehlenden Werte.

a.

G	P	p %
100	48	
45		10 %
	15	3 %
22,5	7,5	
70		28 %
	102	51 %
70	28	
15		12 %

b.

p %	P	G
	10	25
32,5 %		80
7,5 %	6	
	0,2	30
6,25 %		120
5,5 %	22	
	$\frac{1}{5}$	2,5
$\frac{1}{8}$ %	3	

c.

P	p %	G
	5,5 %	2460
6	2,4 %	
650		1300
	1,5 %	60
44	44 %	
34		170
75	100 %	
	44 %	44

2 Suche zu einem Grundwert den passenden Prozentwert und Prozentsatz.

0,4 cm   30 %   17,2 m   40 m
20 %   14 m
0,5 %   10 km   12 m
86 m   11,2 m
80 %   50 m   0,1 %   4 m

3 Berechne und gib an, was gesucht wird.

a. Schon 20 % der 30 Kinder haben die Aufgabe gelöst.
b. Vier der 60 Schüler sind als Schülerlotsen tätig.
c. 55 % aller 80 Millionen Deutschen fahren in Urlaub.
d. Diese 12 Schüler machen 40 % aus.
e. Nur einer von vier Schülern trägt eine Brille.

4 Schätze den Prozentsatz und gib an, wie du darauf kommst.

a. 8 von 11   **b.** 32 von 61   **c.** 18,3 von 38   **d.** 177 von 121

5 Berechne die gesuchten Größen.

a. 14 % von G sind 42 kg
6 % von G sind 384 m^2
46 % von G sind 163,30 €

b. p % von 610 kg sind 427 kg
p % von 75 m^2 sind 43,5 m^2
p % von 152 € sind 19 €

c. P sind 14 % von 600 kg
P sind 62,5 % von 256 m^2
P sind 56 % von 3100 €

d. 5 % von G sind 625 ml
p % von 240 cm sind 26,4 cm
P sind 19 % von 256 €

6 Beantworte die Fragen und begründe durch ein Beispiel.

a. Verhalten sich die gleichen Grundwerte G der Prozentwert P und der Prozentsatz p % proportional zueinander?
b. Führen 10 % von einem Grundwert G_1 zu einem anderen Prozentsatz p als 10 % von einem höheren Grundwert G_2?
c. Führt ein Prozentwert P bezogen auf zwei unterschiedliche Grundwerte immer zum gleichen Prozentsatz p %?

 Lösungen auf Seite 143

18 Aufwärts – abwärts

Steigung

1 Ordne die verschiedenen Keile. Welches ist der steilste, welches der flachste? In welchem Maßstab wurden die Keile abgebildet?

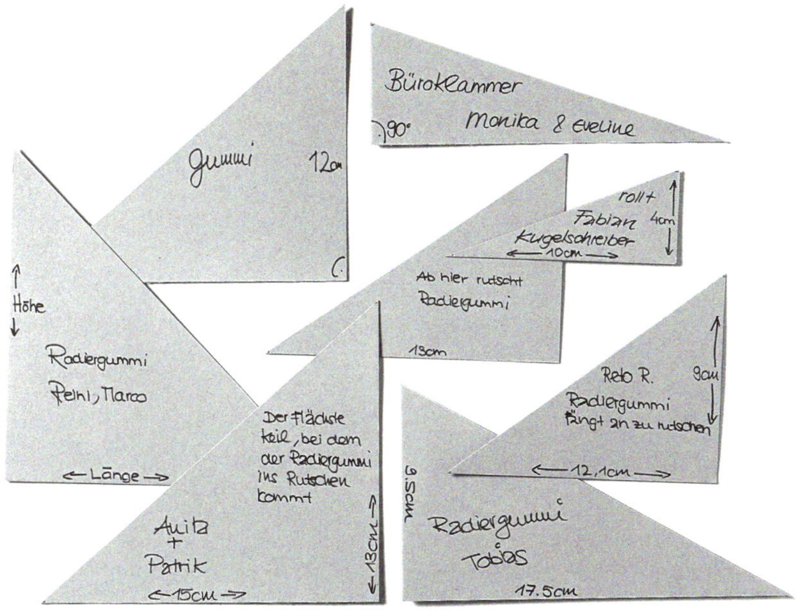

2 Zeichne unterschiedlich große Dreiecke mit der Steigung 0,25 = 25 %. Vergleiche die Dreiecke.

3 Skizziere Dreiecke mit der Steigung 1; 2; 0,5; 0,25. Drehe die Dreiecke um 90°.

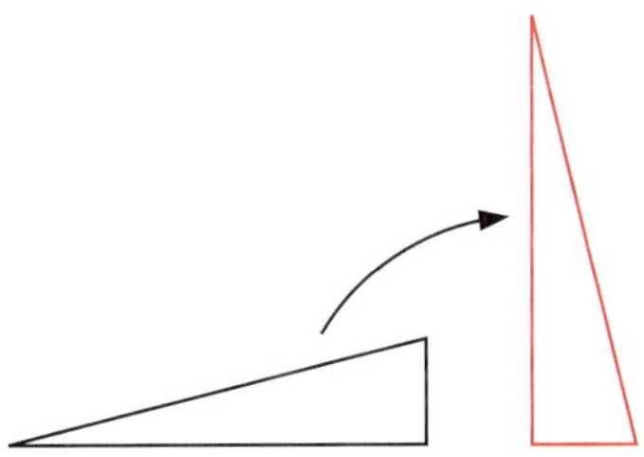

a. Was wird aus der Steigung? Erstelle im Heft eine Tabelle.

b. Beschreibe was sich verändert, wenn das Dreieck um 90° um den rechten Winkel gedreht wird.

4 Diese beiden Dreiecke unterscheiden sich von den übrigen.

a. Beschreibe den Unterschied.

b. Bestimme die Steigung.

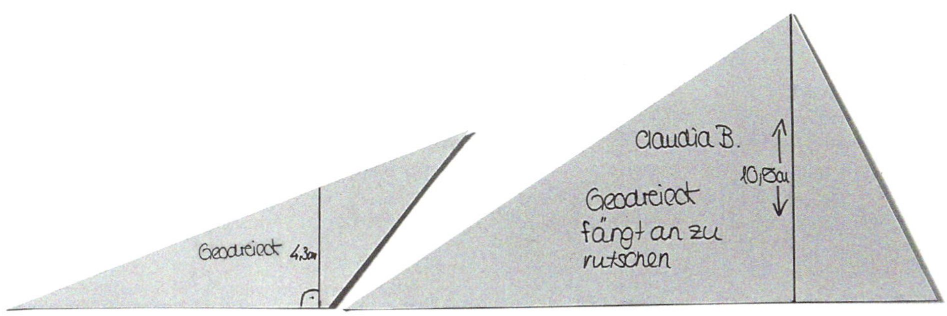

18 Aufwärts – abwärts

Steigung von Geraden

5

a. Stelle drei Dreiecke gemäß den Skizzen her.

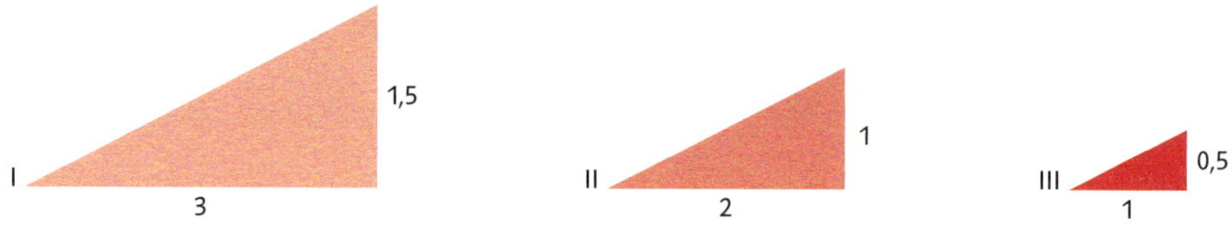

b. Zeige, dass alle drei Steigungsdreiecke die gleiche Steigung haben.

c. Zeichne in ein Koordinatensystem eine Gerade durch den Punkt (0|0) mit der Steigung der drei Dreiecke.

d. Bestimme weitere Punkte auf dieser Geraden und trage sie in eine Wertetabelle ein.

x	0	1	2	3	4					
y	0		1							

6 Gegeben ist diese Wertetabelle.

x	0	1	2	3	4	5	…
y	1	3	5	7	9	11	

a. Zeige, dass die Punkte dieser Wertetabelle auf einer Geraden liegen.

b. Bestimme die Steigung dieser Geraden.

7

a. Vergleiche die Geraden in Aufgabe 5 und Aufgabe 6.

b. Welche Gleichung gehört zu welcher Aufgabe? Begründe.
$y = 2x + 1$; $y = 0{,}5x$

Steigungsdreieck

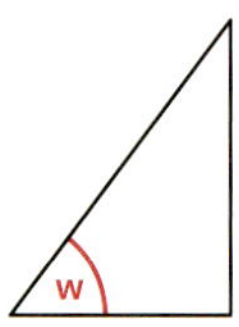

8 Welche Aussagen über Steigungsdreiecke sind richtig? Begründe.

a. Wenn der Winkel w vergrößert wird, wird auch die Steigung vergrößert.

b. Wenn der Winkel w verdoppelt wird, wird auch die Steigung verdoppelt.

c. Wenn die Steigung verdoppelt wird, wird auch der Winkel w verdoppelt.

d. Wenn die Steigung kleiner wird, wird der Winkel w größer.

e. Der Winkel w bleibt immer gleich, auch wenn die Steigung größer wird.

f. Sind die beiden kürzeren Seiten gleich lang, ist der Winkel $w = 100°$.

g. Sind die beiden kürzeren Seiten gleich lang, ist die Steigung 100 %.

9 Woher kommt das Loch?

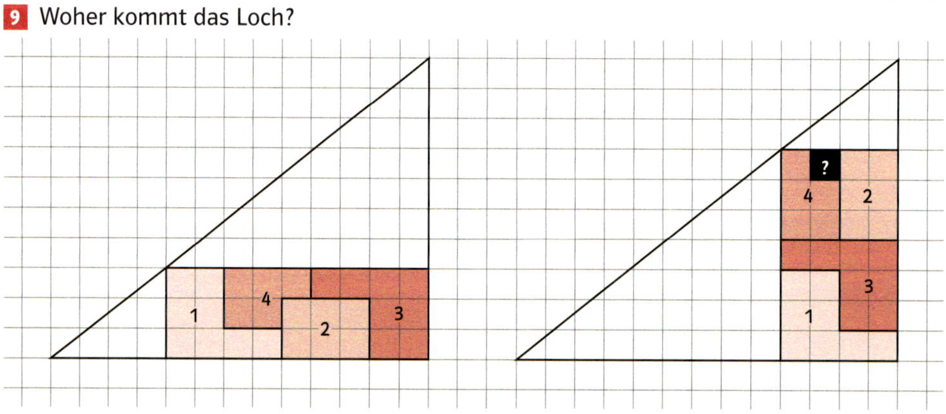

10 Gib die Steigung der Geraden an.

a.

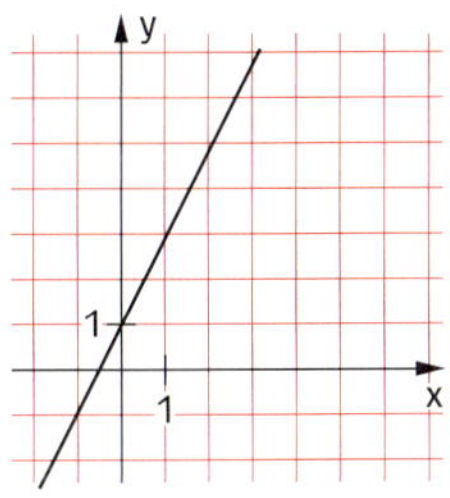

b.

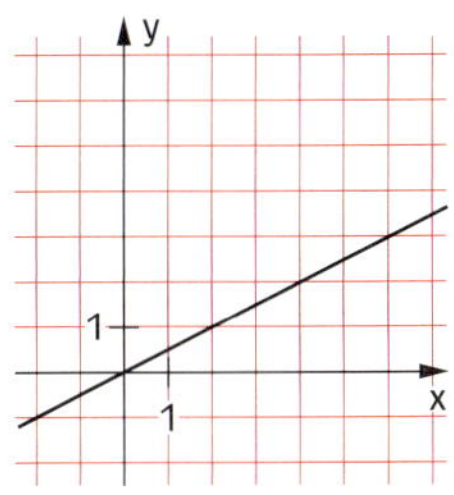

c.

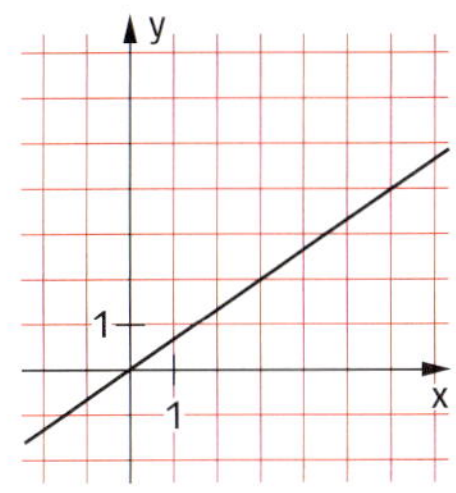

d.

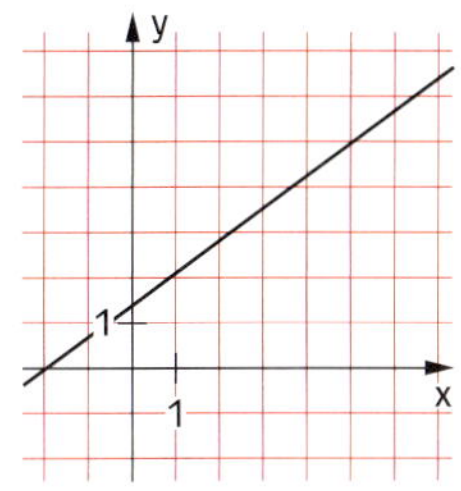

e. Wie bist du vorgegangen?

Negative Steigungen

11 Die Steigung dieser Geraden beträgt −1.

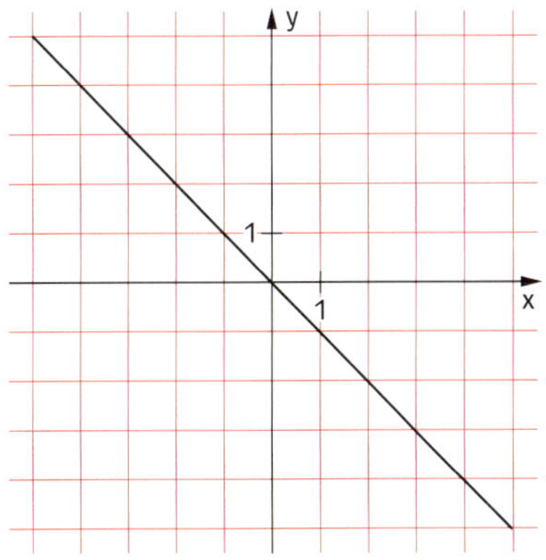

a. Erstelle eine Wertetabelle A zu den Punkten auf dieser Geraden.

b. Übertrage das Koordinatensystem mit der Geraden in dein Heft. Zeichne im gleichen Koordinatensystem eine Gerade mit der Steigung 1.

c. Erstelle eine Wertetabelle B zu einer Geraden mit der Steigung 1.

d. Vergleiche die beiden Geraden und die Wertetabellen. Was stellst du fest?

Beispiel

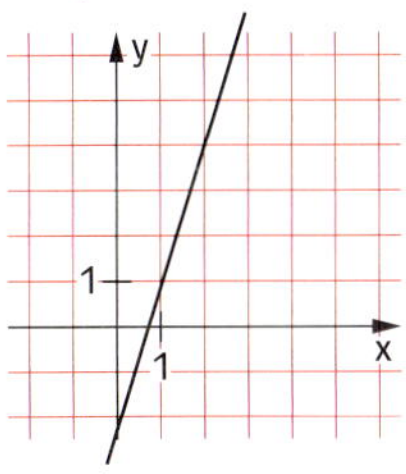

x	−3	−2	−1	0	1	2	3
y	−11	−8	−5	−2	1	4	7

Gleichung: $y = 3x - 2$

Steigung 3

12 Graph – Wertetabelle – Gleichung – Steigung.
Die Wertetabelle einer Geraden ist gegeben. Gib die Gleichung an, zeichne den Graphen und bestimme die Steigung.

a.

x	−3	−2	−1	0	1	2	3
y	6	4	2	0	−2	−4	−6

b.

x	−3	−2	−1	0	1	2	3
y	7	5	3	1	−1	−3	−5

c.

x	−4	−2	0	2	4	6	8
y	−2	−1	0	1	2	3	4

13 Verfasse einen Bericht zum Thema Steigung einer Geraden. Schreibe es so auf, dass es jemand, der im Unterricht gefehlt hat, verstehen kann.

19 Kornkreise

Geschwungene Linien

1 Diese Linien sind aus Teilen von Kreisen zusammengesetzt. Bei C und D ist die Konstruktion durch Hilfslinien angedeutet.
Überlege, wie die Linien entstanden sind und konstruiere selbst. Berechne ihre Länge.
Fertige zu einer Figur eine Konstruktionsbeschreibung an.

A

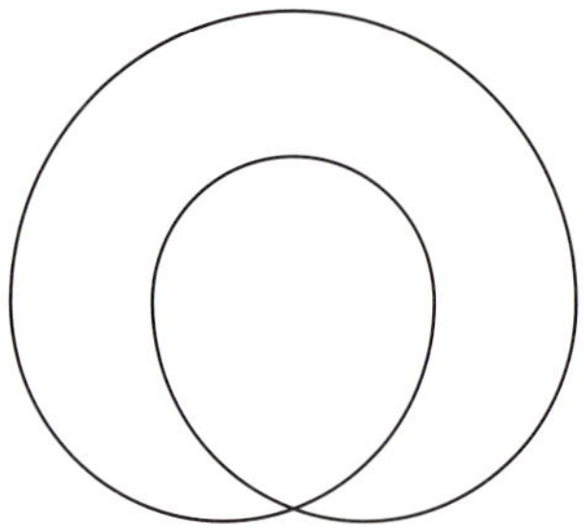

B

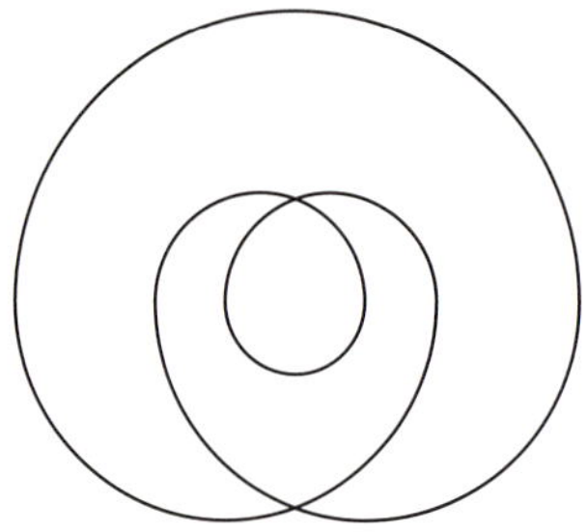

C

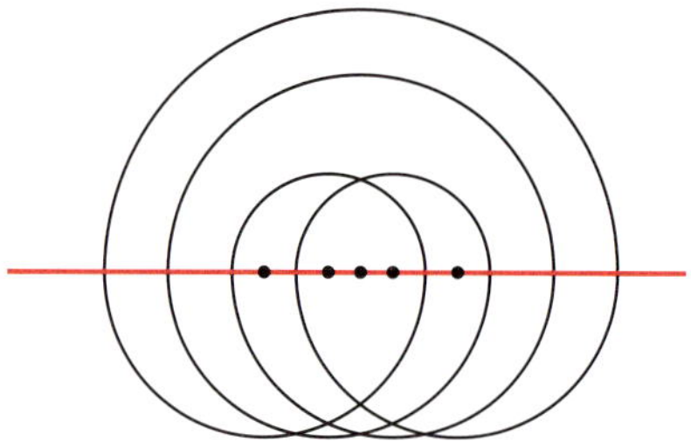

D

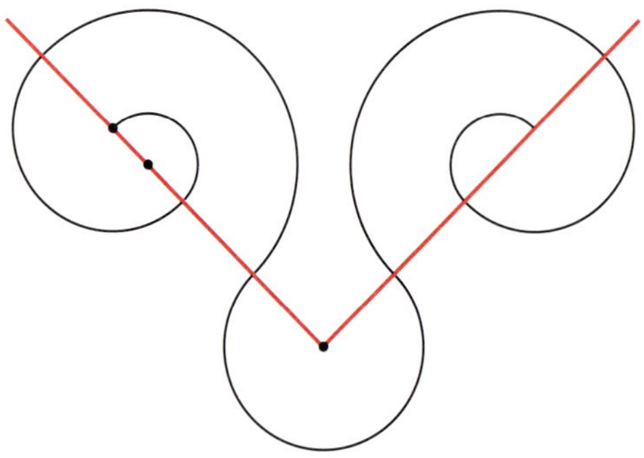

E

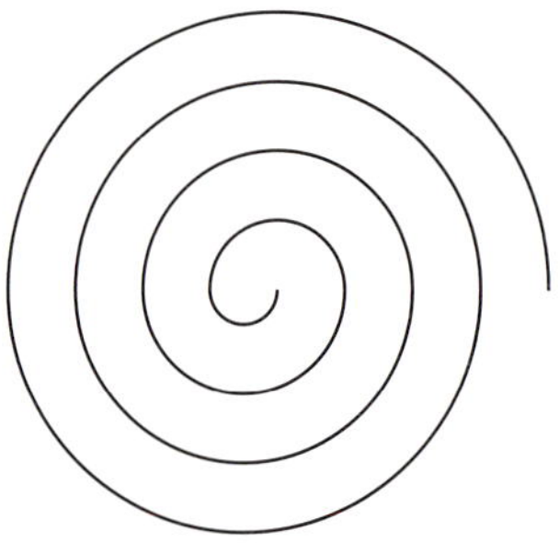

2 Die Abbildung zeigt die Nachbildung eines Kornkreises aus dem Jahr 2007 aus Bad Kissingen (Bayern). Welcher Zusammenhang besteht zwischen den Längen der einzelnen Kreislinien?

Suche im Internet nach einem Foto von diesem Kornkreis.

3 Gedankenexperiment:
Stell dir vor, man spannt bei einer Kugel von der Größe der Erde eine Schnur eng am Äquator entlang. Dann verlängert man diese Schnur um 1 m. Die verlängerte Schnur legt man so um die Kugel, dass sie ringsum den gleichen Abstand von der Kugeloberfläche hat. Stelle dir das Gleiche bei einer Kugel von der Größe einer Apfelsine vor.

a. Wie groß schätzt du den Abstand h bei der Erde und bei der Apfelsine?

b. Überprüfe deine Vermutung mithilfe des Graphen der Zuordnung *Durchmesser → Umfang*.

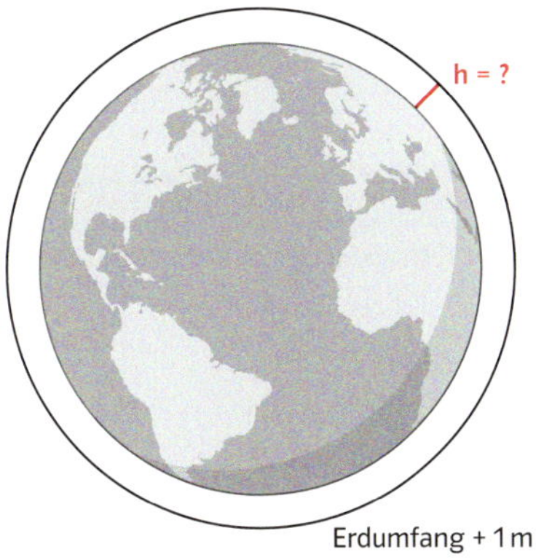

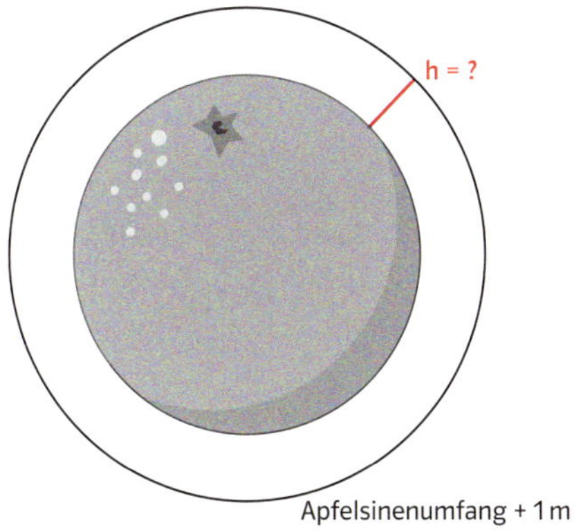

4 In einem Kreis sind sechs gleich große kleinere Kreise so angeordnet, dass sie sich und den großen Kreis berühren. Der graue Kreis im Zentrum berührt die sechs Kreise.
Ist er kleiner, größer oder gleich groß wie diese? Begründe deine Antwort.

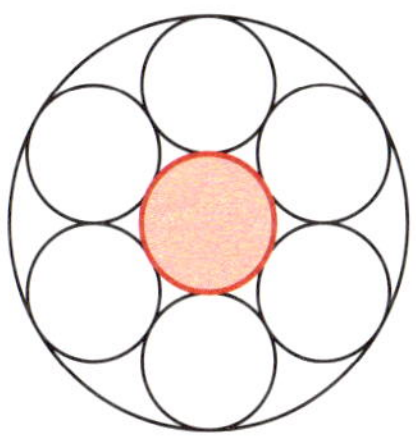

5 Einem Halbkreis ist ein Kreis einbeschrieben. Vergleiche die Länge des Halbkreisbogens mit dem Kreisumfang.

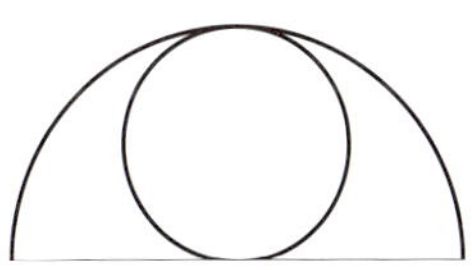

6 Einem 60°-Sektor ist ein Kreis einbeschrieben. Vergleiche die Länge des Bogens mit dem Kreisumfang.

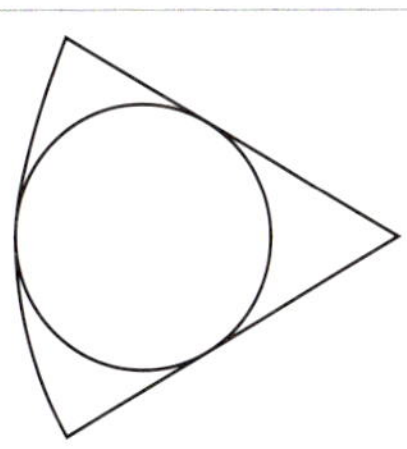

7 Wie verändert sich allgemein der Flächeninhalt eines Sektors, wenn

a. der Mittelpunktwinkel verdoppelt wird und der Radius gleich bleibt?

b. der Mittelpunktwinkel gleich bleibt und der Radius verdoppelt wird?

c. der Mittelpunktwinkel und der Radius verdoppelt werden?

d. der Mittelpunktwinkel halbiert und der Radius verdoppelt wird?

e. Finde weitere ähnliche Fragen und gib sie deinen Mitschülern zum Beantworten.

8 Konstruiere selbst mit einer DGS ein schönes Kornkreis-Muster.

20 Gleisanlagen

Terme aufstellen

1 Aus dem Katalog der Baugröße H0

	Diesellokomotive (Lok)	Kesselwagen (Ke)	Holztransportwagen (Ho)	Containerwagen (Co)	Rungenwagen (Ru)

Länge (cm)	$l_1 = 16{,}4$	$l_2 = 11{,}5$	$l_3 = 22{,}9$	$l_4 = 19{,}1$	$l_5 = 13{,}8$
Preis (Euro)	$p_1 = 239{,}95$	$p_2 = 16{,}95$	$p_3 = 44{,}95$	$p_4 = 32{,}95$	$p_5 = 28{,}95$

Beispiel
$2 \cdot l_1 + 2 \cdot l_2 + 3 \cdot l_4$
Lok Ke Ke Co Co Co Lok

Länge
$2 \cdot l_1 + 2 \cdot l_2 + 3 \cdot l_4$
$= 113{,}1\,\text{cm}$

Preis
$2 \cdot p_1 + 2 \cdot p_2 + 3 \cdot p_4$
$= 612{,}65\,€$

a. Wie viele verschiedene Züge lassen sich mit je einem dieser Wagen zusammenstellen?

b. Stelle zu jedem Term einen passenden Zug zusammen.
Berechne die Länge und den Preis.

A $1 \cdot l_1 + 2 \cdot l_3 + 2 \cdot l_5$

B $1 \cdot l_1 + 2 \cdot l_2 + 3 \cdot l_4$

C $2 \cdot l_1 + 1 \cdot l_2 + 3 \cdot l_3 + 1 \cdot l_4 + 2 \cdot l_5$

Rechenwege, Rechengesetze

2 Wie rechnest du geschickt? Stelle deinen Rechenweg auch mithilfe eines Termes dar. Gib das benutzte Rechengesetz an. Kürze die Rechengesetze ab: K (Kommutativgesetz), A (Assoziativgesetz), D (Distributivgesetz).

$12 + 24 + 26 + 18 \underset{K}{=} 12 + 18 + 24 + 26 \underset{A}{=} (12 + 18) + (24 + 26) = 30 + 50 = 80$

$a + b + c + d \underset{K,A}{=} (a + d) + (b + c)$

a. 136 + 215 + 304 + 1305
a + b + c + d

b. 237 + 226 + 203 + 2304
a + b + c + d

c. 338 + 237 + 102 + 3303
a + b + c + d

d. 101 + 205 + 101 + 205 + 188
a + b + a + b + c

Rechenbäume

3

a. Übertrage den Rechenbaum in dein Heft.

b. Setze für a, b und c verschiedene Werte ein und berechne die Gesamtsumme im Rechenbaum. Gib 3 verschiedene Möglichkeiten an.

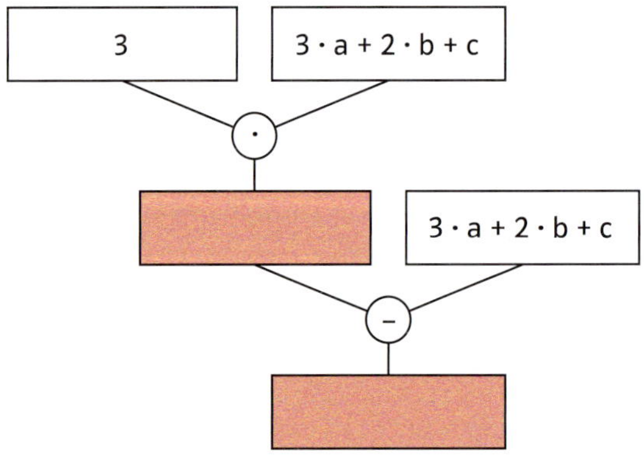

4 Übertrage die Rechenbäume in dein Heft und ergänze. Schreibe außerdem die ganze Rechnung als Term.

a.

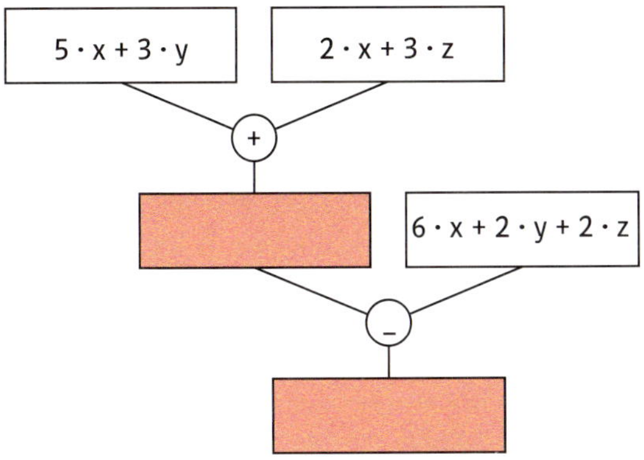

b.

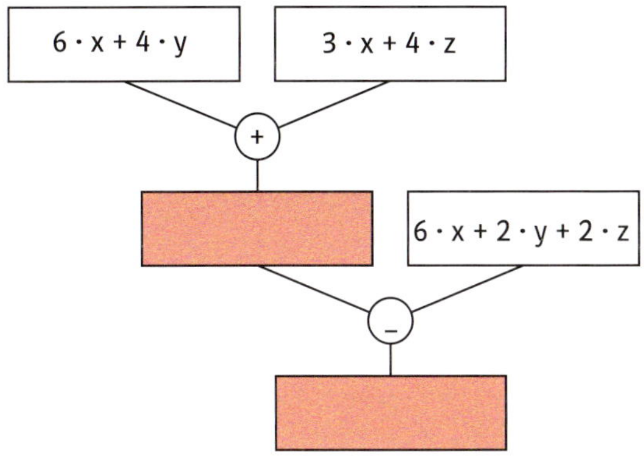

5 Vereinfache mithilfe eines Rechenbaums.

a. $((2x + 3y) - (a + y)) \cdot 3 + 2 \cdot (x - a)$ **b.** $((11x - 4) - (3x + 7)) - (3x - (4x + 7))$

Terme vereinfachen

6 Vereinfache die folgenden Terme.

a. $8 \cdot x + 5 \cdot y - (2 \cdot x + 2 \cdot y)$
$10 \cdot x + 7 \cdot y - (3 \cdot x + 3 \cdot y)$
$12 \cdot u + 9 \cdot v - (4 \cdot u + 4 \cdot v)$
$15 \cdot u + 12 \cdot v + (5 \cdot u + 5 \cdot v)$

b. $5 \cdot r + 3 \cdot (r + s) + 4 \cdot r + 2 \cdot s + s + s$
$5 \cdot r + 3 \cdot (r + 2 \cdot s) + 4 \cdot r + 2 \cdot s$
$4 \cdot r + s + 4 \cdot (r + s) + 4 \cdot r + 2 \cdot (s + s)$
$(r + 2 \cdot s) + 5 \cdot r + (r + 2 \cdot s) + s + 5 \cdot (r + s)$

c. $15 \cdot a + 18 \cdot b - 2 \cdot (a + b)$
$15 \cdot a + 18 \cdot b - 3 \cdot (a + b)$
$16 \cdot a + 12 \cdot b - 3 \cdot (a + 2 \cdot b)$
$12 \cdot b - 4 \cdot (a + 2 \cdot b) + 16 \cdot a$

d. $9 \cdot r + 3 \cdot (r + s) + 18 \cdot s + 6 \cdot (r - 2 \cdot s) + 0 \cdot r$
$8 \cdot r + 4 \cdot (r + 2 \cdot s) + 11 \cdot s + 5 \cdot (r - 2 \cdot s) + 1 \cdot r$
$7 \cdot r + 5 \cdot (r + 3 \cdot s) + 2 \cdot s + 4 \cdot (r - 2 \cdot s) + 2 \cdot r$
$6 \cdot r + 6 \cdot (r + 4 \cdot s) - 9 \cdot s + 3 \cdot (r - 2 \cdot s) + 3 \cdot r$

7

a. Welche Zahl ergibt sich im Deckstein der Additionsmauern für $x = 3$ und $y = 8$? Welche für $x = 5$ und $y = 6$? Begründe.

b. Wähle selbst weitere Werte für x und y. Untersuche, durch welche Zahlen die Zahl im Deckstein stets teilbar ist. Begründe deine Antwort mit Variablen.

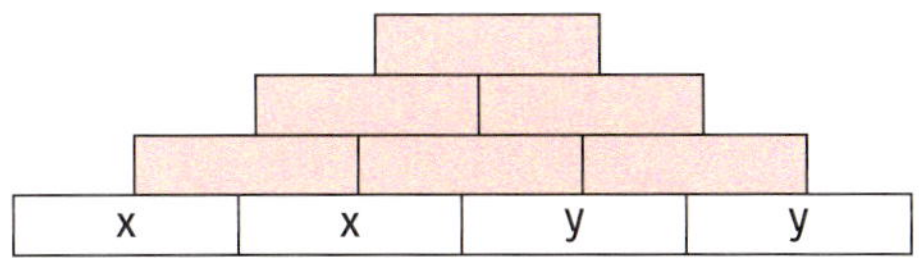

c. Übertrage die Zahlenmauer in dein Heft und bestimme x.

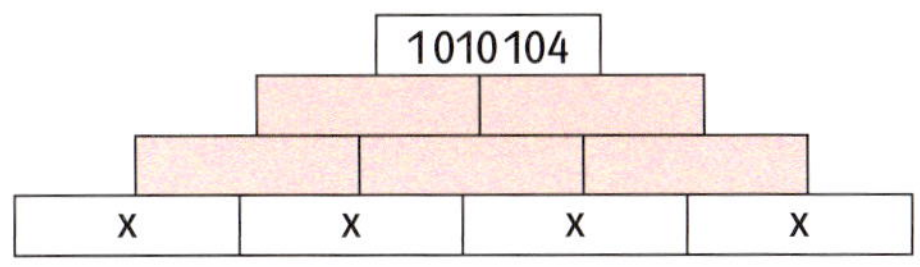

Online-Link
700371-2001
Zahlenmauern

8 Übertrage die Additionsmauern in dein Heft und ergänze. Achte darauf, dass die „Mauersteine" breit genug für deine Terme sind.

a.

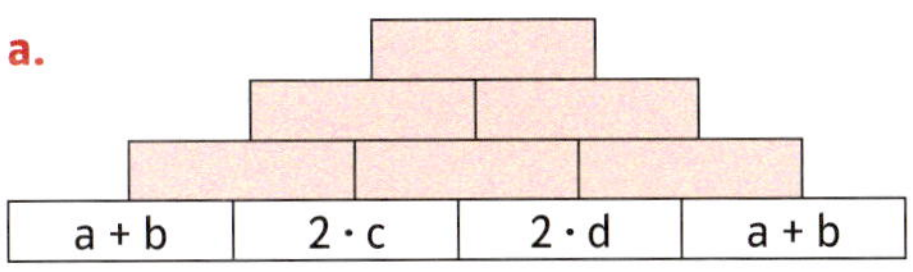

b.

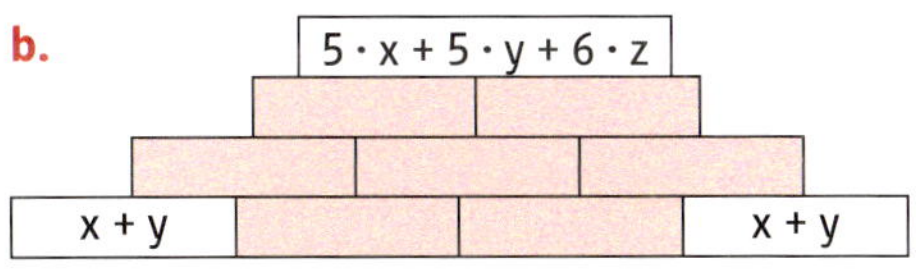

T3 Teste dich selbst

Bist du bei der Bearbeitung der Aufgaben sicher? Notiere deine Einschätzung jeweils.

☺ Da bin ich sicher. Das kann ich.

😐 Da bin ich unsicher. Das werde ich weiter üben.

☹ Das kann ich nicht. Hier brauche ich Hilfe.

1 Bei einem Triathlon der Mitteldistanz müssen die Sportler 2 km schwimmen, 80 km Rad fahren und 20 km laufen.

a. Gib die Distanz in Prozent und in Bruchteilen an.

b. Zeichne ein passendes Kreisdiagramm und ein Streifendiagramm.

2 Bestimme durch Schätzen.

a. 75 % von 502

b. 120 % von 124

c. 66 % von 307

d. 150 % von 357

3 Eine 2,00 m lange Strecke wird um 40 % gekürzt und anschließend um 50 % verlängert. Wie lang ist die Strecke am Ende?

4 Wenn man im Herbst bei „Kauf gut" 10 kg Äpfel kauft, bekommt man ein halbes Kilogramm Äpfel derselben Sorte umsonst. Wie viel Prozent beträgt der Rabatt?

5 Die Geislinger Steige ist ein alter Handelsweg auf die Schwäbische Alb. Sie verbindet Geislingen an der Steige mit Amstetten und zählt zu den bekanntesten Albaufstiegen. Dort liegt auch eine Eisenbahnrampe, ein Teil der Hauptstrecke zwischen München und Stuttgart. Die Eisenbahnrampe ist 5,6 km lang und überwindet dabei einen Höhenunterschied von 112 m. Das Neigungsverhältnis beträgt 1 : 50.

a. Bestimme die Steigung in Prozent und als Dezimalbruch. Schätze den Steigungswinkel. Begründe deine Schätzung.

b. Welche Entfernung (Luftlinie auf einer Landkarte) überwindet die Bahn an der Steige?

c. Warum ist es für einen Zug schwieriger als für ein Auto, solche Steigungen zu überwinden?

6 Berechne die fehlenden Größen der Kreisausschnitte.

	Kreis 1	Kreis 2	Kreis 3	Kreis 4
Radius	10 cm	6 cm		
α		36°	108°	216°
Bogenlänge	10 cm		10 cm	
Flächeninhalt				47,1 cm²

7 Überprüfe die Aussagen.

a. Verdoppelt man den Radius eines Kreises, dann verdoppelt sich auch der Umfang.

b. Der Flächeninhalt eines Kreisausschnitts bleibt gleich, wenn man den Radius verdoppelt und den Mittelpunktwinkel viertelt.

8 Übertrage ins Heft und ergänze.

a.

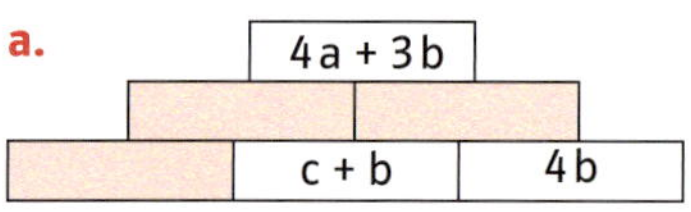

b.

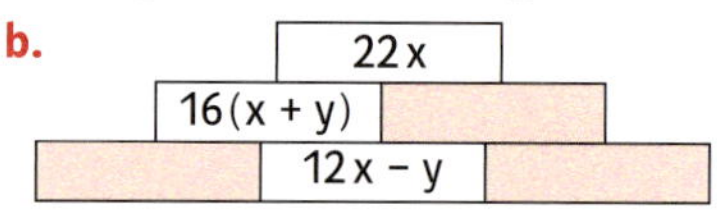

c.

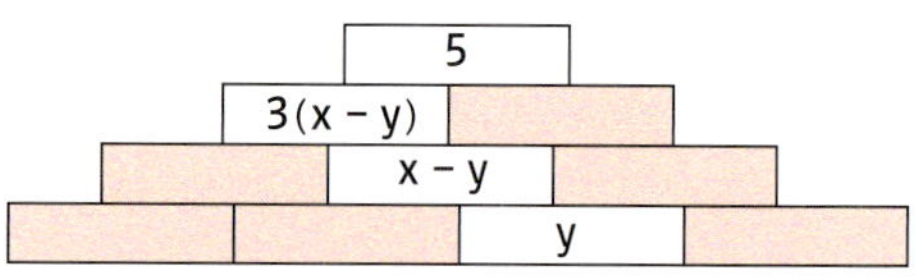

Umfragen auswerten

Fragebogen

1 50 Schülerinnen und Schüler des 7. Jahrganges wurden befragt:
Wie viel Freizeit hast du an einem normalen Schultag / Samstag / Sonntag?

Zeit in Minuten	Mo bis Fr	Sa	So
0 bis 60	2	1	1
60 bis 120	10	3	2
120 bis 180	24	8	7
180 bis 240	11	29	27
Mehr als 240	3	9	13

a. Beschreibe die Vorteile, die man hat, wenn man Daten in Gruppen, sogenannten Klassen, zusammenfasst.

b. Stelle die Daten grafisch dar.

c. Notiere Auffälligkeiten.

2 Für den Fragebogen der 7c ist folgende Frage entworfen worden:
Wie häufig verwendest du die jeweiligen Geräte?
Hier ein Ausschnitt der Antworten:

	Sehr oft					Gar nicht
Handy	12	9	5	2	1	0
Computer/Laptop	7	7	9	5	0	1

Überlegt in Partnerarbeit, wie diese Frage ausgewertet werden kann.

3 Damit Cornelius die Fragen des Fragebogens genau beantworten kann, hat er mehrere Wochen lang aufgeschrieben, wie viele Stunden er im Internet verbracht hat.

Woche	1	2	3	4	5	6
Stunden im Internet	11	9	8	22	9	10

a. Berechne das arithmetische Mittel.

b. Jonas meint, dass Cornelius den Wert der vierten Woche weglassen sollte. Äußere dich zu der Meinung von Jonas und berechne dann das arithmetische Mittel ohne den Wert der vierten Woche.

Boxplot

4 Das Lesen und Versenden von E-Mails wird immer häufiger und wichtiger in der heutigen Gesellschaft. Die Schülerinnen und Schüler der Klassen 7c und 7d haben einen Tag lang festgehalten, wie viele Mails sie verschicken.

a. Berechne jeweils das arithmetische Mittel, den Zentralwert, die Quartile und stelle die Daten in Boxplots dar.

Anzahl der versandten E-Mails pro Tag	0	1	2	3	4	5	6	7	8	9
7c	7	3	2	2	5	5	2	2	0	1
7d	0	1	2	2	7	7	7	3	0	0

b. Vergleiche die beiden Klassen mithilfe deiner Ergebnisse aus Teilaufgabe a. Formuliere Aussagen, die du den Daten und Diagrammen entnehmen kannst.

c. Kontrolliere deine Ergebnisse mithilfe des GTR.

Umfragen auswerten

5 In den Jahrgangsstufen 7 und 8 wurde erfasst, wie viele Stunden die Schüler pro Woche mit einer Spielekonsole spielen.

Kennwert	Minimum	q_u	Zentralwert	q_o	Maximum
7. Jahrgang	0	4	13	15	16
8. Jahrgang	3	4	13	15	24

a. Stelle die Daten in einem Boxplot dar.

b. Nimm Stellung zu den folgenden Aussagen:
- Die Boxplots sehen gleich aus, d.h. beide Jahrgangsstufen verhalten sich gleich.
- 50 % aller Schüler der Jahrgangsstufe 7 spielen zwischen 4 und 15 Stunden mit einer Spielekonsole pro Woche.
- 25 % der Schüler der Jahrgangsstufe 8 spielen bis zu 4 Stunden pro Woche.
- Alle Schüler des 7. Jahrganges spielen mit einer Spielekonsole.
- Die Schüler des 8. Jahrganges verbringen mehr Zeit mit einer Spielekonsole.

6 In einer großen Jugendstudie wurde nach der Anzahl der gelesenen Bücher pro Jahr gefragt. Im Boxplot sind die Daten dieser Umfrage dargestellt. In der Tabelle die Ergebnisse der 7c.

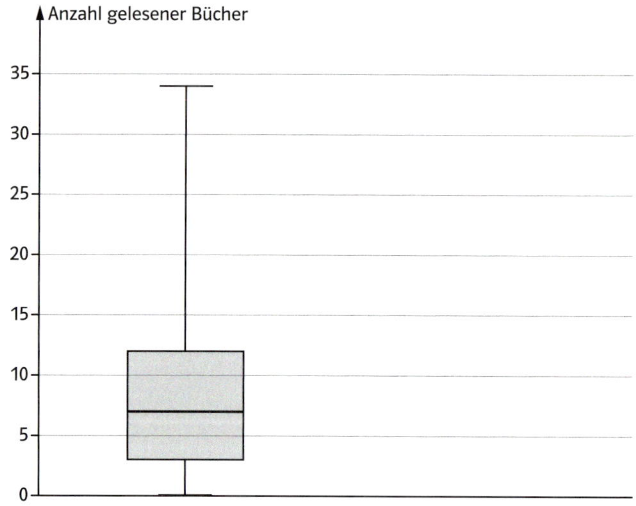

Anzahl der Bücher	0	3	5	8	9	10	12	13	14	16	22
Anzahl der Schüler	3	1	1	2	1	4	5	8	2	1	1

a. Erstelle verschiedene Diagramme zum Leseverhalten der 7c und vergleiche ihre Aussagefähigkeit.

b. Schreibe einen Zeitungsartikel zum Vergleich der beiden Datenmengen.

c. Nimm Stellung zu den folgenden Aussagen.
- Mehr als 50 % aller Jugendlichen lesen mehr als fünf Bücher pro Jahr.
- 25 % der Jugendlichen lesen höchstens drei Bücher.
- 50 % der Jugendlichen lesen zwischen drei und 34 Büchern.

d. Formuliere ähnliche Aussagen zum Leseverhalten der 7c.

Konstruktionsbeschreibung

1

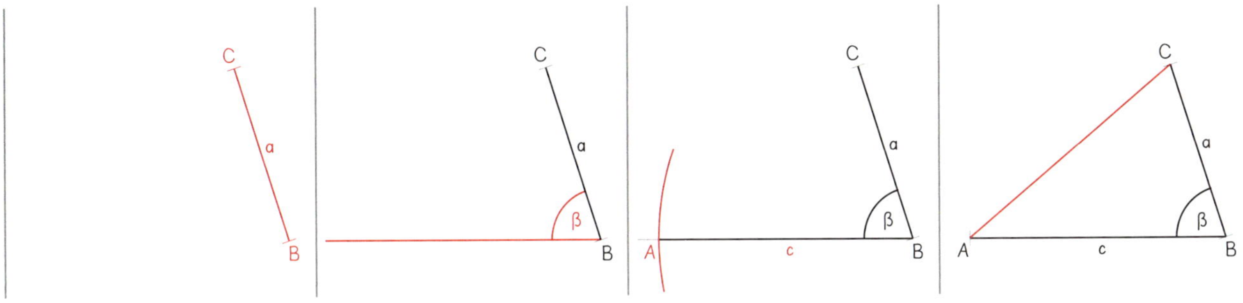

Die Beschreibung der Konstruktionsschritte findest du auf den folgenden Karten. Bringe die Karten in die richtige Reihenfolge.

Zeichne Seite a mit den Eckpunkten B und C.	Verbinde A mit C.	Trage in B den Winkel β an.	Kennzeichne den Schnittpunkt A.	Zeichne einen Kreis um B mit Radius r = c.

2

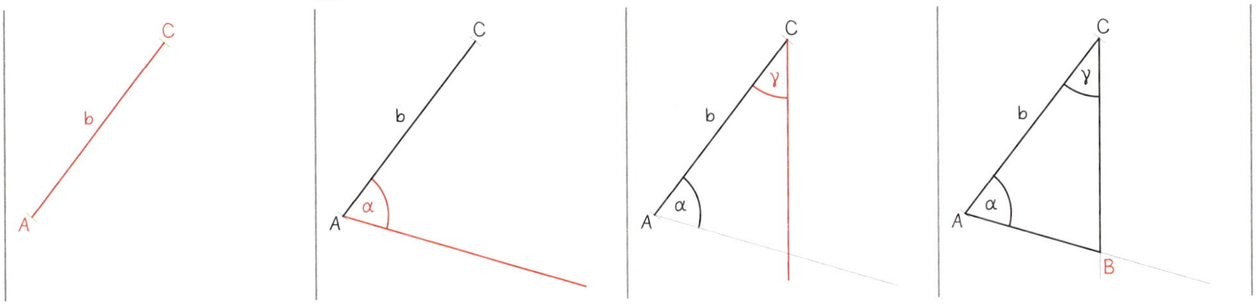

Beschreibe diese Konstruktion eines Dreiecks aus zwei Winkelmaßen und der Seite dazwischen mit deinen eigenen Worten.

Dreieckskonstruktionen

3 Konstruiere folgende Dreiecke im Heft oder mithilfe einer Dynamischen Geometrie Software.

a. $a = 6{,}8\,cm;\ \beta = 35°;\ \gamma = 55°$
b. $\beta = 52°;\ a = 3{,}8\,cm;\ c = 5{,}2\,cm$
c. $b = 4{,}8\,cm;\ \alpha = 35°;\ \gamma = 88°$
d. $a = 3{,}9\,cm;\ b = 3{,}1\,cm;\ c = 4{,}9\,cm$
e. $a = b = 6{,}5\,cm;\ c = 8{,}2\,cm$
f. $b = 8\,cm;\ c = 5\,cm;\ \beta = 30°$

4 Lässt sich aus den gegebenen Größen eindeutig ein Dreieck konstruieren? Kannst du dies auch begründen, bevor du zeichnest?

a. $a = 5\,cm,\ b = 3\,cm,\ c = 9\,cm$
b. $a = 5\,cm,\ b = 5\,cm,\ \alpha = 90°$
c. $a = 5\,cm,\ b = 4{,}5\,cm,\ \beta = 50°$
d. $\alpha = 45°,\ \beta = 75°,\ \gamma = 50°$
e. $a = 5\,cm,\ \gamma = 90°,\ \alpha = 87°$
f. $a = 5\,cm,\ c = 10\,cm,\ \alpha = 75°$
g. $\alpha = 50°,\ \beta = 60°,\ \gamma = 70°$
h. $a = 5\,cm,\ b = 4\,cm,\ \beta = 90°$

5 Mache dir mithilfe einer Skizze klar, wie der Schatten fällt, wenn die Sonne scheint.

a. Unter welchem Winkel treffen die Sonnenstrahlen auf die Erde, wenn dein Schatten halb so lang ist wie du?

b. Wie groß ist der Winkel, wenn der Schatten dreimal so lang ist?

Längenbestimmung durch maßstabsgerechte Zeichnungen

6 Wenn ein Gebäude – z. B. ein Leuchtturm – schwer zugänglich ist, können die Entfernungen nicht gemessen werden.

a. Welche Strecken und Winkel kann man in einer solchen Situation durch Messen bestimmen?

b. Erkläre, wie man so die Höhe des Leuchtturms ermitteln kann.

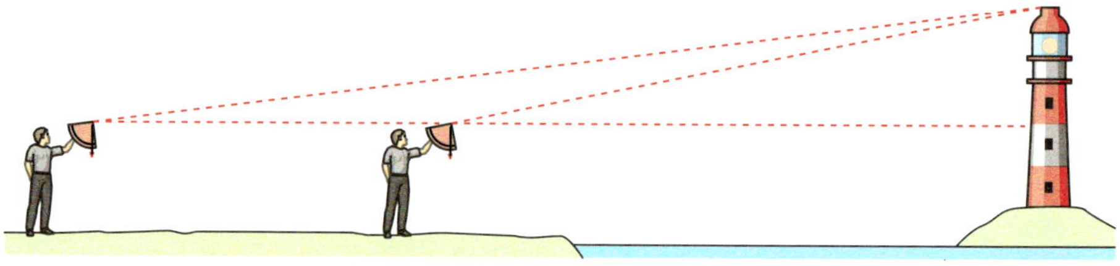

7 Die Länge einer Eisenbahnbrücke soll bestimmt werden. Vom Tal aus kann man beide Brückenenden anpeilen. Die Entfernung von diesem Standort zum linken Ende der Brücke beträgt 230 m, zum rechten Ende 145 m. Der Winkel am Vermessungsstandort zwischen den angepeilten Linien beträgt 36°. Wie lang ist die Brücke? Konstruiere zur Lösung ein maßstabgerechtes Dreieck.

Raumgeometrie

8 Skizziere bei a. einen Quader, bei b. eine Pyramide in dein Heft. Zeichne dann für die Lösung der Aufgabe geeignete Hilfslinien und Dreiecke ein. Konstruiere die Dreiecke anschließend maßstabgerecht im Heft und miss die gefragten Seitenlängen aus.

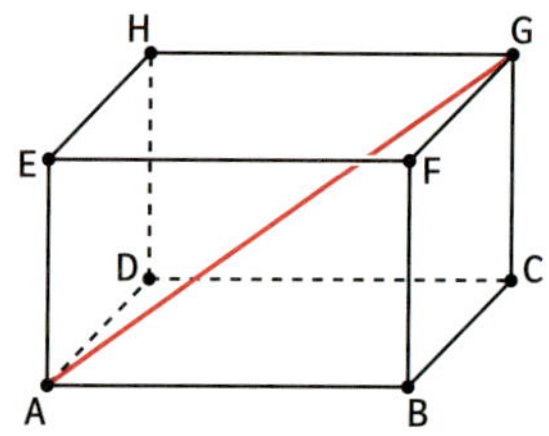

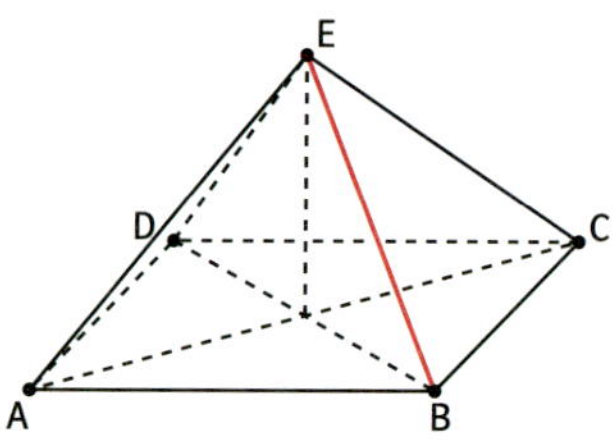

a. Ein Quader ist 5 cm lang, 4 cm breit und 3 cm hoch. Wie lang ist die Raumdiagonale?

b. Die quadratische Glaspyramide im Innenhof des Louvre ist 21,65 m hoch. Die Quadratseiten sind 35 m lang. Wie lang ist eine schräge Seitenkante?

Begründungen mit Kongruenzsätzen

9 Ausgehend von einem Quadrat wurde die untenstehende Konstruktion durchgeführt. Alle Kreise haben den gleichen Radius. Begründe die Aussagen bzw. beantworte die Fragen mithilfe der Kongruenzsätze. Skizziere in deinem Heft.

a. A_1D_2C und A_2B_1D sind kongruent.

b. $A_1B_1C_1D_1$ ist ein Quadrat.

c. Sind die Dreiecke $A_1A_2C_2$ und $A_1A_2C_1$ kongruent?

d. Suche ein Dreieck, das zu D_1DB kongruent ist.

e. Stellt euch gegenseitig weitere ähnliche Aufgaben.

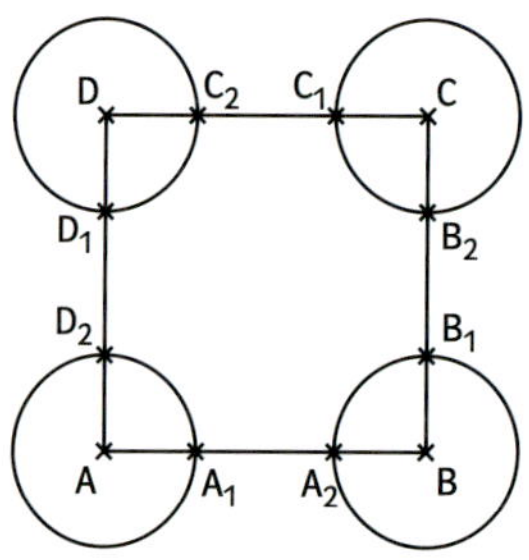

24 Dichte

1 Die folgenden Abbildungen zeigen für verschiedene Stoffe die Graphen der Zuordnungen *Volumen* ↦ *Masse*. Gib jeweils die Dichte und die Gleichung der Zuordnung an.

a.

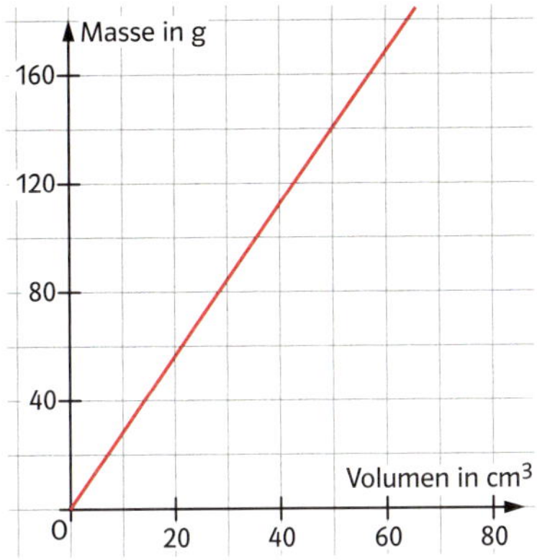

b.

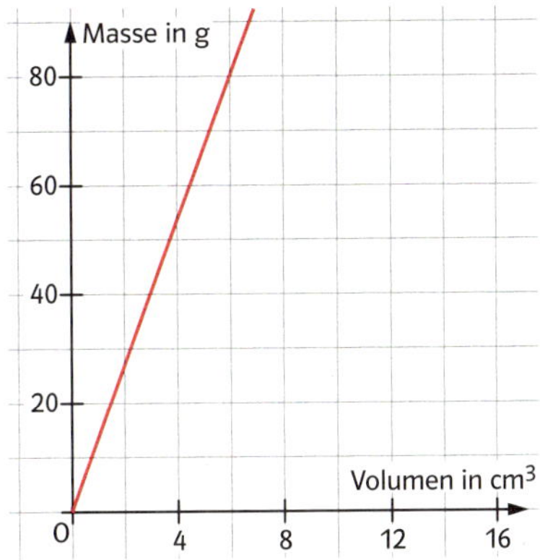

c.

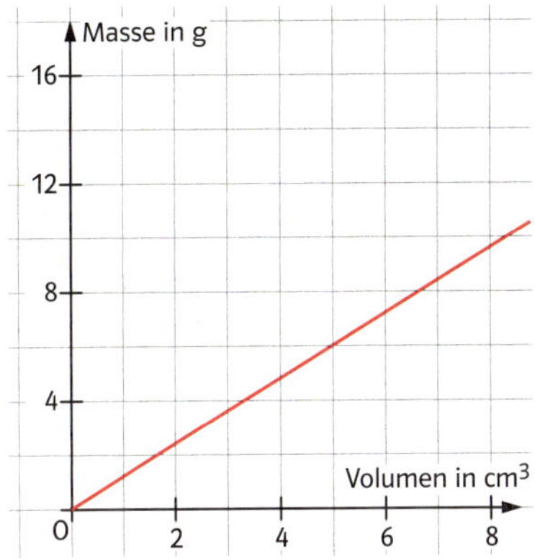

2 Stelle für die verschiedenen Stoffe jeweils die Zuordnungen *Volumen* ↦ *Masse* grafisch dar.

a. Styropor $\left(\text{Dichte: } 0{,}02\,\frac{\text{g}}{\text{cm}^3}\right)$
Wähle für die y-Achse (Masse) die Einheiten in Schritten von 0,2 g, für die x-Achse (Volumen) die Einheiten in Schritten von 10 cm^3.

b. Marmor $\left(\text{Dichte: } 2{,}5\,\frac{\text{g}}{\text{cm}^3}\right)$
Wähle für die y-Achse die Einheiten in Schritten von 100 g, für die x-Achse die Einheiten in Schritten von 40 cm^3.

c. Benzin $\left(\text{Dichte: } 0{,}7\,\frac{\text{g}}{\text{cm}^3}\right)$
Wähle für die y-Achse die Einheiten in Schritten von 10 g, für die x-Achse die Einheiten in Schritten von 20 cm^3.

3 Wie groß ist die Masse der folgenden Materialien?

a. Wasser hat eine Dichte von $1{,}0\,\frac{\text{kg}}{\text{dm}^3}$. Berechne jeweils die Masse für ein Volumen von 2 dm^3 und ein Volumen für 5 dm^3.

b. Eisen hat eine Dichte von $7{,}8\,\frac{\text{kg}}{\text{dm}^3}$. Berechne jeweils die Masse für ein Volumen von 2 dm^3 und ein Volumen für 50 dm^3.

c. Trockenes Fichtenholz hat eine Dichte von $0{,}6\,\frac{\text{kg}}{\text{dm}^3}$. Berechne jeweils die Masse für ein Volumen von 2 dm^3 und ein Volumen für 0,5 dm^3.

d. Beton hat eine Dichte von $2{,}2\,\frac{\text{kg}}{\text{dm}^3}$. Berechne jeweils die Masse für ein Volumen von 2 dm^3 und ein Volumen für 500 dm^3.

4 Bestimme die Dichte folgender Stoffe.

a. Schnee: 50 dm^3 hat eine Masse von 20 kg.

b. Blei: 0,44 dm^3 hat eine Masse von 5 kg.

c. Granit: 1350 dm^3 hat eine Masse von 3700 kg.

d. Eis: 80 dm^3 hat eine Masse von 72 kg.

5 Verwende die Ergebnisse von Aufgabe 4 und bestimme das Volumen von

a. 200 g Schnee

b. 200 g Granit

c. 200 g Blei

d. 200 g Eis.

Bestimme zusätzlich mögliche Kantenlängen für entsprechende Quader.

6 Prüfe, ob die Wertetabelle zu einer proportionalen Zuordnung gehört. Gib die Gleichung der Zuordnung an, falls eine proportionale Zuordnung vorliegt.

a.

x	y
−1	3
0	0
0,5	−1,5
2	−6

b.

x	y
−3	2
0	0
1	1,5
3	2

c.

x	y
−2	5
−1	2,5
0	0
1	−2,5

Steigungsdreieck

7 Zeichne die Graphen der proportionalen Zuordnung mithilfe eines Steigungsdreiecks.

a. $y = \frac{1}{3}x$ **b.** $y = -\frac{1}{2}x$
c. $y = 2{,}5x$ **d.** $y = 2x$
e. $y = -x$ **f.** $y = \frac{3}{4}x$

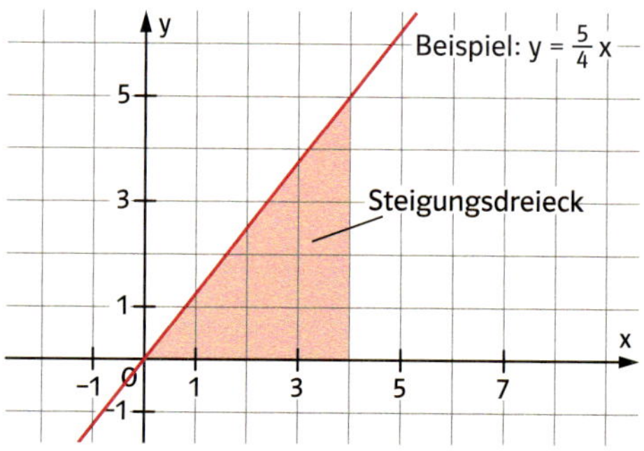

8 Gib zu jeder Geraden die Steigung und die Gleichung an.

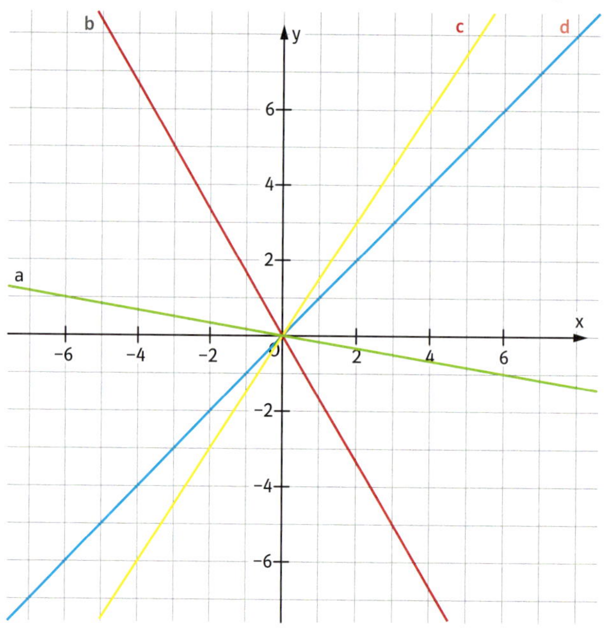

9 Der Punkt P liegt auf dem Graphen einer proportionalen Zuordnung. Bestimme die Steigung und die Gleichung der Zuordnung.

a. P(1 | 6) **b.** P(1 | −3,5) **c.** P(−1 | −2)
d. P(−10 | −20) **e.** P(1,5 | 7,5) **f.** P(3 | −4)

10

a. Erkläre den Zusammenhang von Wertetabelle, Graph und Gleichung einer Zuordnung.
b. Gib ein Beispiel für eine Zuordnung mit negativer Steigung an.

25 Hat ein Dreieck eine Mitte?

Konstruktionen

1 Zeichne ein beliebiges Dreieck ABC. Konstruiere einen Punkt, der von allen Eckpunkten A, B, C gleich weit entfernt ist.

a. Wie heißt der gefundene Punkt?

b. Geht das auch bei einem Viereck?

2 Zeichne ein beliebiges Dreieck. Konstruiere einen Punkt, der von allen Seiten a, b, c gleich weit entfernt ist.
Wie heißt der gefundene Punkt?

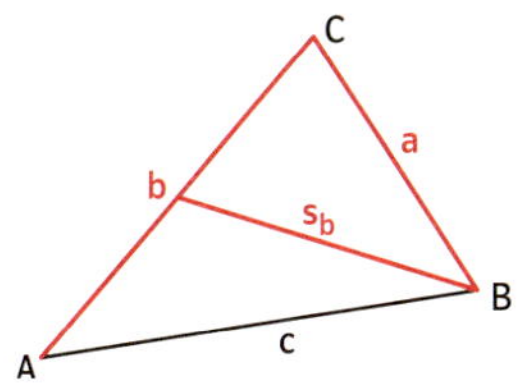

3 Konstruiere die Dreiecke. Fertige dazu bei jeder Aufgabe zunächst eine Planfigur an. Auf dem Rand siehst du eine Vorlage für die Planfigur. Die Planfigur enthält jeweils das gesamte Dreieck mit den Bezeichnungen der Eckpunkte und der Seiten. Die in der Aufgabenstellung gegebenen Seiten und Winkel werden dann farbig hervorgehoben und bezeichnet. Die Planfigur hilft dir, herauszufinden, wie du bei der Konstruktion vorgehen kannst.
In den Aufgaben bezeichnen die Angaben
s_a, s_b, s_c jeweils die Seitenhalbierenden zu a, b, c,
h_a, h_b, h_c die entsprechenden Höhen und
w_α, w_β, w_γ die Winkelhalbierenden zu α, β, γ.
Gibt es bei den Aufgaben immer eine Lösung? Sind die Aufgaben immer eindeutig lösbar?

a. a = 5 cm, b = 4,2 cm, s_b = 4 cm — b = 6,4 cm, s_b = 4,8 cm, α = 50°

b. c = 6,5 cm, α = 64°, w_β = 6,1 cm — w_α = 5,2 cm, α = 72°, β = 45°

c. a = 5,2 cm, h_c = 3,7 cm, γ = 72° — a = 4,7 cm, h_c = 5,2 cm, α = 34°

Fertige in jedem Aufgabenteil eine Konstruktionsbeschreibung an.

4 Die Besatzung eines Schiffes hat sich verirrt und kennt die Position ihres Schiffes nicht mehr. Mithilfe der Sterne und eines präzisen Winkelmessgerätes (Sextant) kann die Position bestimmt werden. Das Anpeilen eines Sterns führt zu einer Standlinie, die auf der Seekarte eingezeichnet wird. Irgendwo auf dieser Linie befindet sich das Schiff. Das Anpeilen eines zweiten und eines dritten Sterns führt zu weiteren Standlinien, die sich zum Beispiel wegen ungenauer Messgeräte oder Messfehler nicht immer in einem Punkt schneiden. Die Abbildung zeigt eine Seekarte, auf der drei Standlinien eingezeichnet sind. Welches ist die wahrscheinlichste Position des Schiffes? Begründe.

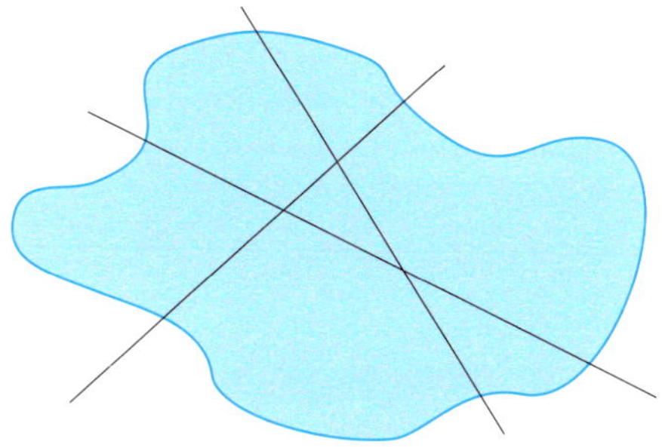

Arbeiten mit einer DGS
(Dynamische Geometrie Software)

5 Zeichne mit einer DGS ein Dreieck mit den drei Seitenhalbierenden. Der Schwerpunkt unterteilt jeden Ausschnitt der Seitenhalbierenden innerhalb des Dreiecks in zwei Teile. Miss die Länge dieser Teile. Variiere mit dem Zugmodus. Was stellst du fest? Vergleicht eure Ergebnisse.

Hat ein Dreieck eine Mitte?

6 Gegeben ist ein Dreieck ABC. Untersuche mit einer DGS folgende Behauptung: Die Winkelhalbierende w_α schneidet die Mittelsenkrechte m_a stets außerhalb des Dreiecks.

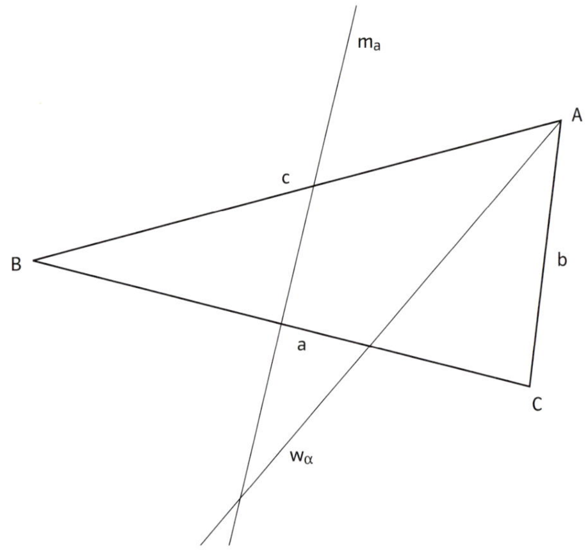

Eigenschaften finden und begründen

7 Zeichne mit einer DGS ein Dreieck, bei dem der Inkreismittelpunkt und der Umkreismittelpunkt zusammenfallen.

8 Konstruiere mit einer DGS ein Dreieck und die vier besonderen Punkte: den Höhenschnittpunkt, den Schwerpunkt, den Inkreismittelpunkt und den Umkreismittelpunkt. Verberge die Konstruktionslinien. Was stellst du fest?

9

a. Konstruiere mit einer DGS ein Dreieck und die drei Höhen und den Höhenschnittpunkt. Konstruiere in diesem Dreieck den Kreis, der durch die drei Seitenmitten geht. Was stellst du fest?
Der Kreis, den du konstruiert hast, heißt *Feuerbachkreis*. Verberge in der Konstruktion alle Punkte und Linien außer dem Dreieck, dem Höhenschnittpunkt und dem Feuerbachkreis. Speichere die Konstruktion ab. Sie ist für alle folgenden Teilaufgaben die Ausgangskonstruktion.

b. Konstruiere den Mittelpunkt des Feuerbachkreises.

c. Variiere mit dem Zugmodus die Form des Dreiecks, bis der Feuerbachkreis durch eine Ecke des Dreiecks geht. Welche besondere Bedingung erfüllt das Dreieck jetzt?

d. Variiere das Dreieck so, dass der Feuerbachkreis eine Dreiecksseite berührt.

e. Konstruiere den Inkreis des Dreiecks. Wann stimmt der Feuerbachkreis mit dem Inkreis überein?

f. Konstruiere den Umkreis des Dreiecks. Was stellst du fest?

Höhenschnittpunkt

10 Partnerarbeit
Zeichnet beide ein beliebiges Dreieck ABC. Konstruiert darin den Höhenschnittpunkt H. Übertragt dann die Punkte A, B und H auf ein neues Blatt. Tauscht nun dieses Blatt, auf dem nur die Punkte A, B und H gezeichnet sind, aus. Jeder soll nun darauf das ursprüngliche Dreieck konstruieren.

26 Prüfziffer

1 Welche Auswirkungen können folgende Tippfehler auf die Prüfziffer des EAN-Codes haben?

a. Die erste Ziffer ist eine 8 anstelle der 7.

b. Die zweite Ziffer ist 7 statt 6.

c. Die erste und die zweite Ziffer werden vertauscht.

d. Die erste und die dritte Ziffer werden vertauscht.

Prüfziffern bei Lokomotiven

2 Finde heraus, wie die Prüfziffer bei Loks gebildet wird. Es handelt sich bei der Prüfziffer wiederum um die letzte Ziffer.

	A	B	C	D	E	F	G	H	I
1	Ziffer	1	7	9	8	2	4	8	
2	Faktor	1	2	1	2	1	2	1	
3	?	1	14	9	16	2	8	8	Summe
4	?	1	5	9	7	2	8	8	40

Kontonummer

3 Auch bei den Kontonummern von Bankkonten ist die letzte Ziffer die Prüfziffer. Verschiedene Banken verwenden verschiedene Verfahren um die Prüfziffer zu berechnen. 161014-50-8 ist eine solche Kontonummer.
Manche Banken verwenden das folgende Verfahren für ihre neunstelligen Kontonummern.

Zur Berechnung der Prüfziffer geht man folgendermaßen vor:
1. Ziffer multipliziert mit 1 und Addition von 1.
2. Ziffer multipliziert mit 2 und Addition von 2.
3. Ziffer multipliziert mit 3 und Addition von 3.
4. Ziffer multipliziert mit 1 und Addition von 1.
5. Ziffer multipliziert mit 2 und Addition von 2.
6. Ziffer multipliziert mit 3 und Addition von 3.
7. Ziffer multipliziert mit 1 und Addition von 1.
8. Ziffer multipliziert mit 2 und Addition von 2.

Von diesen 8 Summen werden nun die Elferreste genommen und addiert. Die Endziffer dieses Ergebnisses stellt die 9. Ziffer – die Prüfziffer dar.

	A	B	C	D	E	F	G	H	I	J	K
1	Ziffer	1	6	1	0	1	4	5	0		
2	Faktor bzw. Summand	1	2	3	1	2	3	1	2		
3	Summe	2	14	6	1	4	15	6	2	Summe	Prüfziffer
4	Elferreste	2	3	6	1	4	4	6	2	28	8

Gib die Formeln der Zellen C3, G4, J4 und K4 an.

Kennbuchstaben der Herkunftsländer von €-Geldscheinen:
S: Italien
N: Österreich
U: Frankreich
D: Estland
...
Recherchiere im Internet nach weiteren Herkunftsländern.

4 Ein 10-€-Schein hat die Nummer X3016807551 und eine angehängte Prüfziffer. Das X bedeutet übrigens, dass der Schein aus Deutschland stammt. Bilde zuerst die Summe aller Ziffern dieser Zahl. Addiere dazu die Quersumme der Positionsanzahl des X im Alphabet. Von dieser Summe wird der Neunerrest gebildet und von 8 subtrahiert. Diese Differenz ist die Prüfziffer.

a. Berechne die Prüfziffer dieses Geldscheins.

b. Der Ziffernteil einschließlich der Prüfziffer ist: 25851164486.
Aus welchem Land könnte der Geldschein stammen?

27 Terme multiplizieren

Rechteckmodell

Beispiel

$4a \cdot a = 4a^2$

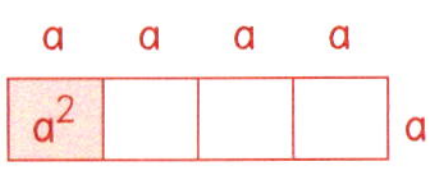

Beispiel

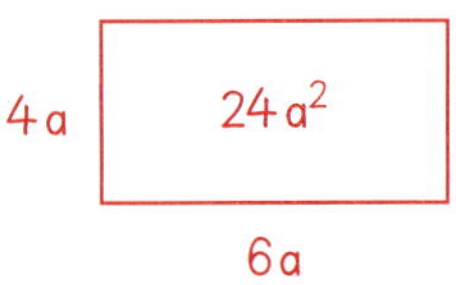

$24a^2 = 4a \cdot 6a$

Terme multiplizieren

Beispiel

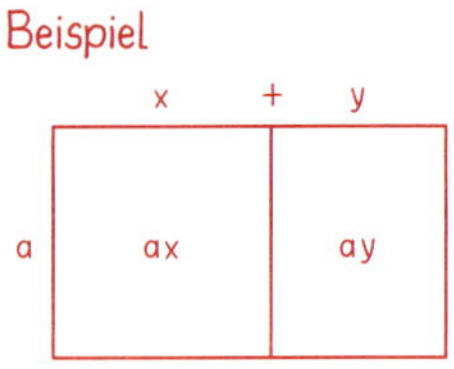

$a \cdot (x + y) = ax + ay$

1 Finde passende Terme zu den Rechtecken. Vereinfache die Terme anschließend so weit wie möglich.

a.

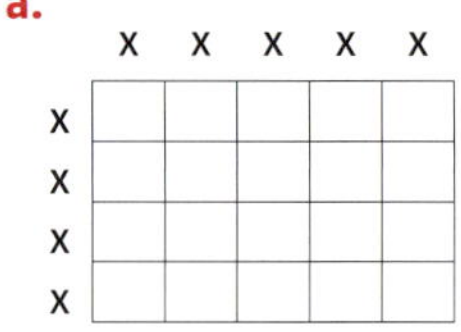

b.

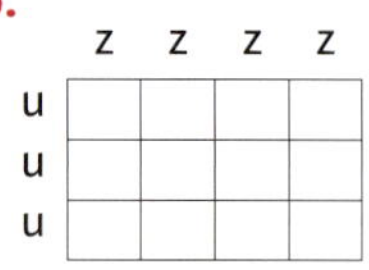

c.

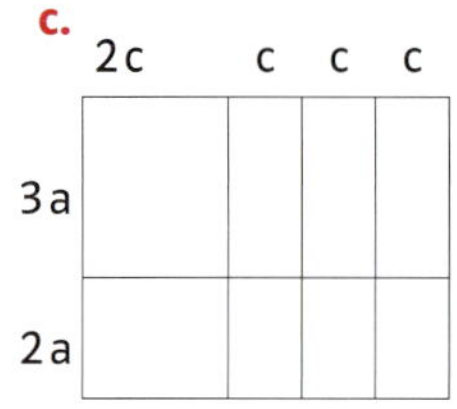

d.

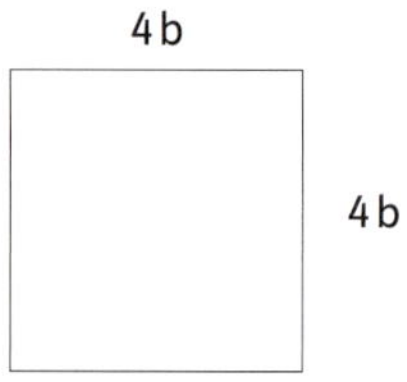

2 Zeichne passende Rechtecksskizzen zu den Termen; bestimme jeweils einen weiteren passenden Term.

a. $4x \cdot 2y$ **b.** $3u \cdot 2u$ **c.** $\frac{1}{2}u \cdot \frac{1}{2}u$

3 Zeichne ab und beschrifte die Seiten der Rechtecke passend. Gib jeweils mehrere Möglichkeiten an.

a.

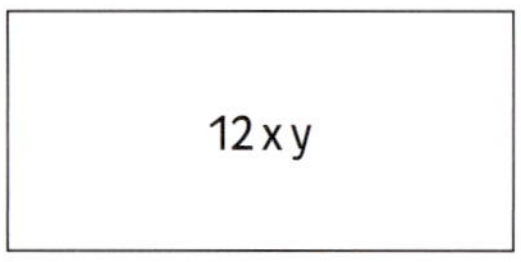

b.

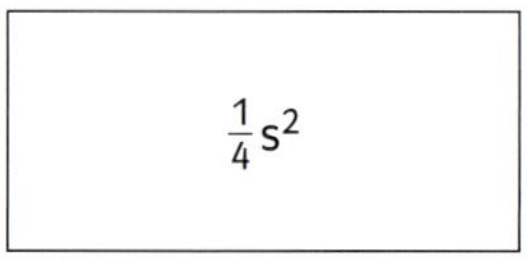

c.

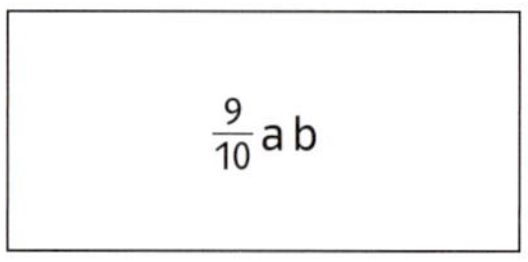

4 Zeichne das Quadrat mit den Unterteilungen in dein Heft. Umfahre zu jedem Term ein passendes Rechteck. Nimm jedes Mal eine andere Farbe.
Notiere dann zu jedem Term einen gleichwertigen.

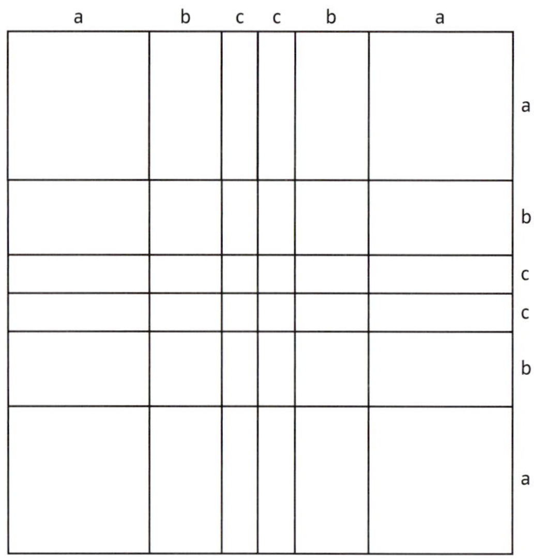

a. $(a + b) \cdot (a + b)$ **b.** $c \cdot (a + b + c)$ **c.** $2c \cdot (a + b)$
d. $(b + 2c) \cdot a$ **e.** $a^2 + ab + ac$ **f.** $2ac + 2bc + 2c^2$

5 Zeichne zu jedem Term ein Rechteck, beschrifte die Seiten der Rechtecke passend und finde jeweils einen weiteren gleichwertigen Term.

a. $ab + ac$ **b.** $sy + 2ty$ **c.** $4b^2 + 6b$ **d.** $2cd + 4c^2$

Beispiele

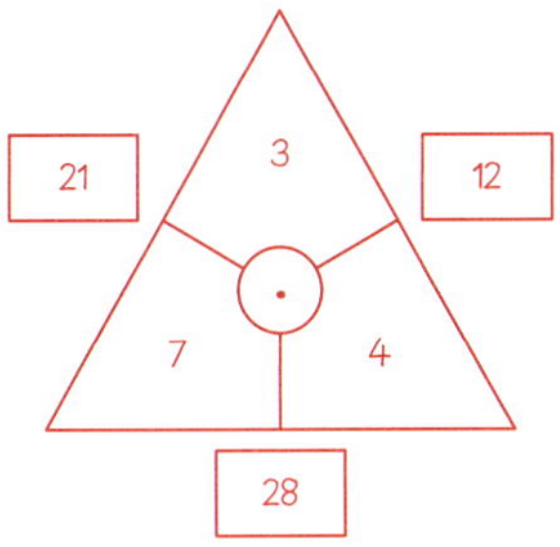

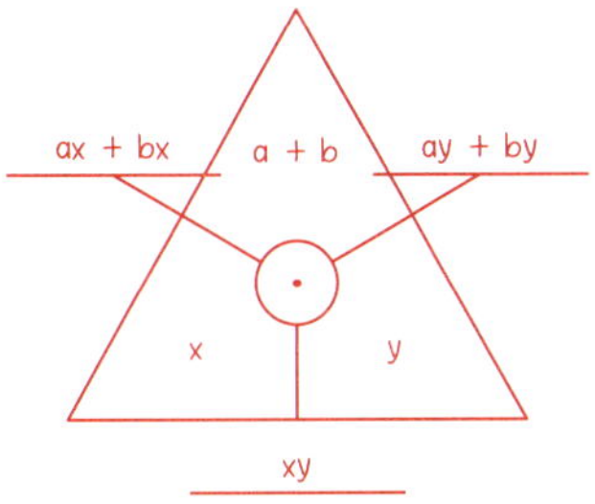

6 Übertrage die Rechendreiecke ins Heft (Kopiervorlage) und ergänze.

a.

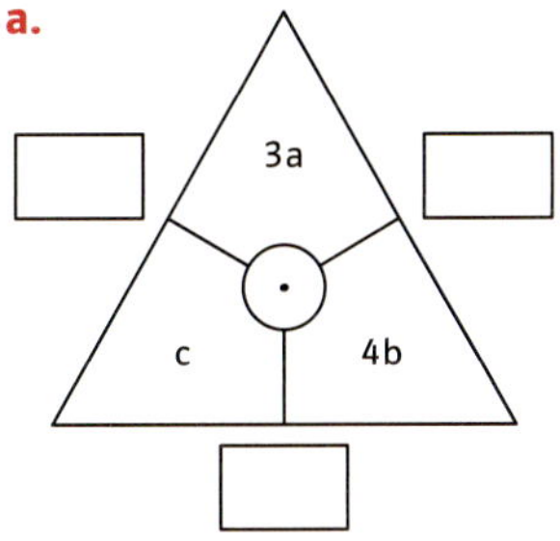

b.

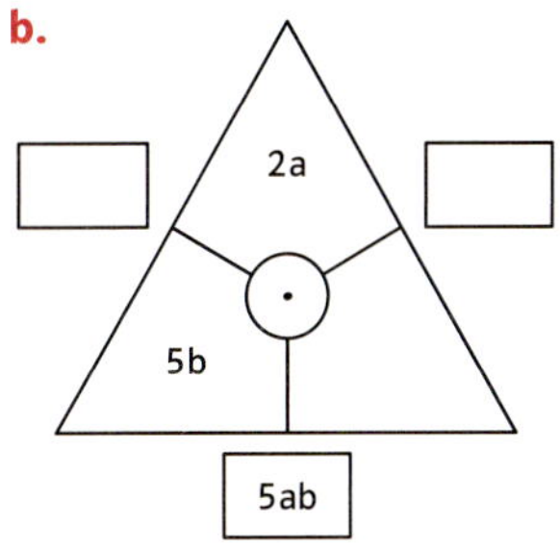

c.

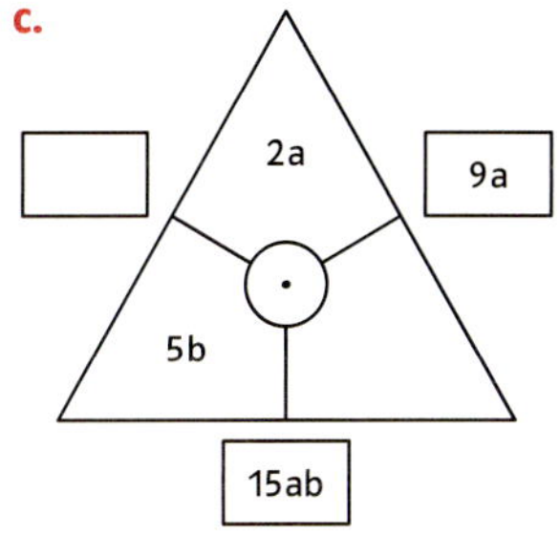

d.

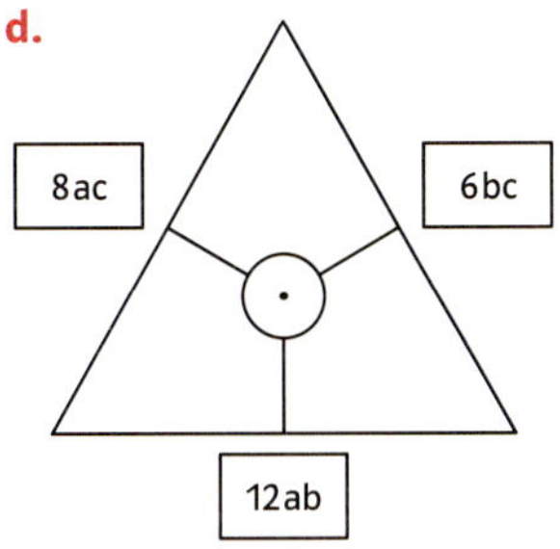

e.

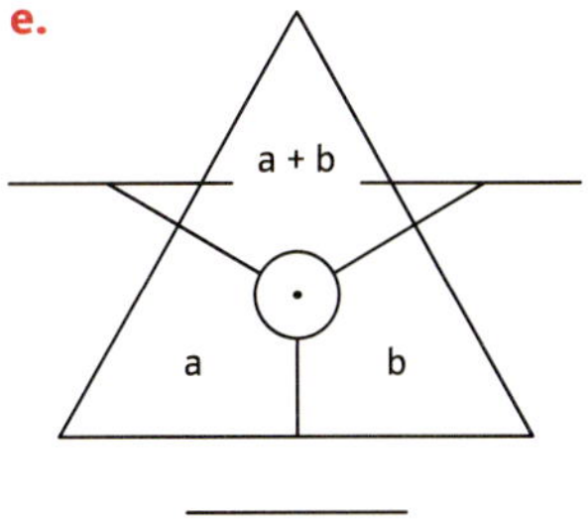

f.

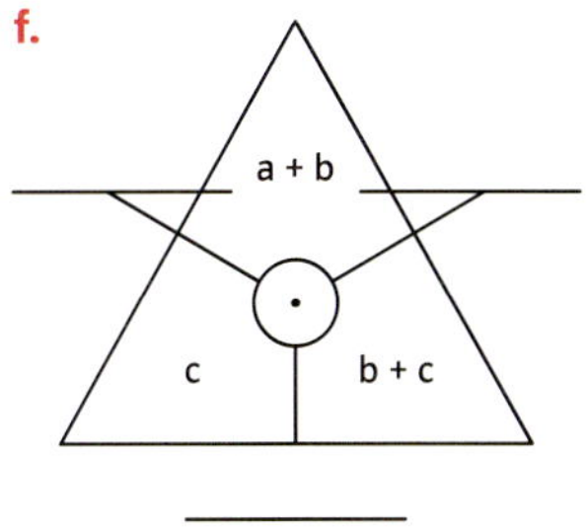

g.

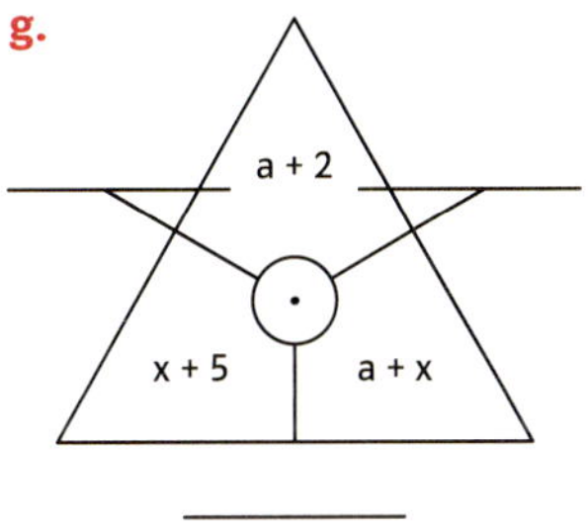

h.

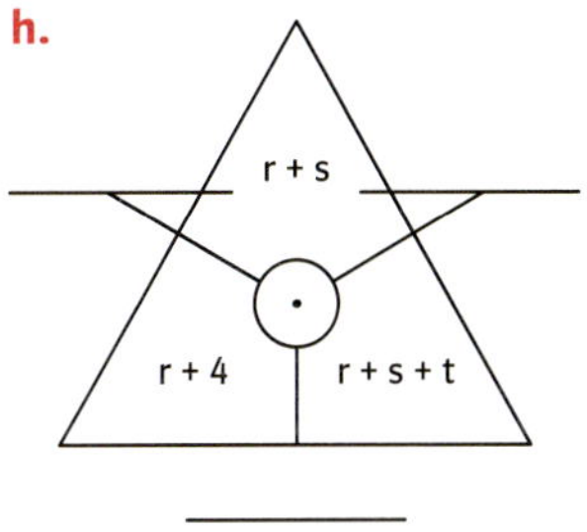

i.

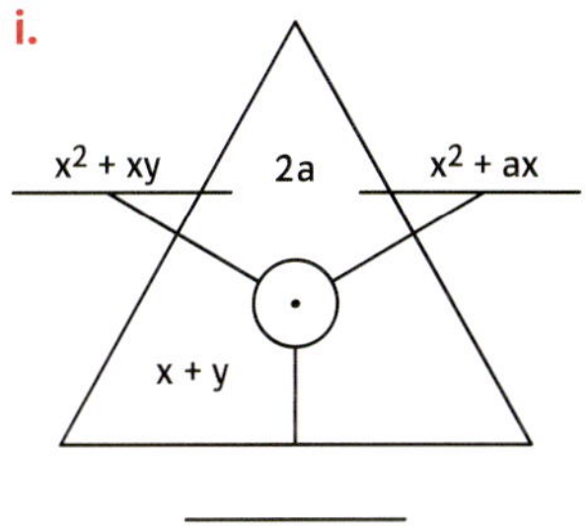

Beispiel

$(x - y) \cdot (x + y)$
$= x^2 - xy + xy - y^2$
$= x^2 - y^2$

$\cdot$	x	$-y$	
x	x^2	$-xy$	$x^2 - xy$
$+y$	xy	$-y^2$	$xy - y^2$
	$x^2 + xy$	$-xy - y^2$	$x^2 - y^2$

7 Multipliziere die Terme mithilfe eines Malkreuzes und vereinfache.

a. $(r + 2s)(r - 2s)$ **b.** $(r - 2s)(r - 2s)$
c. $(3a + 2b)(2a + 3b)$ **d.** $(3a - 2b)(2a - 3b)$

8 Übertrage die Malkreuze ins Heft und fülle aus. Notiere anschließend die beiden gleichwertigen Terme.

a.

$\cdot$	$2x$		
	$4xy$		
6		12	

b.

$\cdot$			
	y^2	$-6y$	
	$-6y$	36	

c.

$\cdot$		$-\frac{1}{2}a$	
		a^2	
$\frac{1}{2}c$	$\frac{1}{4}c^2$		

d.

$\cdot$			
	$\frac{1}{9}s^2$	$-\frac{1}{3}s$	
	$-\frac{2}{9}s$	$\frac{2}{3}$	

9 Erkläre anhand des Rechteckmodells das Multiplizieren von Termen. Schreibe es so auf, dass es jemand, der im Unterricht gefehlt hat, gut verstehen kann.

T 4 Teste dich selbst

Bist du bei der Bearbeitung der Aufgaben sicher? Notiere deine Einschätzung jeweils.

☺ Da bin ich sicher. Das kann ich.

😐 Da bin ich unsicher. Das werde ich weiter üben.

☹ Das kann ich nicht. Hier brauche ich Hilfe.

Freie Zeit in Minuten	Anzahl der Schülerinnen und Schüler
0	2
30	2
45	3
60	9
120	8
180	3

1

a. Berechne das arithmetische Mittel und den Zentralwert der folgenden Umfragedaten: Wie viel freie Zeit hast du ungefähr an einem normalen Schultag?

b. Stelle die Daten in einem Boxplot dar.

2 Rollstuhlfahrerrampen im öffentlichen Bereich sind nach DIN 18024 immer mit maximal 6 % Steigung auszuführen. Für den Zugang zu einem öffentlichen Gebäude muss eine Höhendifferenz von 36 cm überwunden werden. Wie lang muss die Rampe mindestens sein?

3 Konstruiere! Fertige zunächst eine Planfigur an. Beschreibe deine Konstruktion.
$b = 4{,}6\,cm$; $\gamma = 32°$; $s_b = 2{,}5\,cm$

4 Ein Rechteck hat den Flächeninhalt

a. $30ay$ **b.** $\frac{1}{6}b^2$ **c.** $2ab + \frac{1}{2}b^2$ **d.** $4xy + 6xz$

Welche Seitenlängen kann das Rechteck haben?
Gib jeweils zwei Möglichkeiten an und mache anschließend die Probe.

5 Immer zwei Terme sind gleichwertig. Notiere sie im Heft.

$(2x - a) \cdot (2x - 4a)$ $2ax \cdot 4x$ $2x^2 - 8x$ $4x^2 + 7ax - 2a^2$
$2x \cdot 4x$ $8x - 4x^2$ $8 - 2x - x^2$ $4x^2 - 10ax + 4a^2$
$8x^2$ $(2 - x) \cdot (4 + x)$ $(2 - x) \cdot 4x$ $2x \cdot (x - 4)$ $(2a + x) \cdot (4x - a)$

6 Zeichne eine Gerade mit der Gleichung

a. $y = 3x$ **b.** $y = -0{,}5x$ **c.** $y = 2x - 3$

7 Gib zu jeder Geraden die Steigung und die Gleichung an.

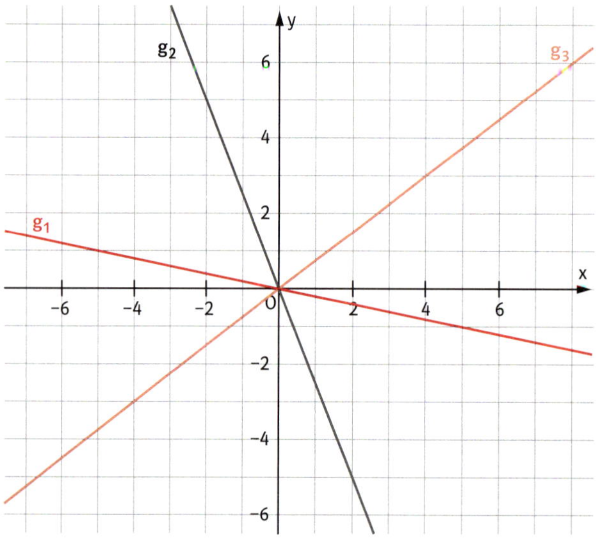

Rechentraining – Terme

Terme addieren und subtrahieren

Die Addition und Subtraktion von Zahlen und Variablen kann man mit dem Streckenmodell veranschaulichen.

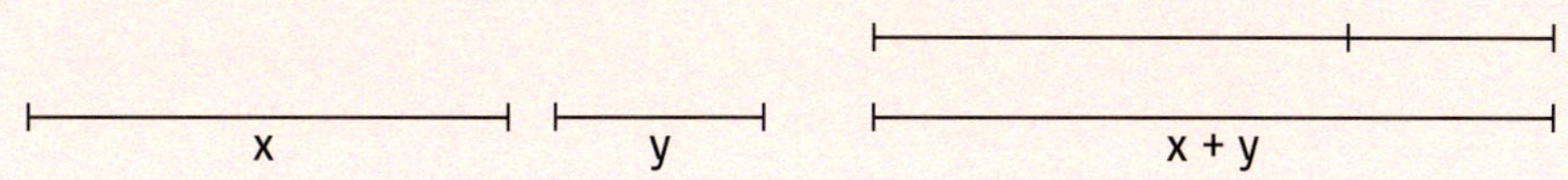

1 Veranschauliche die Terme links und rechts des Gleichheitszeichens mit dem Streckenmodell und zeige, dass die Gleichungen richtig sind.

a. $(a + b) + (2b + a) + 3a = 5a + 3b$ **b.** $(5a + 3b) - (2a + 3b) = 3a$

2 Notiere zu jedem Term einen einfacheren, gleichwertigen Term.

a. $3a - 5b + 4 + 7a - 2$ **b.** $3a - 5b + 4 - a + b$

c. $3a - 5b + 4 - 3b + 4$ **d.** $3a - 5b + 4 + (7a - 2)$

e. $3a - 5b + 4 - (a + b)$ **f.** $3a - 5b + 4 - (3b + 4)$

g. $3a - (5b + 4) + (7a - 2)$ **h.** $3a - (5b + 4 + 7a) - 2$

i. $3a - (5b + 4 + 7a - 2)$ **j.** $a^2 - 2a + ab + 5a + 2a^2$

k. $a^2 - (2a + ab) + 5a + 2a^2$ **l.** $a^2 - (2a + ab + 5a + 2a^2)$

Terme multiplizieren

Die Multiplikation von Zahlen und Variablen kann man mit dem Rechteckmodell veranschaulichen.

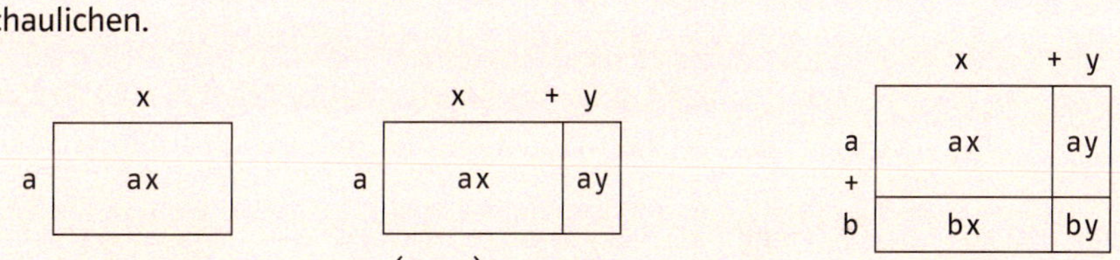

$a \cdot x = ax$ $a \cdot (x + y) = ax + ay$ $(a + b) \cdot (x + y) = ax + ay + bx + by$

3 Veranschauliche die Terme links und rechts des Gleichheitszeichens mit dem Rechteckmodell und zeige, dass die Gleichungen richtig sind.

a. $a \cdot (2b + 5) = 2ab + 5a$

b. $(a + 5)(b + 3) = ab + 3a + 5b + 15$

c. $(a + 5)(a + 3) = a^2 + 8a + 15$

4 Terme mit mehreren Multiplikationen kann man nicht gut veranschaulichen. Vereinfachen kann man sie trotzdem. Vereinfache so wie im Beispiel.

Beispiel
$a \cdot b \cdot 2b \cdot 5c \cdot 3a = 30a^2b^2c$

a. $3x \cdot 5y \cdot z \cdot 2y$ **b.** $4z \cdot 0{,}5x \cdot 0{,}25z$

c. $x^2 \cdot y \cdot 2x \cdot 3y^2$ **d.** $2a \cdot 4b \cdot 3a \cdot 5b$

5 Schreibe die Terme ohne Klammern und vereinfache wo möglich.

a. $3a \cdot (5b + 4)$ **b.** $(3a + 5b) \cdot 4$

c. $3a \cdot 5b \cdot 4$ **d.** $(3a + 5b) \cdot (7a + 2)$

e. $(3a + 5b) \cdot (7a + 2b)$ **f.** $(3a + 5b) \cdot (3a + 5b)$

g. $(3s + 5t)^2 + (5s + 3t)^2$ **h.** $(3s + 5t)^2 - (5s + 3t)^2$

28 Verpackte Zahlen

1 Zeichne zu folgenden Gleichungen die Boxenanordnungen. Bestimme dann die Anzahl der Streichhölzer in einer Box, indem du gleichwertige, einfachere Boxenanordungen zeichnest. Überprüfe dein Ergebnis.

a. $4x = 2x + 2$ **b.** $8 = 4y$ **c.** $7x + 2 = 3x + 6$

Gleichungen lösen

2 Löse mithilfe von Äquivalenzumformungen. Überprüfe dein Ergebnis durch Einsetzen in die ursprüngliche Gleichung.

a. $x + 2 = 3x + 3$ **b.** $30x + 8 = 133 + 5x$ **c.** $6x - 9 = x + 1$ **d.** $7x - 8 = x + 4$

e. $5x + 5 = 7x - 1$ **f.** $4x + 4 = 6x - 2$ **g.** $25 - 3x = 2x$ **h.** $35 - 4x = 3x$

3

a. Peter, Fabian und Marie lösen dieselbe Gleichung auf unterschiedliche Weise. Notiere alle drei angefangenen Lösungswege und führe sie fort. Beschreibe sie in Kurzform und in Worten.

Peter
$9x + 12 = 3\cdot(x - 2)$ | Ausklammern
$3\cdot(3x + 4) = 3\cdot(x - 2)$
$3x + 4 = x - 2$
$2x + 4 = -2$

Fabian
$9x + 12 = 3\cdot(x - 2)$
$9x + 12 = 3x - 6$
$6x + 12 = -6$
$6x = -18$

Marie
$9x + 12 = 3\cdot(x - 2)$
$9x + 12 = 3x - 6$
$9x + 18 = 3x$
$18 = -6x$

b. Welcher Weg ist für dich der einfachste? Begründe.

4 Löse folgende Gleichungen. Vergiss die Probe nicht.

a. $3(x + 5) = 7(x + 1)$ **b.** $6(x + 3) = 10(x + 1)$

c. $20 - (x + 6) = (x + 6) + 2$ **d.** $30 - (x + 7) = (x + 7) + 10$

e. $50 - 3(x + 5) = 3x + 5$ **f.** $70 - 4(x + 5) = 5x + 5$

g. $7(x + 1) - 6(x + 3) + 3 = 0$ **h.** $5(x + 3) - 4(x + 1) = 19$

5

a. Welche Gleichung gehört zu welchem Text? Ordne zu, wo es geht und löse die Gleichungen.

A $x + 14 = 8x$ **B** $x + 15 = 4 \cdot (x + 9)$ **C** $x + 15 = 4x + 9$

D $3 \cdot (x + 1) = 15 - x$ **E** $2 \cdot (x - 6) = x : 2$ **F** $2x - 6 = x : 2$

I Wenn ich vom Doppelten einer Zahl 6 subtrahiere, erhalte ich die Hälfte der Zahl.
II Wenn ich zu einer Zahl 15 addiere, erhalte ich 9 mehr als ihr Vierfaches.
III Wenn ich das Dreifache einer Zahl um 1 vergrößere, erhalte ich 15 weniger als die Zahl.
IV Wenn ich zu einer Zahl 1 addiere und das Ergebnis verdreifache, erhalte ich gleich viel, wie wenn ich die Zahl von 15 subtrahiere.
V Wenn ich zu einer Zahl 14 addiere, erhalte ich 8.
VI Wenn ich zu einer Zahl 14 addiere, erhalte ich ihr Achtfaches.

b. Formuliere Texte zu den nicht zugeordneten Gleichungen und löse sie.

c. Notiere die Gleichungen der verbliebenen Texte und löse sie.

Verpackungen

6 Georg hat die Zahl 3 ausgepackt. Auf den Kärtchen stehen die Äquivalenzumformungen, die er dabei verwendet hat. Er verrät aber nicht, in welcher Reihenfolge er sie gebraucht hat.

Dividiere durch 4

Subtrahiere 3

Termumformung

Notiere mindestens zwei Gleichungen, aus denen Georg die Zahl $x = 3$ ausgepackt haben könnte.

7 Welche Zahlen erfüllen die Bedingungen? Mache jeweils die Probe!

a. Wenn ich zu einer Zahl 8 addiere, erhalte ich ihr Fünffaches.

b. Wenn ich zu einer Zahl 12 addiere, erhalte ich 4 mehr als ihr Dreifaches.

c. Wenn ich zu einer Zahl 5 addiere und die Summe verdopple, erhalte ich genauso viel wie wenn ich die Zahl von 10 subtrahiere.

d. Wenn ich vom Vierfachen einer Zahl 15 subtrahiere, vergrößert sich die Zahl um 15.

8 Hannes hat wie folgt verpackt:

		$x = 5$
1. Verpacken	$\cdot (x - 1)$	$x \cdot (x - 1) = 5(x - 1)$
Termumformung		$x^2 - x = 5x - 5$

Tina probiert aus, um Lösungen zu finden. Erstaunt stellt sie fest: „Deine Gleichung hat zwei Lösungen!"

a. Welche sind das? Woran liegt das?

b. Finde ähnliche Verpackungen, bei denen sich die Anzahl der Lösungen „vergrößert": Finde auch die Lösungen. Was fällt dir auf?

Hier kannst du vorher trainieren: Rechentraining Terme, Seite 127

9 Bei den folgenden Aufgaben treten Gleichungen mit anspruchsvolleren Termen auf.

a. $x^2 + 10 = x(x + 2)$

b. $x^2 + 9 = x(x + 3)$

c. $x(x + 5) = (x + 1)(x + 3)$

d. $x(x + 9) = (x + 1)(x + 6)$

e. $(x + 1)(x + 12) = (x + 5)(x + 4)$

f. $(x + 2)(x + 9) = (x + 6)(x + 4)$

g. $(x + 3)^2 = (x + 1)(x + 6)$

h. $(x + 3)^2 = (x + 1)(x + 7)$

i. $(5x + 4)(x + 1) = 2x(3x + 5) - x^2$

10

a. $\frac{1}{2}x + 5 = 9$

b. $\frac{1}{3}x + 5 = 9$

c. $\frac{2}{3}x + 5 = 9$

d. $\frac{1}{2}x + \frac{1}{2} = 9$

e. $\frac{1}{3}x + \frac{1}{3} = 9$

f. $\frac{1}{4}x + \frac{1}{4} = 9$

g. $\frac{1}{2}x + \frac{1}{4} = 1$

h. $\frac{1}{3}x + \frac{1}{4} = \frac{1}{2}$

i. $\frac{2}{3}x + \frac{2}{5} = 1$

j. $\frac{1}{4}(x + 8) = 5$

k. $\frac{3}{4}\left(2x + \frac{2}{3}\right) = 2$

l. $\frac{1}{2}\left(\frac{2}{3}x + \frac{1}{3}\right) = 3$

Ungleichungen

≤ gleich groß oder kleiner als; höchstens so groß wie

≥ gleich groß oder größer als; mindestens so groß wie

11

Welche Ungleichung gehört zu welchem Text? Notiere zu jeder Ungleichung mindestens drei Zahlen, für die die Ungleichung stimmt.

A	$x \geq 12$	I	Die um 4 vergrößerte Zahl ist größer als 12.
B	$x \leq 12$	II	Die Hälfte der Zahl ist kleiner als 12.
C	$4x < 12$	III	Die Zahl ist höchstens 12.
D	$x + 4 > 12$	IV	Die um 2 verkleinerte Zahl beträgt höchstens 12.
E	$x - 2 \leq 12$	V	Das Vierfache der Zahl ist kleiner als 12.
F	$x : 2 < 12$	VI	Die Zahl ist mindestens 12.

28 Verpackte Zahlen

Ungleichungen

Beispiel 1

$3x + 4 < 13$

So kannst du Ungleichungen lösen.

Lösung:

$$3x + 4 < 13 \quad | -4$$
$$3x < 9 \quad | :3$$
$$x < 3$$

Die farbig markierten Zahlen auf der Zahlengerade stellen die Lösungsmenge dar.

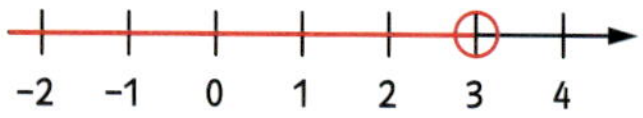

Alle Zahlen, die kleiner als 3 sind, erfüllen die Ungleichung $3x + 4 < 13$.

Beispiel 2

$5x \geq 3x + 1$

Lösung:

$$5x \geq 3x + 1 \quad | -3x$$
$$2x \geq 1 \quad | :2$$
$$x \geq \frac{1}{2}$$

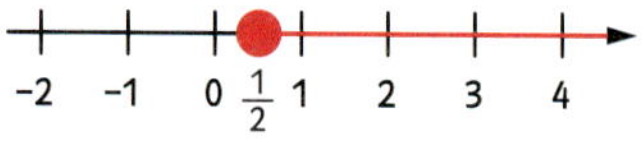

Alle Zahlen, die größer oder gleich $\frac{1}{2}$ sind, erfüllen die Ungleichung $5x \geq 3x + 1$.

12 Löse die Ungleichungen.

a. $17x + 8 \geq 5x - 16$

b. $-3x + 6 \geq 7x - 4$

c. $6x + 1 < 3x - 8$

d. $-x + 4 < -3x + 2$

13 Die Ungleichung „$2 < 4$" ist eine wahre Aussage.

a. Forme diese Ungleichung mithilfe folgender Rechenoperationen um. Überprüfe dann, ob deine Aussage wahr bleibt.

- Addiere auf beiden Seiten 3
- Multipliziere beide Seiten mit 2
- Multipliziere beide Seiten mit (−5)
- Addiere auf beiden Seiten (−5)
- Addiere auf beiden Seiten 2x
- Dividiere auf beiden Seiten durch 4
- Dividiere beide Seiten durch (−2)
- Subtrahiere auf beiden Seiten 6

b. Tobias und Sophie lösen dieselbe Ungleichung mit unterschiedlichen Umformungen.

Tobias:

$$-2x + 2 > 4 \quad | -2$$
$$-2x > 2 \quad | :(-2)$$
$$x > -1$$

Sophie:

$$-2x + 2 > 4 \quad | +2x$$
$$2 > 4 + 2x \quad | -4$$
$$-2 > 2x \quad | :2$$
$$-1 > x$$

Stelle beide Lösungen an der Zahlengeraden dar. Wer hat recht? Begründe.

14 Jasmin weiß, wie man Gleichungen löst. Den Unterricht zum Thema Ungleichungen hat sie leider verpasst. Erkläre Jasmin anhand der Ungleichung,

$20x + 1 - 28x < 19 + x$,

was sie beim Lösen von Ungleichheiten beachten muss.

29 Unser Wasser

Trinkwasserverbrauch

Trinkwasserverwendung pro Person und Tag:	
Essen und Trinken:	5 l
Geschirrspülen:	7 l
Raumreinigung und Garten:	15 l
Wäsche waschen:	15 l
Baden/Duschen/ Körperpflege:	45 l
Toilettenspülung:	34 l

1 Eine bundesweite statistische Erhebung erbrachte 2006 einen durchschnittlichen Wasserverbrauch, den du dem links stehenden Zettel entnehmen kannst.

a. Stelle dieses Ergebnis grafisch dar. Wähle dazu ein geeignetes Diagramm.

b. Vergleiche diese Ergebnisse mit den Daten aus Aufgabe 2 in der Lernumgebung. Was fällt dir auf?

c. Kannst du dir die Wassermenge, die jeder täglich verbraucht, vorstellen? Berechne den Verbrauch nach einem Jahr. Passt diese Wassermenge in deinen Klassenraum?

d. In Deutschland muss für rund 82 Millionen Einwohner jeden Tag Wasser bereitgestellt werden. Berechne den jährlichen privaten Verbrauch in Deutschland. Wie könnte man diese Wassermenge veranschaulichen? Wähle eine dir bekannte Fläche (vielleicht die Fläche der Stadt, in der du lebst) und berechne, wie hoch das Wasser stehen würde. Welche Gebäude würden noch aus dem Wasser ragen?

Virtuelles Wasser

2 Jeder Deutsche verbraucht täglich im Schnitt etwas mehr als 120 Liter Wasser.
Der virtuelle Wasserverbrauch liegt in Deutschland jedoch bei ca. 4000 Litern pro Person und Tag. Virtuelles Wasser ist die Wassermenge, die für die Produktion von Waren verbraucht oder verschmutzt wird.
Zum Beispiel wird für die Produktion von 1 kg Baumwolle bis zu 20 000 l Wasser benötigt. Zur Produktion gehört der Anbau der Baumwollpflanzen und die weitere Verarbeitung, dabei verbraucht insbesondere das Färben viel Wasser.
Ein T-Shirt aus Baumwolle wiegt etwa 250 g, also benötigt man schon 5000 l virtuelles Wasser für die Herstellung eines T-Shirts.
Hier einige Beispiele zum virtuellen Wasserverbrauch:

1 T-Shirt aus Baumwolle:	5000 l	1 l Milch:	800 l
1 Jeans:	10 000 l	1 Glas Apfelsaft:	190 l
1 Hamburger:	2400 l	1 Din-A4-Blatt:	10 l
1 Tüte Kartoffelchips (200 g):	185 l	1 Computer:	20 000 l

Kann die Angabe von 4000 l zum virtuellen Wasserverbrauch stimmen?

3 Wasservorkommen der Erde

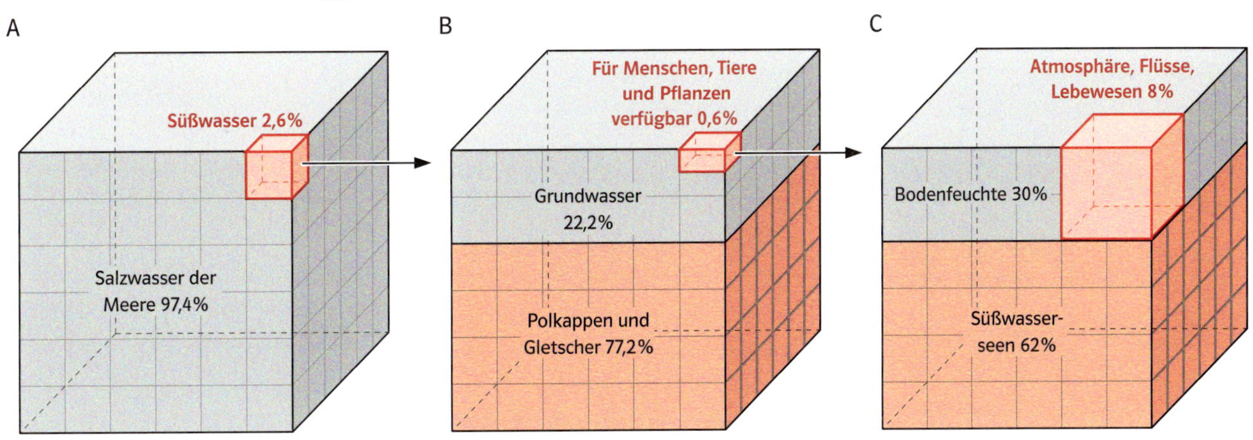

a. Betrachte die grafische Darstellung zum Thema „Wasservorkommen der Erde" genau und beschreibe sie mit deinen eigenen Worten.

b. Überprüfe die grafische Darstellung. Sind die Zahlenangaben korrekt in der Grafik umgesetzt worden?

c. Setze die Zahlen zu den Wasservorräten der Erde in eine eigene Grafik um. Zeichne hierzu einen Würfel mit der Kantenlänge 5 cm.

30 Quod erat demonstrandum

Winkelsätze

1 Beweise folgende Sätze über Winkel. Schreibe deine Argumentation ausführlich auf.

a. Scheitelwinkel sind gleich groß.

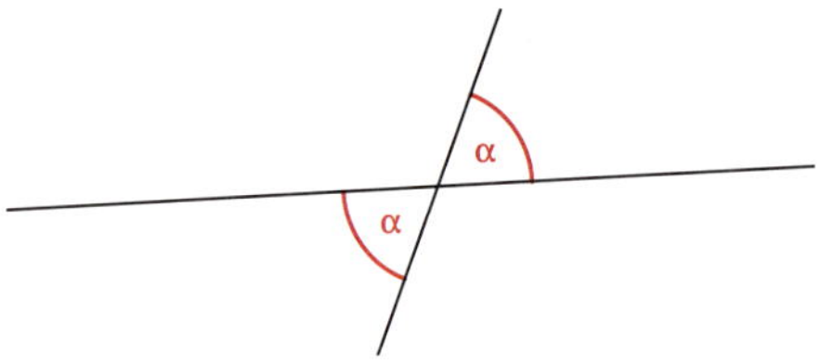

b. Stufenwinkel an Parallelen sind gleich groß.

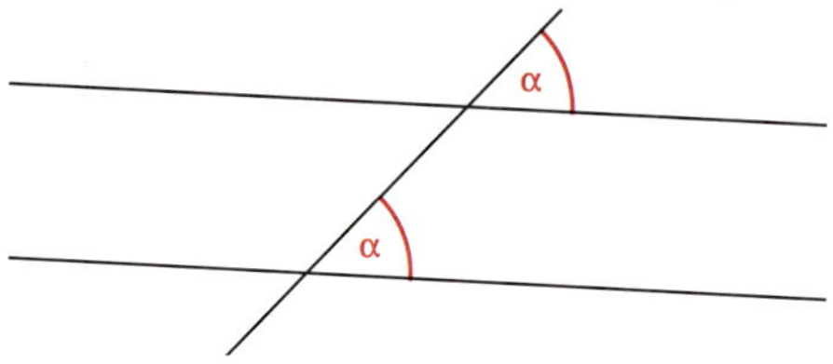

c. Wechselwinkel an Parallelen sind gleich groß.

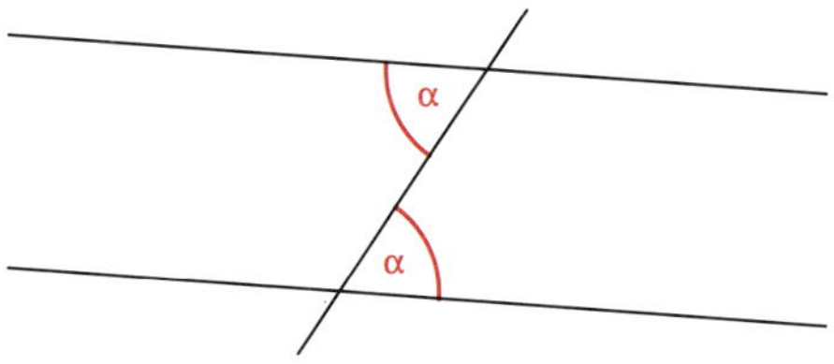

Flächen

2 Schreibe deine Argumentationen ausführlich auf und begründe deine Rechenschritte. Achtung: Die Abbildungen sind nicht maßstabsgerecht.

a. Die Flächen L und R sind gleich groß.
Wie lang ist die Strecke x?

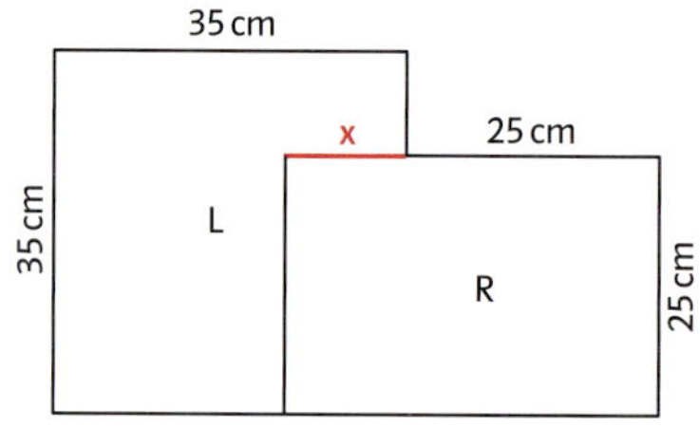

b. Bestimme die Größe der Fläche F.

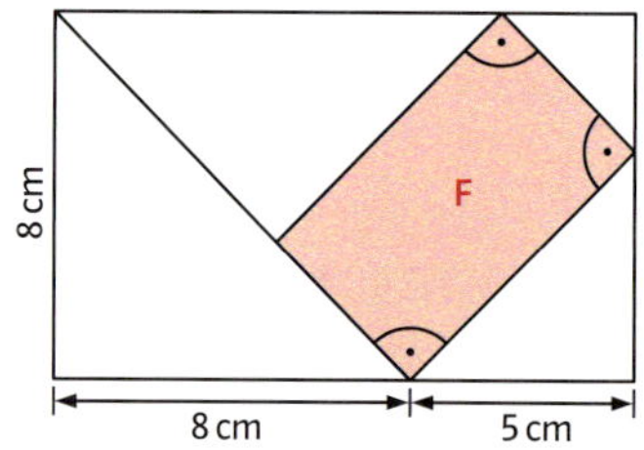

c. Die Flächen A und B sind gleich groß.
Wie groß ist die Fläche F?

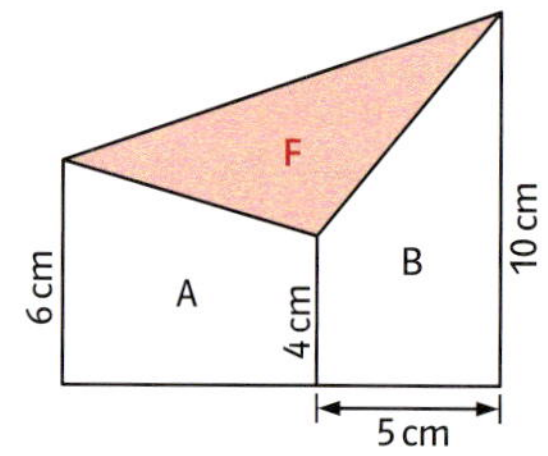

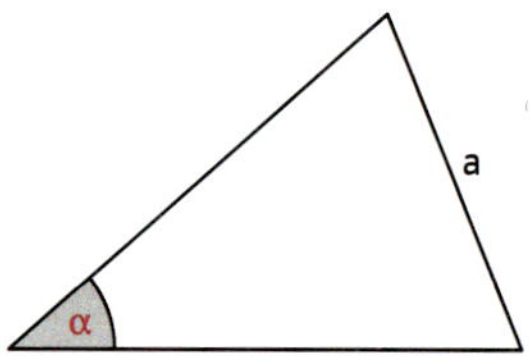

α ist der Gegenwinkel zur Seite a.

3 Luisa hat den folgenden Satz bewiesen:

Bei jedem Dreieck gehört zur längeren Seite der größere Gegenwinkel.

Sie hat dazu folgende Figur gezeichnet. Übertrage ihre Zeichnung in dein Heft und notiere, wie sie wohl argumentiert hat. Es ist hilfreich, wenn du die Figur beschriftest und eventuell ergänzt.

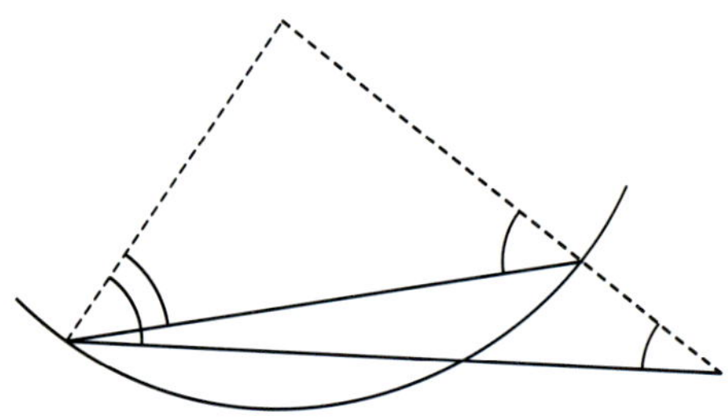

31 Blickwinkel

Fußball

1 Ein Fußballtor ist 7 m 32 cm breit.

a. Mache eine maßstabgetreue Zeichnung in deinem Heft und bestimme, wie groß der Torwinkel beim Elfmeterpunkt ist.

b. Suche Punkte, die einem gleich großen Torwinkel entsprechen wie der Elfmeterpunkt.

---

2 Ein Fußballtor ist 2 m 44 cm hoch.

a. Warum gehen mehr Schüsse über das Tor als seitlich am Tor vorbei?

b. In welchem Abstand vom Tor hat ein Spieler in der Höhe den gleichen Winkel wie der, den du bei Aufgabe 2 a. gefunden hast?

Dreieckstypen

3 Von welchen Punkten im Inneren eines Dreiecks erscheinen alle Seiten unter einem stumpfen Winkel? Unterscheide verschiedene Dreieckstypen.

Satz des Thales

4 Hier siehst du eine „klassische" Beweisführung zum Satz des Thales.

a. Beschreibe die Figur. Was ist an den beiden Teildreiecken besonders?

b. Formuliere jede Beweiszeile I bis V mit Worten. Schreibe auf, warum das jeweils gilt.

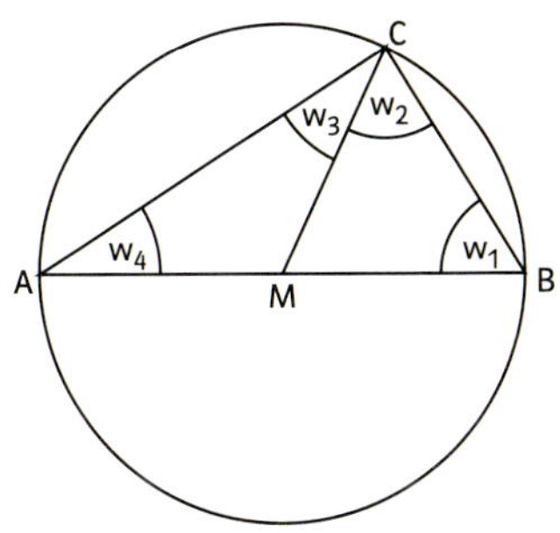

I $w_1 + w_2 + w_3 + w_4 = 180°$

II $w_1 = w_2$

III $w_4 = w_3$

IV $w_1 + w_4 = w_2 + w_3$

V $w_2 + w_3 = 90°$

Eine Verbindungsstrecke zwischen zwei Punkten der Kreislinie heißt **Sehne** (violett). Eine Gerade, die den Kreis schneidet, heißt **Sekante** (grün).

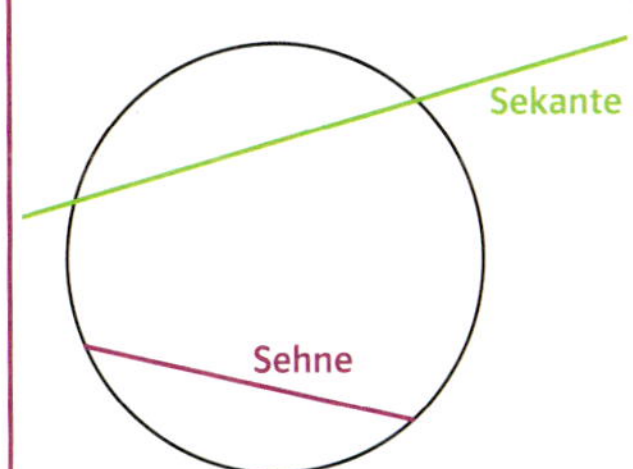

5 Beweise den Satz vom Sehnenviereck:
In einem Viereck, dessen Eckpunkte auf einem Kreis liegen, beträgt die Summe gegenüberliegender Winkel immer 180°. Die folgenden Abbildungen helfen dir beim Beweisen. Es gibt zwei verschiedene Argumentationen.

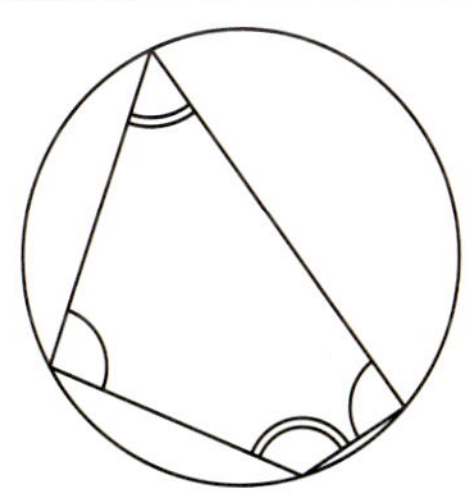

Argumentation 1

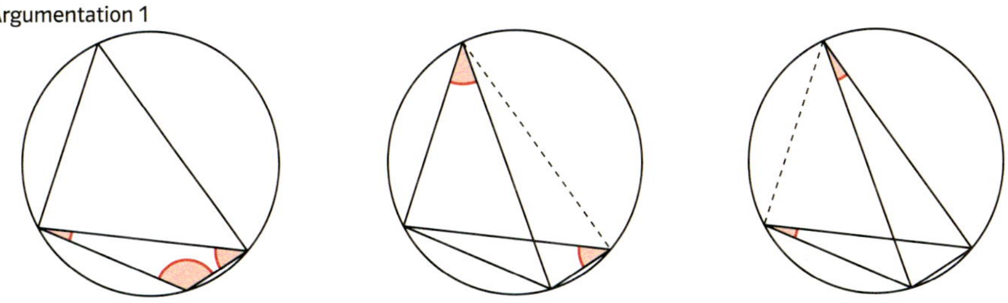

Argumentation 2

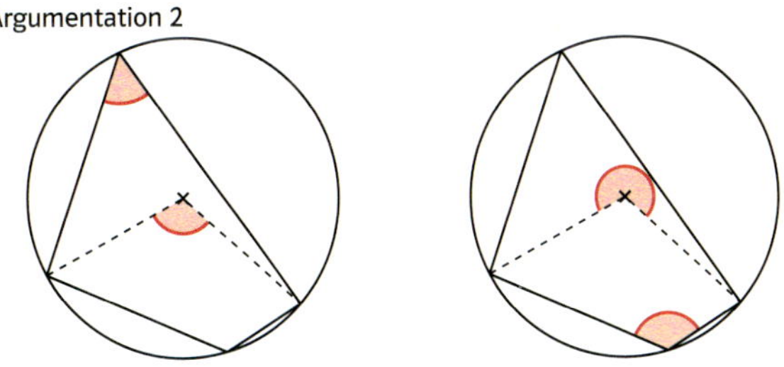

31 Blickwinkel

Tangente
Eine Tangente ist eine Gerade, welche genau einen Punkt mit dem Kreis gemeinsam hat.

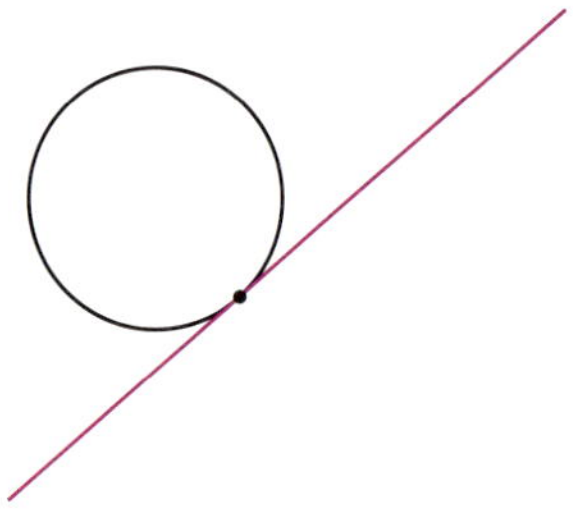

5 Was meinst du zu den folgenden Behauptungen? Suche Gründe, die dafür oder dagegen sprechen.

a. Zu einem Punkt auf der Kreislinie gibt es genau eine Tangente.
b. Eine Tangente steht senkrecht zum Kreisdurchmesser, der im Berührungspunkt endet.
c. Zwei Kreisradien bilden mit dem Kreis zusammen eine achsensymmetrische Figur.

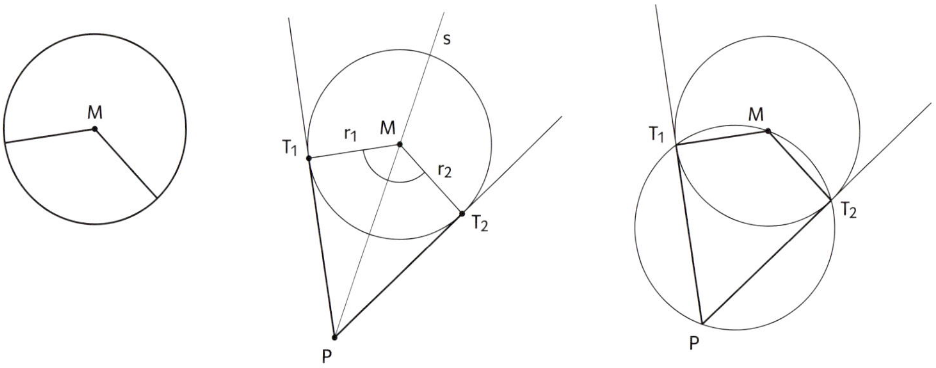

d. Die Tangentenabschnitte $\overline{PT_1}$ und $\overline{PT_2}$ sind gleich lang.
e. Die beiden Radien r_1 und r_2 und die Tangentenabschnitte $\overline{PT_1}$ und $\overline{PT_2}$ bilden einen Drachen mit zwei rechten Winkeln.
f. Das Viereck PT_1MT_2 hat einen Umkreis.

6 Zeichne einen Kreis und markiere auf dem Kreis an beliebiger Stelle einen Punkt T.

a. Konstruiere in einem Punkt T die Tangente an den Kreis k.
b. Wähle einen anderen Punkt auf der Kreislinie und konstruiere die Tangente in diesem Punkt.
c. Schneiden sich die beiden Tangenten in jedem Fall? Begründe.

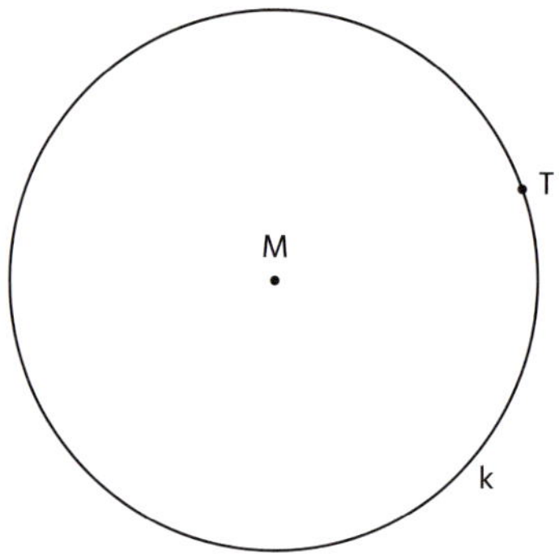

7 Zeichne einen Kreis und in einem gewissen Abstand einen Punkt P in dein Heft wie in der Abbildung.

a. Konstruiere von P aus die Tangenten an den Kreis k.
b. Halte mit Stichworten fest, wie du es gemacht hast.

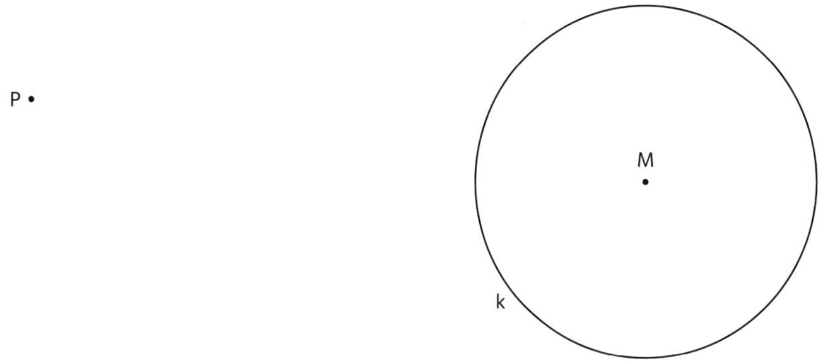

▶ 32 Die große Reise

1 Übertrage die Tabellen ins Heft und fülle die Lücken.
Runde dabei sinnvoll.

Euro	5		22	55		250
US $		10			80	

CHF			8	38		85
TL	100	250			400	

CHF bedeutet Schweizer Franken, TL ist die Türkische Lira.

2 Was muss in folgenden Zellen stehen?

	A	B	C	D	E
1	**Umrechnungskurse**		Währung 1	€	Währung 2
2	Euro für Währung 1	2,30	1,00	2,30	1,93
3	Währung 2 für Euro	0,84	5,00	11,50	9,66
4			25,00	57,50	48,30
5			50,00	115,00	96,60
6			75,00	172,50	144,90
7			100,00	230,00	
8			200,00	460,00	386,40
9				108,70	91,30
10			400,00	920,00	772,80
11			500,00	1150,00	966,00
12			1000,00	2300,00	1932,00

Wert der Zelle E 7;
Wert der Zelle C 9;
Kopierbare Formel für Zelle D 2

3 Welche Städte liegen auf folgenden Längen- und Breitengraden?

	Breitengrad	Längengrad
a.	40° N	33° E
b.	19° N	99° W
c.	34° S	58° W
d.	52° N	13° E
e.	1° S	37° E

4 Wie spät ist es in einer anderen Stadt?
Alle Angaben sind in Normalzeit, d. h. ohne Berücksichtigung von Zeitumstellungen.

a.	Berlin	11:00 Uhr	Chicago?
b.	München	23:30 Uhr	Neu Delhi?
c.	New York	12:15 Uhr	Moskau?
d.	Rio de Janeiro	10:50 Uhr	Teneriffa?
e.	Colombo	15:00 Uhr	Havanna?

f. In welcher Stadt ist es 4:30 Uhr, wenn es in Sydney 19:30 Uhr ist?

33 Zinsen

Kapital, Zinssatz, Zinsen

1 Ein Kapital wird für ein Jahr angelegt. Berechne die fehlenden Werte.

Kapital in €	3000	100 000	8425		75 500	
Zinssatz	2,5		1,75	2		2,8
Zinsen in €		1250		230	1000	658

2 In einem Land werden 9 % Habenzinsen bezahlt. Jemand legt 50 000 Währungseinheiten an.

a. Berechne mit der Tabellenkalkulation wie hoch das Kapital bei jährlicher Zinsauszahlung einerseits und

b. bei Wiederanlage der Zinsen wächst.

c. Stelle die jährlichen Kapitalhöhen in einem Diagramm grafisch dar.

3 Um kurzfristig aus einer Finanzklemme zu kommen, kann man auch einen sogenannten Pfandkredit bekommen. Man hinterlegt ein Pfand, z. B. ein Schmuckstück oder einen Pkw und bekommt sofort Bargeld ausbezahlt. Wenn man den Kredit einschließlich Zinsen und Gebühren zurückzahlt, bekommt man sein Pfandstück zurück. Pro Monat sind 1 % des Darlehenbetrages als Zinsen fällig, sowie einmalig 3 % des Pfandkreditbetrages als Gebühr für die Aufbewahrung des Pfandes.

a. Frau Haase leiht sich 200 € und hinterlässt eine Uhr als Pfand. Nach zwei Monaten zahlt sie den Kredit mit Zinsen und Gebühren zurück. Wie viel muss sie bezahlen?

b. Nach wie vielen Monaten sind die Zinsen und Gebühren genauso hoch wie der Darlehensbetrag?

c. Notiere, wann ein solcher Pfandkredit eventuell sinnvoll wäre und begründe deine Aussage.

Kleinkredit

4 Familie Breinker hat einen Kleinkredit in Höhe von 5000 € aufgenommen.
Wie viel Zinsen muss sie bei einem Zinssatz von 9,9 % in den angegebenen Zeiträumen aufbringen?

a. ein Monat

b. anderthalb Jahre

c. zwei Jahre und 50 Tage

d. 258 Tage

e. vom 18. 3. bis zum 12. 6. des nächsten Jahres

f. vom 21. 4. bis zum 4. 7. des nächsten Jahres

5 Herr Winter braucht dringend 2500 € Kredit. Im Internet findet er das Angebot: Auszahlung 2450 € und 36 Monate Ratenzahlung à 73,26 €. Alternativ könnte er auch sein Girokonto um 2500 € überziehen und seine Schulden jeden Monat um ca. 100 € verringern. Eine solche Überziehung kostet bei seiner Bank 12 % Zinsen. Welches Angebot sollte er favorisieren?

Bankhaus Wellreuther
Sparbrief für fünf Jahre
mit 3,5 %
jährlichem Zins

GENOSSENSCHAFTSBANK
1. Jahr 2,5 %
2. Jahr 3 %
3. Jahr 3,5 %
4. Jahr 4 %
5. Jahr 4,5 %

6 Von seinen Großeltern hat Nicolas 3000 € als Erbanteil erhalten. Nicolas Vater rät ihm, das Geld für fünf Jahre anzulegen, um sich mit 18 ein eigenes Auto zu kaufen. Ob er in fünf Jahren wirklich ein Auto kaufen möchte, weiß Nicolas nicht, aber den Vorschlag seines Vaters findet er in Ordnung. Bei welcher Bank sollten die 3000 € sinnvoller Weise angelegt werden?

34 Platonische Körper

1

a. Bestimme die Anzahlen von Flächen, Ecken und Kanten bei den gebastelten Körpern. Kannst du Zusammenhänge zwischen den Anzahlen erkennen? Stelle dazu deine Ergebnisse in einer Tabelle zusammen.
Die Tabelle soll folgende Spalten haben:
- Anzahl e der Ecken
- Anzahl f der Flächen
- Anzahl k der Kanten
- Anzahl der an jeder Ecke zusammenstoßenden Flächen
- Anzahl der Kanten n pro Seitenfläche

Stelle die Tabelle für Tetraeder, Würfel, Oktaeder, Dodekaeder und Ikosaeder auf. Wenn du nicht alle Körper selbst gebastelt hast, leihe dir die entsprechenden Körper von den Mitschülern aus.

b. Die Abbildung zeigt eine alte Briefmarke. Dort steht die sogenannte „Eulersche Polyederformel“ $e = k + f - 2$. Was bedeutet sie?
Ist sie wohl bei allen platonischen Körpern gültig?

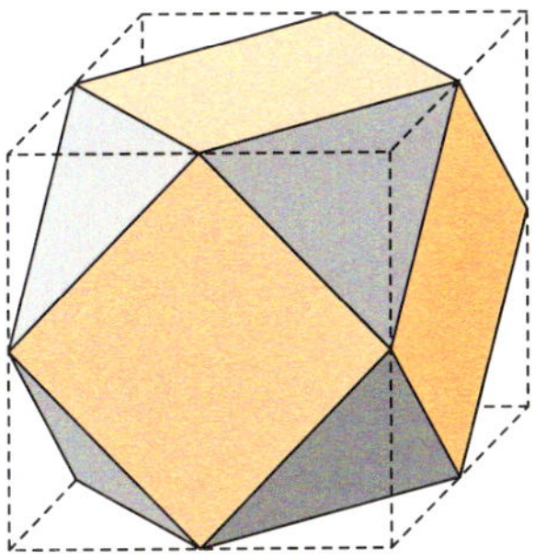

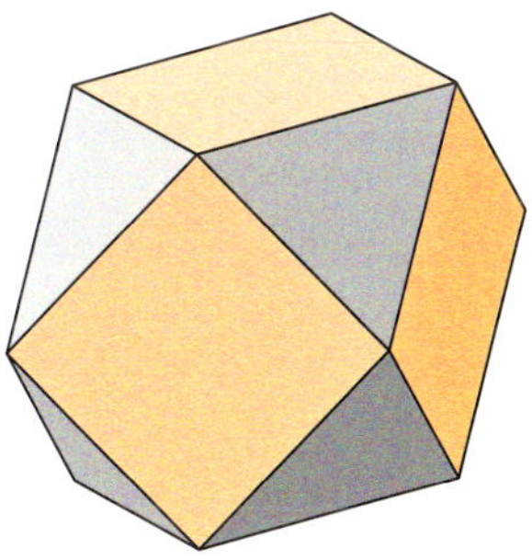

2 Schneidet man – wie in der Abbildung dargestellt – an jeder Ecke eines Würfels eine Pyramide mit dreieckiger Grundfläche ab, so entsteht ein „Kuboktaeder“.

a. Gib die Form und Anzahl der Seitenflächen an, aus denen ein Kuboktaeder aufgebaut ist.

b. Wie viele Ecken und Kanten hat ein Kuboktaeder? Gelten die in Aufgabe 1 ermittelten Zusammenhänge auch hier?

c. Ist der Kuboktaeder ein platonischer Körper? Begründe.

d. Ein Kuboktaeder kann auch aus einem Oktaeder entstehen. Probiere es mit dem Kantenmodell aus, indem du entsprechend Fäden spannst.

e. Beschreibe, wie man – ausgehend vom Kuboktaeder – einen Oktaeder bzw. einen Würfel erhalten kann.

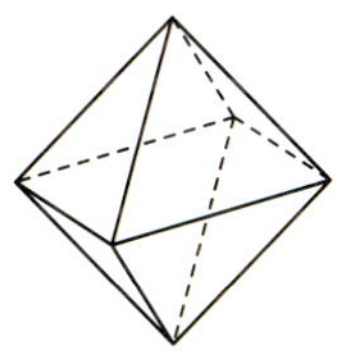

3 Auf den Fotos sind platonische Körper zu erkennen. Sie wurden mit drei Spiegeln erzeugt, die zu einer Spiegelecke zusammengeklebt sind.

a. Um welche Körper handelt es sich?

b. Wie kannst du einen Würfel in einer solchen Spiegelecke erzeugen? Gib mehrere Möglichkeiten an.

c. Wie kann ein Kuboktaeder erzeugt werden?

T 5 Teste dich selbst

Bist du bei der Bearbeitung der Aufgaben sicher? Notiere deine Einschätzung jeweils.

🙂 Da bin ich sicher. Das kann ich.

😐 Da bin ich unsicher. Das werde ich weiter üben.

☹ Das kann ich nicht. Hier brauche ich Hilfe.

---

1 Finde zu jeder Aussage eigene Beispiele und überprüfe damit, ob es sich um eine Äquivalenzumformung handelt. Streiche anschließend falsche Aussagen durch.

A Auf beiden Seiten der Gleichung den gleichen Term addieren oder subtrahieren.
B Beide Seiten der Gleichung durch die gleiche positive Zahl dividieren.
C Auf einer Seite der Gleichung irgendeine Zahl addieren oder subtrahieren.
D Eine Seite der Gleichung mit irgendeiner positiven Zahl multiplizieren.
E Eine Seite der Gleichung durch irgendeine positive Zahl dividieren.
F Die beiden Seiten der Gleichung miteinander vertauschen.
G Auf beiden Seiten der Gleichung mit irgendeinem Term multiplizieren.

2

a. Löse die folgenden Gleichungen.

b. Gibt es zueinander äquivalente Gleichungen? Woran erkennst du das?

A	B	C	D
$3a + 5 = 4a - 2$	$\frac{6x-8}{2} = 6x - 8$	$(u + 6)(u + 2) = u^2 + 7u + 12$	$\frac{2x}{3} - 6 = \frac{x}{2} - 4$
$3 \cdot (a + 5) = 4 \cdot (a - 2)$	$3x - 4 = \frac{6x-8}{2}$	$u + 6(u + 2) = u^2 + 7u + 12$	$\frac{2x-6}{3} = \frac{x-4}{2}$
$0{,}3a + 5 = 0{,}4a - 2$	$6x - 8 = 2 \cdot (6x - 8)$	$(u + 6)(u + 2) = u^2 + 7(u + 12)$	$\frac{2x-6+3}{3} = \frac{x-4+2}{2}$
$0{,}3a + 0{,}5 = 0{,}4a - 0{,}2$	$3x - 4 = \frac{6x}{2} - 8$	$(u + 6)(u + 2) = u^2 - 7(u + 12)$	$2x - \frac{6}{3} = x - \frac{4}{2}$

---

3 Wie groß ist der Anteil der gefärbten Fläche am gesamten Achteck? Begründe alle Argumentationsschritte.

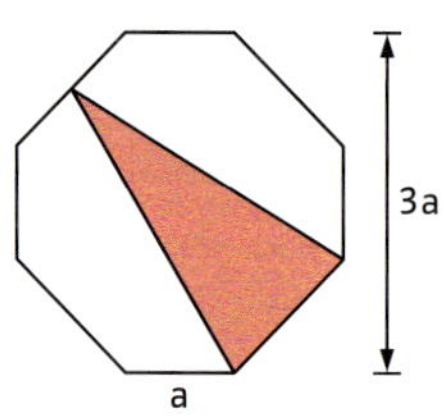

---

4 Zeichne in einem Koordinatensystem den Punkt P(9|7) und den Kreis um M(4|5,5) mit Radius 3 cm. Konstruiere vom Punkt P aus eine Tangente an den Kreis. Gib die Koordinaten des Berührungspunktes an (auf mm genau).

5

a. Frau Hoffmeister erhält einen Bankkredit in Höhe von 5000 €. Der Kredit läuft über drei Jahre und es müssen pro Jahr 9 % Zinsen auf die Kredithöhe gezahlt werden. Wie viel Zinsen muss Frau Hoffmeister insgesamt aufbringen?

b. Herr Schenk erhält von der Bank auch einen Kredit zu gleichen Konditionen bei gleicher Laufzeit. Er zahlt insgesamt 2160 € Zinsen. Bestimme die Kredithöhe.

35 Kalender

Kalender-Einteilung

1 Überlege, wie du die 365 Tage eines Nicht-Schaltjahrs anders als üblich, aber sinnvoll, in „Monate“ und „Wochen“ (oder auch andere Unterteilungen) einteilen könntest. Finde eigene Namen für deine Unterteilungen.

2 Ostern ist ein beweglicher Termin. Der Ostersonntag fällt immer auf den Sonntag, der auf den ersten Vollmond im Frühling folgt. Dabei gilt immer der 21. März als Frühlingsanfang. Viele andere bewegliche Festtage richten sich nach diesem Datum.

Festtag	Lage in Bezug auf den Ostersonntag
Rosenmontag	48 Tage vorher
Karfreitag	2 Tage vorher
Christi Himmelfahrt	39 Tage später
Pfingstsonntag	49 Tage später
Fronleichnam	60 Tage später

a. Auf welchen Wochentag fällt Fronleichnam stets? Begründe.
b. Wie weit liegen Aschermittwoch und Pfingstmontag stets auseinander?
c. Welches ist der frühestmögliche Ostertermin? Welches der spätestmögliche?
d. Am 23.03.2008 war Ostersonntag. Berechne die Termine der anderen Feiertage.
e. Im Jahr 2018 wird der Pfingstsonntag am 10. Mai gefeiert. An welchem Datum werden die Kinder in diesem Jahr die Ostereier suchen?

Schaltjahres-Regeln

3 Prüfe folgende Behauptungen auf ihre Richtigkeit und begründe deine Entscheidung.
a. In genau 364 Tagen ist der gleiche Wochentag wie heute.
b. 365 Tage lassen sich in 12 gleich lange Monate einteilen.
c. Das Jahr 2054 wird ein Schaltjahr.
d. Das Jahr 3000 wird 366 Tage haben.

4 Ein Marsjahr besteht aus 668,5921 Marstagen (von denen jeder 24 Stunden 39 Minuten 35 Sekunden lang ist). Erfinde einen Marskalender mit einer Schaltjahresregel.

Bestimmung des Wochentages

5
a. Setze die Tabelle fort. Sie gilt für ein normales Jahr (kein Schaltjahr).

Monat	Anzahl Tage des Monats	Anzahl Tage im Jahr bis Ende Monat	7er-Rest	Wochentag des Monatsletzten, wenn der 1. Januar ein Montag ist
Januar	31	31	3	Mittwoch
Februar	28	59	3	Mittwoch

b. Erläutere, inwiefern die Tabelle hilfreich ist, um den Wochentag eines beliebigen Tages im Jahr zu bestimmen.
c. In einem normalen Jahr (kein Schaltjahr) fällt der 1. Januar auf einen Dienstag. Auf welchen Wochentag fallen folgende Tage?
30. Januar, 28. Februar, 5. März, 14. Juni, 1. August, Weihnachten

Der 01.01.1900 war ein Montag, der 01.01.2000 ein Samstag.

6 Bestimme den Wochentag folgender Ergebnisse.
Erster Zeppelinflug (02.07.1900); erste bemannte Mondlandung (20.07.1969); Mauerfall (09.11.1989); Wahl von Kardinal Ratzinger zum Papst (18.04.2005)

36 Hypatia und Ramanujan

Mathematiker in allen Zeiten und Kulturen

1 In allen Zeiten und Kulturen gab und gibt es faszinierende Persönlichkeiten in der Mathematik.
Recherchiert Biografie und Bedeutung einer dieser Personen (oder auch anderer Mathematiker) und stellt sie euch gegenseitig in der Klasse vor. Ihr könnt auch über das nächste Schuljahr hinweg jeden Monat „einen Mathematiker bzw. eine Mathematikerin des Monats" vorstellen.

Sophie Germain

*1.4.1776, Paris
†18.7.1831, Paris

Auguste Antoine Le Blanc war das männliche Pseudonym der französischen Mathematikerin, unter dem sie zunächst arbeitete, weil sie befürchtete, als Frau nicht ernst genommen zu werden. Ihre Forschungen lagen hauptsächlich auf dem Gebiet der Zahlentheorie, insbesondere beschäftigte sie sich mit der Fermat'schen Vermutung.

Pierre de Fermat

*1607, Beaumont-de-Lomagne
†12.1.1665, Castres

Der französische Mathematiker und Jurist arbeitete lebenslang im Staatsdienst und beschäftigte sich in seiner Freizeit mit Mathematik. Er leistete wichtige Beiträge zur Zahlentheorie und Wahrscheinlichkeitsrechnung. Berühmt ist er durch seinen „letzten Satz", der erst 1994 bewiesen wurde. Die Entdeckung dieses Beweises ist eine der spannendsten Geschichten der Mathematik.

Emmy Noether

*23.3.1882, Erlangen
†14.4.1935, Bryn Mawr

Emmy Noether gehört zu den Begründern der modernen Algebra und gilt als bedeutendste Mathematikerin, die je gelebt hat. Trotzdem wurde ihr Antrag auf eine Habilitation in Göttingen abgelehnt, weil sie eine Frau war. Als Jüdin, Pazifistin und Sozialistin wurde ihr 1933 die Lehrerlaubnis entzogen, und sie emigrierte in die USA.

Grigori Jakowlewitsch Perelman

*13.6.1966, Leningrad
(heute St. Petersburg)

Der russische Mathematiker veröffentlichte 2002 seinen Beweis der Poincaré-Vermutung, eines der großen, bis dahin ungelösten Probleme der Mathematik. Das dafür ausgelobte Preisgeld von einer Million Dollar lehnte er ab, genauso wie die Fields-Medaille, die ihm 2006 verliehen wurde und als „Nobelpreis der Mathematik" gilt.

Im Internet könnt ihr Webseiten zu Mathematik-Biografien finden. In den biografischen Texten erfahrt ihr auch einiges über die damalige Zeit und das Land.

37 Der grafikfähige Taschenrechner

1 In einem Experiment wird die Masse und das Volumen von Knete-Päckchen bestimmt.

Volumen (in cm³)	8	12	15	20	24
Masse (in g)	10	14	19	28	31

a. Stelle die Werte in einem Graphen dar und begründe, dass die Masse näherungsweise proportional zum Volumen ist.
b. Zeichne eine Gerade, die die Messwerte gut annähert.
c. Bestimme die Dichte der Knete.

2 Eine Zuordnung ist gegeben. Lasse dir den Graphen auf 2 verschiedene Arten darstellen: 1. anhand einer Wertetabelle und 2. mithilfe der Gleichung. Vergleiche beide Darstellungen.
Die y-Werte brauchst du nicht einzeln berechnen, sondern kannst sie mit dem GTR automatisch berechnen lassen. Gib die x-Werte in die Liste L1 ein (Statistik Menü STAT). Bewege den Cursor auf L2 im Tabellenkopf und gib dort die Rechenvorschrift ein. (2 ÷ 2nd STAT 1 ENTER). Wähle folgende x-Werte 0,25; 0,5; 1; 4.
a. Welche Zuordnung wird im Beispiel auf dem Rand dargestellt?
Lasse dir den Graphen auf 2 Arten darstellen.
b. $y = \frac{4}{x}$
c. $y = 0{,}5\,x$

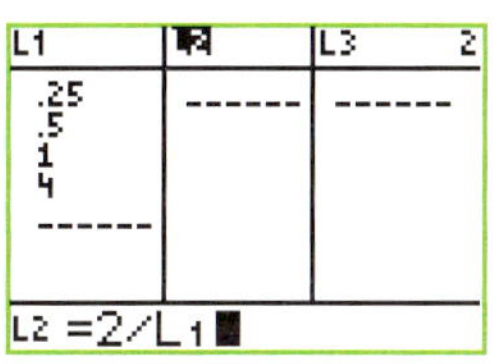

3 Erstelle eine Wertetabelle und lasse dir den Graphen anzeigen.
a. $y = -3 \cdot x + 5$ b. $y = 2 \cdot x^2 - 4$

4 Gegeben sind folgende Werte: 2,5; 3; 1,8; 1,4; 4,5; 3,2; 3,5.
a. Stelle die Werte in einem Boxplot dar.
b. Lege eine zweite Liste an, in denen du nur einzelne Werte der ersten Tabelle abänderst, und stelle den zugehörigen Boxplot im gleichen Fenster dar. Beschreibe und erkläre, was sich bei dem Boxplot ändert.

Beispiele

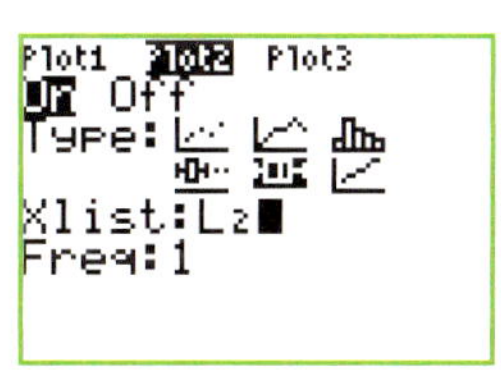

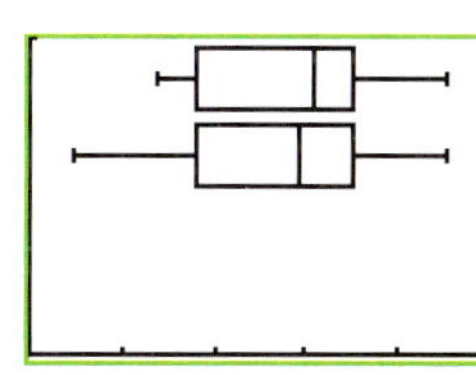

c. Übertrage die Werte in eine dritte Liste. Füge weitere Werte zu dieser Liste hinzu. Beschreibe, wie sich der Boxplot ändert.

Hinweis
Wenn du die Taste Trace und die Pfeiltasten nach rechts und links drückst, werden dir die statistischen Kennwerte angezeigt. Mit den Pfeiltasten nach oben und unten wechselst du zwischen den beiden Boxplots.

5 Jana und Miriam üben Weitsprung. Stelle ihre Sprungweiten in Boxplots übereinander dar und finde mindestens vier Aussagen, mit denen du ihre Ergebnisse vergleichen kannst.

Jana: 4,3 m; 4,1 m; 3,8 m; 4,4 m; 4,7 m; 4,1 m
Miriam: 3,5 m; 4,4 m; 4,7 m; 4,5 m; 4,3 m; 4,1 m

Größen

1

a. Etwa 15
b. Vergleich mit 1 kg Zucker/Mehl
c. Etwa faustgroß. Ein Stein hat etwa die dreifache Dichte von Wasser.
d. 1000 Schokolinsen, 1 000 000 Ameisen

2

a. 10,2 cl = 102 ml < 1,2 dl < 1002 ml < 1,003 l < 11 dl < 101 l
b. 0,0302 g < 302 mg < 3,02 g < 0,032 kg < 322 g < 3,022 kg < 0,0032 t

3

$\frac{3}{4}$ kg = 750 g	$\frac{3}{10}$ m = 30 cm	$\frac{1}{8}$ l = 1,25 dl
$\frac{3}{5}$ kg = 600 g	$\frac{3}{10}$ m = 3 dm	$\frac{1}{8}$ m = 1,25 dm
$\frac{3}{8}$ kg = 375 g	$\frac{1}{8}$ m = 125 mm	$\frac{1}{8}$ m = 125 mm
$\frac{3}{10}$ kg = 300 g	$\frac{1}{4}$ m = 250 mm	$\frac{1}{4}$ m = 250 mm
$\frac{3}{20}$ kg = 150 g	$\frac{1}{2}$ m = 500 mm	$\frac{1}{2}$ l = 5 dl

4

750 ml = $\frac{3}{4}$ l	125 m = $\frac{1}{8}$ km	12,5 g = $\frac{1}{80}$ kg
75 dl = $7\frac{1}{2}$ l	375 mm = $\frac{3}{8}$ m	37,5 g = $\frac{3}{80}$ kg
7,5 cl = $\frac{3}{40}$ l	87,5 cm = $\frac{7}{8}$ m	875 g = $\frac{7}{8}$ kg
2,5 dl = $\frac{1}{4}$ l	875 cm = $\frac{7}{800}$ km	87,5 kg = $\frac{7}{80}$ t

5

2 cm = 0,02 m	9 m = 0,009 km	500 g = 0,5 kg
32 cm = 0,32 m	89 m = 0,089 km	1500 g = 1,5 kg
432 cm = 4,32 m	789 m = 0,789 km	15 t = 15 000 kg
4320 cm = 43,20 m	90 mm = 0,09 m	150 g = 0,15 kg
32 dm = 3,2 m	900 mm = 0,9 m	150 mg = 0,15 g
320 dm = 32 m	9000 µm = 0,009 m	1500 mg = 1,5 g

6

10 t = 10 000 kg	1 km = 1000 m	100 l = 1000 dl
1 kg = 1 000 000 mg	10 m = 10 000 mm	1 l = 1000 ml
100 mg = 0,1 g	10 mm = 0,01 m	10 l = 10 000 ml
0,1 g = 0,0001 kg	0,01 m = 0,000 01 km	330 ml = 0,33 l
10 mg = 0,01 g	1 dm = 0,1 m	0,33 l = 33 cl
0,01 g = 0,000 01 kg	0,1 m = 0,0001 km	3,3 dl = 0,33 l

Rationale Zahlen

1

a. $\frac{1}{6}$; $\frac{1}{4}$; $\frac{3}{10}$; $\frac{1}{3}$; $\frac{3}{8}$; $\frac{2}{5}$; $\frac{9}{20}$; $\frac{49}{100}$
b. $\frac{1}{4}$; $\frac{1}{12}$; 0; $-\frac{1}{20}$; $-\frac{1}{12}$; $-\frac{3}{28}$; $-\frac{1}{8}$; $-\frac{5}{36}$
c. −0,05; 0,22; 0,247; 0,2497; 0,0247; 0,022; −0,005; −0,275
d. 0,05; −0,22; −0,247; −0,2497; −0,0247; −0,022; 0,005; 0,275

2

a.

·	$\frac{2}{3}$	$-\frac{2}{5}$	$\frac{5}{8}$	$-\frac{9}{10}$
$-\frac{3}{4}$	$-\frac{1}{2}$	$\frac{3}{10}$	$-\frac{15}{32}$	$\frac{27}{40}$
$\frac{3}{5}$	$\frac{2}{5}$	$-\frac{6}{25}$	$\frac{3}{8}$	$-\frac{27}{50}$
$\frac{1}{3}$	$\frac{2}{9}$	$-\frac{2}{15}$	$\frac{5}{24}$	$-\frac{3}{10}$
$\frac{3}{10}$	$\frac{1}{5}$	$-\frac{3}{25}$	$\frac{3}{16}$	$-\frac{27}{100}$

b.

·	0,25	0,2	−0,1	1,25
0,5	0,125	0,1	−0,05	0,625
0,3	0,075	0,06	−0,03	0,375
−0,1	−0,025	−0,02	0,01	−0,125
−0,2	−0,05	−0,04	0,02	−0,25

c.

·	$\frac{3}{4}$	$-\frac{2}{3}$	$-\frac{3}{5}$	$-\frac{1}{5}$
0,5	$\frac{3}{8}$	$-\frac{1}{3}$	$-\frac{3}{10}$	−0,1
−0,09	$-\frac{27}{400}$	0,06	$\frac{27}{500}$	$\frac{9}{500}$
−0,1	$-\frac{3}{40}$	$\frac{2}{30}$	$\frac{3}{50}$	$\frac{1}{50}$
$-\frac{5}{6}$	$-\frac{5}{8}$	$\frac{5}{9}$	$\frac{1}{2}$	$\frac{1}{6}$

3

a. Man erhält jeweils das a-fache des Bruches.
b. Man erhält jeweils den a-ten Teil des Bruches.
c. Man erhält jeweils, wie in b., den a-ten Teil des Bruches.
d. Man erhält, wie in a., das a-fache des Bruches.
e. Der Wert des Bruches bleibt gleich.
f. Der Wert des Bruches bleibt wie in e. gleich.
g. Die Fälle a. und d., b. und c. sowie e. und f. entsprechen sich jeweils.
h. A $\frac{a}{b} \cdot c = \frac{a \cdot c}{b}$ B $\frac{a}{b} : c = \frac{a}{b \cdot c}$ C $c \cdot \frac{a}{b} = \frac{c \cdot a}{b}$ D $c : \frac{a}{b} = \frac{b \cdot c}{a}$
i. Im Ergebnis ändert sich jeweils das Vorzeichen.

4

a. 47 b. 468 c. 1,6 d. −8 e. −9,24
f. 6 g. −0,24 h. 2,75 i. $-10\frac{1}{8}$

5

a. −1,3 b. 9,3 c. 1,3 d. −1,3 e. $-\frac{5}{12}$
f. 0 g. $-1\frac{3}{7}$ h. 1 i. $\frac{27}{16}$

6

a. $13\frac{5}{9}$ b. 32 c. $10\frac{2}{3}$ d. $1\frac{5}{27}$ e. $3\frac{5}{9}$
f. $13\frac{5}{9}$ g. 58 h. $3\frac{5}{9}$ i. $\frac{32}{27}$

7

a. −7,5 b. $-7\frac{1}{3}$ c. 48,2 d. −5 e. −12,25
f. 0 g. 3 h. 0,9 i. 0,5

8

a. $\left(\frac{1}{2}+\frac{1}{3}\right):\left(\frac{1}{2}\cdot\frac{1}{3}\right)=5$

b. $2\cdot\left(-1{,}2-1\frac{1}{5}\right)-\left(-1{,}2\cdot 1\frac{1}{5}\right)=-3{,}36$

c. $\left(2{,}75-\left(-1\frac{35}{100}\right)\right)+2{,}75\cdot\left(-1\frac{35}{100}\right)=0{,}3875$

d. $-3{,}5\cdot\frac{4}{7}\cdot\left(-3{,}5+\frac{4}{7}\right)=5\frac{6}{7}$

9

a. $\left(3+1\frac{1}{5}\right):\left(-\frac{1}{4}\cdot(-0{,}3)\right)-\frac{3}{4}=55{,}25$

b. $3:\left(-0{,}3-\left(-\frac{1}{4}\right)\right)\cdot 1\frac{1}{5}+\frac{3}{4}=-71{,}25$

c. $\left(-\frac{1}{4}+(-0{,}3)\right)\cdot\left(\left(3-\frac{3}{4}\right):1\frac{1}{5}\right)=-1\frac{1}{32}$

10 8,7 − 5,4 − 3,7 − 2 · (− 4,2 − 0,8) = (Distributivgesetz)
8,7 − 5,4 − 3,7 + 8,4 + 1,6 = (Es wurden das Assoziativgesetz und das Kommutativgesetz benutzt.
Zweimal Vorzeichenfehler beim Ausmultiplizieren.)
(8,7 − 3,7) + (+ 8,4 − 5,4) + 1,6 =
5 + 3 + 1,6 = 9,6

11

a.	b.	c.	d.
$\frac{1}{5}$	$\frac{1}{5}$	$\frac{6}{8}$	$\frac{9}{8}$
$\frac{2}{5}$	$\frac{2}{5}$	$\frac{7}{8}$	$\frac{8}{8}$
$\frac{3}{5}$	$\frac{3}{5}$	$\frac{8}{8}$	$\frac{7}{8}$
$\frac{4}{5}$	$\frac{4}{5}$	$\frac{9}{8}$	$\frac{6}{8}$

Prozentrechnung

1

a.

G	P	p%
100	48	**48%**
45	**4,5**	10%
500	15	3%
22,5	7,5	**$33\frac{1}{3}$%**
70	**19,6**	28%
200	102	51%
70	28	**40%**
15	**1,8**	12%

b.

p%	P	G
40%	10	25
32,5%	**26**	80
7,5%	6	**80**
$\frac{2}{3}$%	0,2	30
6,25%	**7,5**	120
5,5%	22	**400**
8%	$\frac{1}{5}$	2,5
$\frac{1}{8}$%	3	**2400**

c.

P	p%	G
135,3	5,5%	2460
6	2,4%	**250**
650	**50%**	1300
0,9	1,5%	60
44	44%	**100**
34	**20%**	170
75	100%	**75**
19,36	44%	44

2

Grundwert G	Prozentsatz p%	Prozentwert P
10 km	0,5%	50 m
86 m	20%	17,2 m
40 m	30%	12 m
14 m	80%	11,2 m
4 m = 400 cm	0,1%	0,4 cm

3

a. Prozentwert P = 6 Kinder
b. Prozentsatz p% = 6,7%
c. Prozentwert P = 44 Millionen
d. Grundwert G = 30 Schüler
e. Prozentsatz p% = 25%

4

a. $\frac{8}{10}>\frac{8}{11}>\frac{8}{12}=\left(\frac{2}{3}\right)$; 8 von 11 liegt also zwischen 80% und 67%, bei ca. 73 − 74%.
(Mit dem Taschenrechner berechnet: 72,7%)

b. $\frac{32}{61}=\frac{64}{122}>\frac{61}{122}=0{,}5$; 32 von 61 ist also etwas größer als 50% (berechnet 52,5%).

c. 18,3 von 38 ist kleiner als $\frac{19}{38}$, also 50%. (48,2%)

d. $\frac{177}{121}<\frac{180}{121}<\frac{180}{120}$; 177 von 121 ist also kleiner als $\frac{180}{120}$, also 150%. (146,3%)

5

a. G = 300 kg; G = 6400 m^2; G = 355 €
b. p% = 70%; p% = 58%; p% = 12,5%
c. P = 84 kg; P = 160 m^2; P = 1736 €
d. 12 500 ml; 11%; 48,64 €

6

a. Ja, Beispiel: G = 100 €

p	2 €	17 €
p%	2%	17%

b. Ja, Beispiel: 10% von 100 € sind 10 €, 10% von 150 € sind 15 €.
c. Nein, Beispiel: 10 € von 100 € sind 10%, 10 € von 200 € sind 5%.

Terme

1

a. 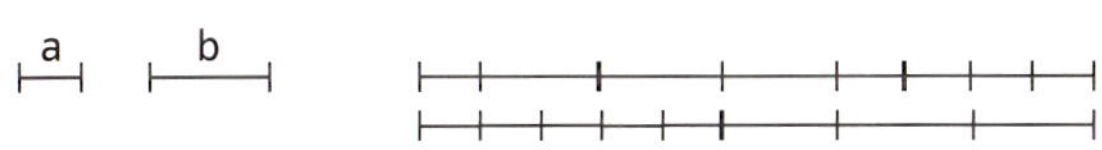

b. 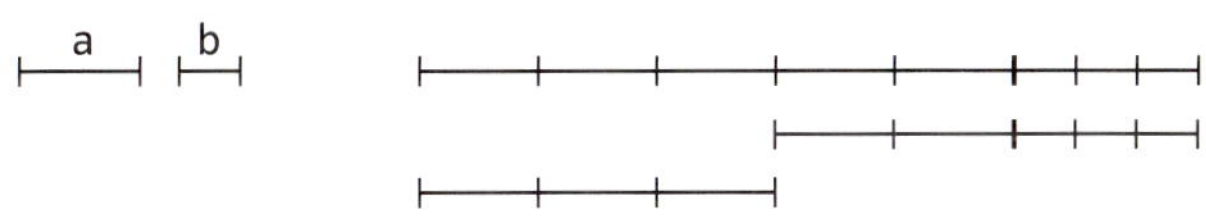

2

a. $10a-5b+2$ b. $2a-4b+4$ c. $3a-8b+8$
d. $10a-5b+2$ e. $2a-6b+4$ f. $3a-8b$
g. $10a-5b-6$ h. $-4a-5b-6$ i. $-4a-5b-2$
j. $3a^2+3a+ab$ k. $3a^2+3a-ab$ l. $-a^2-7a-ab$

3

a.

	b	+ b	+ 5
a	ab	ab	5a

b.

	a	+ 5
b	ab	5b
+ 3	3a	15

c.

	a	+ 5
a	a^2	5a
+ 3	3a	15

4

a. $30xy^2z$ b. $0{,}5xz^2$ c. $6x^3y^3$ d. $120a^2b^2$

5

a. $15ab+12a$
b. $12a+20b$
c. $60ab$
d. $21a^2+35ab+6a+10b$
e. $21a^2+41ab+10b^2$
f. $9a^2+30ab+25b^2$
g. $9s^2+30st+25t^2+25s^2+30st+9t^2=34s^2+60st+34t^2$
h. $9s^2+30st+25t^2-25s^2-30st-9t^2=-16s^2+16t^2$

T1

1

a. 400 g; 1,5 kg; 0,0015 g
b. 3 dm; 375 mm; 0,9 m
c. 2 a; $1\,m^2$; 0,02 ha

2

a. $8 + 4 \cdot (-2) + 2 \cdot (-5) = -10$
b. $8 \cdot (+3) - 2 \cdot (-5) = 34$
c. $8 - 4 \cdot (-2) + 2 \cdot (-5) = 6$
d. $8 - 4 \cdot ((-2) - 2 \cdot (-5)) = -24$

3

a. 1; 10; 1000; 1 000 000 (Millionen)
b. 1000; 10 000; 1 000 000; 1 000 000 000 (Tausender)

4

a. 1 000 000 000 000 000
10 000 000 000 000
10 000 000 000
b. 1 000 000
10
100 000

5

a.

Figur	1	2	3	4	5
Anzahl Hölzchen	6	10	14	18	22

b. $4x + 2$

6 Ergebnisse sind teilweise auf eine Stelle hinter dem Komma gerundet.

a. d = 14 cm; $A \approx 153{,}9\,cm^2$; $u \approx 44{,}0\,cm$
b. r = 2,4 m; $A \approx 18{,}1\,m^2$; $u \approx 15{,}1\,m$
c. $r \approx 5{,}4\,dm$; $d \approx 10{,}8\,dm$; $A \approx 92{,}0\,dm^2$

7 3 Tabletts mit einem (gerundeten) Flächeninhalt von $707\,cm^2$ können ausgeschnitten werden. Etwa 61 % des Brettes werden genutzt.

8

a. $\frac{19}{15}$; $-\frac{1}{15}$; $\frac{1}{15}$; $-\frac{19}{15}$
b. −0,16; 0,38; 0,16; −0,38
c. $\frac{1}{4}$; $\frac{25}{9}$; 4; $\frac{1}{4}$
d. 3; 1,47; 3; 0,147

T2

1

a. D – C – G – H b. E – F – G – H c. A und B

2

a. Text: In einer hellen Box liegen drei Mal mehr Streichhölzer als in einer dunklen.
Gleichung: $x = 3 \cdot y$

b.

x	15	12	9	6	3	0
y	0	1	2	3	4	5

Gleichung: $3 \cdot y + x = 15$

c. Text: In einer hellen Box liegen halb so viele Streichhölzer wie in einer dunklen.

x	0	1	2	3	4
y	0	2	4	6	8

3

a. Bsp.: Petra und Carla haben zusammen 90 Murmeln. Carla (Anzahl der Murmeln, die sie besitzt: y) schenkt Petra (Anzahl der Murmeln, die sie besitzt: x) von ihren Murmeln 22 Stück.
b. 13 t bzw. 9 t.

4

Der Stammbaum hat 5 Ebenen.
Es waren insgesamt $2^5 = 32$ Vorfahren.

5

a. Strecke $\overline{AB}$
Kreis um A mit Radius der Streckenlänge von $\overline{AB}$
Kreis um B mit Radius der Streckenlänge von $\overline{AB}$
Der Schnittpunkt der Kreise ist der Punkt C des gleichseitigen Dreiecks ABC.
b. Ein gleichseitiges Dreieck hat 60°-Winkel, also zunächst Konstruktion eines 60°-Winkels wie in a.
Danach Konstruktion der Winkelhalbierenden (Kreisbogen um Scheitelpunkt; von Schnittpunkten mit den Winkelschenkeln weitere Kreisbögen ziehen; den entstehenden Schnittpunkt mit dem Scheitelpunkt verbinden)

6

a. proportional, vorausgesetzt, es gibt keinen Rabatt
b. weder noch
c. umgekehrt proportional
d. weder noch
e. proportional
f. weder noch

T3

1

	Schwimmen	Radfahren	Laufen
Anteil	$\frac{1}{51}$	$\frac{40}{51}$	$\frac{10}{51}$
Prozent	1,96 %	78,43 %	19,61 %
Kreisdiagramm / Winkel	7°	282°	71°
10 cm langes Streifendiagramm	2 mm	78 mm	20 mm

2

a. ca. 375 b. ca. 149 c. ca. 200 d. ca. 537

3 Um 40 % gekürzt: Länge 1,20 m.
Verlängerung um 50 %: Länge 1,80 m.

4 Der Rabatt beträgt $\frac{0{,}5\,kg}{10{,}5\,kg} = 4{,}76\,\%$, also etwa 5 %.

5

a. Die Steigung beträgt ca. 2 %. Der Steigungswinkel beträgt ca. 1,15°.

b. Die Horizontaldifferenz beträgt ca. 5598 Meter.

c. Das hat zum einen damit zu tun, dass ein Zug weitaus mehr Masse den Berg hochbewegen muss, zum anderen damit, dass man ihn nicht so leicht in Kurven den Berg hinaufführen kann, wie bei Straßen. Außerdem entsteht bei Metall auf Metall weniger Reibung.

6

	Kreis 1	Kreis 2	Kreis 3	Kreis 4
Radius	10 cm	6 cm	5,3 cm	5,0 cm
α	57°	36°	108°	216°
Bogenlänge	10 cm	3,8 cm	10 cm	18,8 cm
Flächeninhalt	50 cm²	11,3 cm²	26,5 cm²	47,1 cm²

(Einige Werte sind gerundet.)

7

a. stimmt.
$(u_1 = 2\pi r;\ u_2 = 2\pi \cdot (2r) = 2 \cdot u_1)$

b. stimmt
(Zur Berechnung der Fläche wird der Radius quadriert; eine Verdopplung des Radius führt also zur Vervierfachung der Fläche. Wenn gleichzeitig der Mittelpunktwinkel geviertelt wird, hebt sich der Effekt auf.)

8

$4a + 3b$
$4a - c - 2b$ | $5b + c$
$4a - 3b - 2c$ | $c + b$ | $4b$

$22x$
$16(x + y)$ | $6x - 16y$
$4x + 17y$ | $12x - y$ | $-6x - 15y$

5
$3(x - y)$ | $5 - 3x + 3y$
$2x - 2y$ | $x - y$ | $5 - 4x + 4y$
x | $x - 2y$ | y | $5 - 4x + 3y$

T4

1

a. Arithmetisches Mittel:
$$\frac{0 \cdot 2 + 30 \cdot 2 + 45 \cdot 3 + 60 \cdot 9 + 120 \cdot 8 + 180 \cdot 3}{27} \approx 82{,}78$$
Zentralwert: 60

b. $q_u = 45;\ q_o = 120$

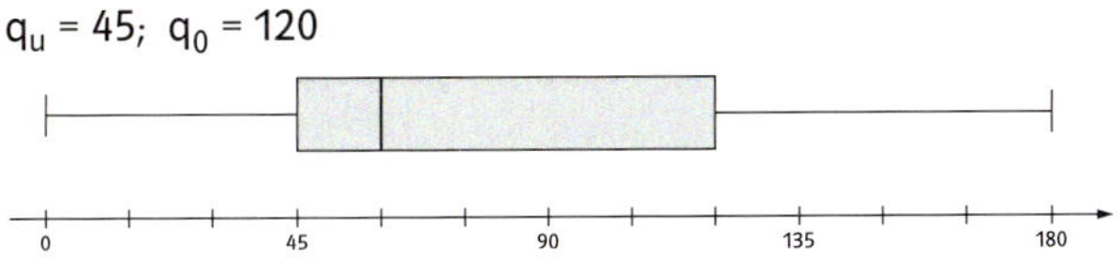

c.

Aussage	Richtig	Falsch
Mindestens 50 % aller befragten Personen hat zwischen 60 und 120 Minuten an einem „normalen" Schultag Zeit.		x
Mindestens 25 % der befragten Personen hat mehr als 60 Minuten Zeit.	x	
Die Ausreißer sind ungefähr gleich weit von der Box entfernt.	x	
Mindestens 25 % aller befragten Personen hat weniger als 30 Minuten Zeit.		x

2 Die Rampe muss einen horizontalen Abstand von 6 m überbrücken, ist also mindestens 6 m lang.

3 Konstruktionsaufgabe

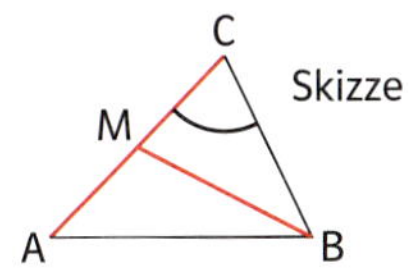

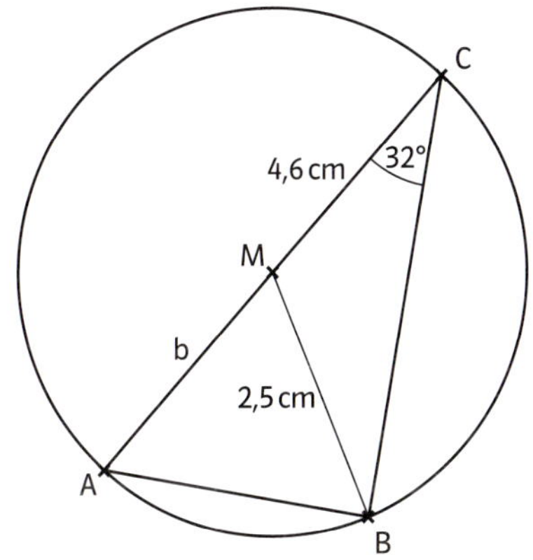

Konstruktionsbeschreibung
1. b → A, C als Endpunkte
2. Winkel γ an C
3. M als Mittelpunkt von b
4. Kreis sum M mit Radius $s_b = 2{,}5$ cm
5. Schnitt von Kreis und freier Linie → B

Hinweis: Der zweite Schnittpunkt ergibt keine Lösung (liegt auf der falschen Seite der Halbgerade durch C).

4 Mögliche Lösungen:

a. $5a \cdot 6y = 6a \cdot 5y = 15a \cdot 2y = 3a \cdot 10y = \ldots = 30ay$

b. $\frac{1}{2}b \cdot \frac{1}{3}b = \frac{1}{6}b \cdot b = 2b \cdot \frac{1}{12}b = \ldots = \frac{1}{6}b^2$

c. $b \cdot \left(2a + \frac{1}{2}b\right) = \frac{1}{2}b \cdot (4a + b) = \frac{1}{4}b \cdot (8a + 2b)$
$= \ldots = 2ab + \frac{1}{2}b^2$

d. $x \cdot (4y + 6z) = 2x(2y + 3z) = 4x \cdot (y + 1{,}5z)$
$= \ldots = 4xy + 6xz$

5 $2x \cdot 4x = 8x^2$
$2x \cdot (x - 4) = 2x^2 - 8x$
$(2 - x) \cdot (4 + x) = 8 - 2x - x^2$
$(2 - x) \cdot 4x = 8x - 4x^2$
$(2a + x)(4x - a) = 4x^2 + 7ax - 2a^2$
$(2x - a)(2x - 4a) = 4x^2 - 10ax + 4a^2$
Zwei Terme bleiben übrig: $2ax \cdot 4x$ und $2x^2 - 8x$.

6

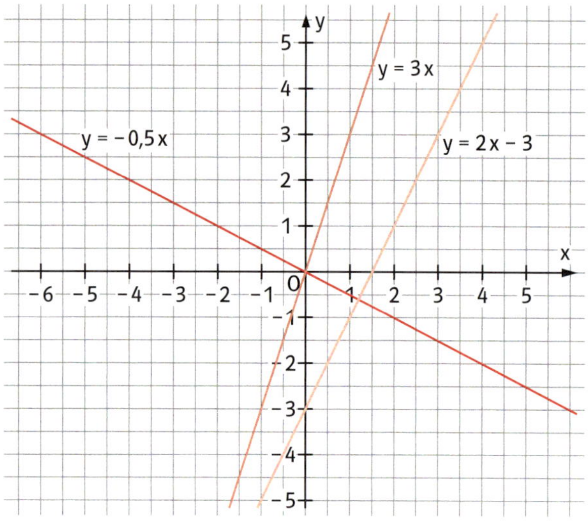

7 g_1: $y = -\frac{1}{5}x$

g_2: $y = -\frac{5}{2}x$

g_3: $y = \frac{3}{4}x$

T5

1 A richtig
B richtig
C falsch
D falsch
E richtig
F richtig
G falsch

2

a.

A	B	C	D
a = 7	$x = \frac{4}{3}$	u = 0	x = 12
a = 23	allgemeingültig	u = 0	x = 0
a = 70	$x = \frac{4}{3}$	u = 72	x = 0
a = 7	keine Lösung	$u = -\frac{32}{5}$	x = 0

b.
- Bei A. sind die 1. und die 4. Gleichung äquivalent → Wenn man die 4. Gleichung auf beiden Seiten mit 10 multipliziert, erhält man die 1. Gleichung
- Bei B. sind die 1. und 3. Gleichung äquivalent → Wenn man beide Seiten der 1. Gleichung mit 2 multipliziert, erhält man die 3. Gleichung
- Bei D. sind die 2. und 3. Gleichung äquivalent → Wenn man zur 2. Gleichung auf beiden Seiten 1 dazu addiert, erhält man die 3. Gleichung

3

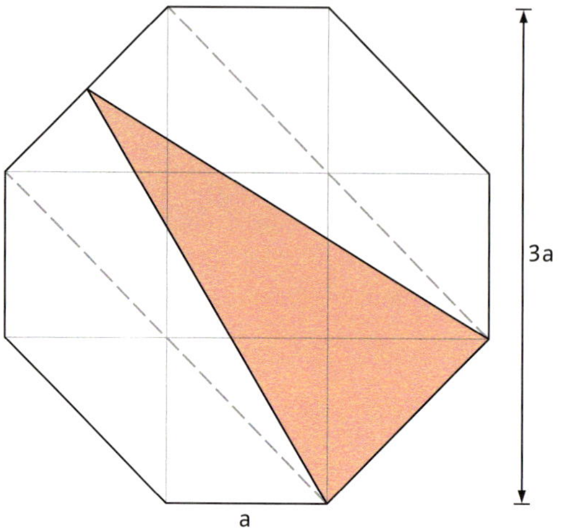

1. Behauptung:
Die Gesamtfläche beträgt $7a^2$.
Begründung: Bei einer Aufteilung wie in der Skizze besteht die Fläche aus 5 ganzen und 4 halben Quadraten der Seitenlänge a.

2. Behauptung:
Das dem Dreieck umschriebene Rechteck hat eine Fläche von $4a^2$.
Begründung: Wenn man, wie in der Skizze gestrichelt eingezeichnet, die Quadrate noch einmal diagonal teilt, erhält man ein Rechteck, das um 6 halbe Quadrate kleiner ist als die Gesamtfläche, also $7 - 3 = 4$.

3. Behauptung:
Die Fläche des Dreiecks ist halb so groß wie die des Rechtecks, also $2a^2$.
Begründung: Da das Dreieck die gleiche Grundseite und die gleiche Höhe hat wie das Rechteck ergibt sich das aus den Flächenformeln.

4. Behauptung:
Der Anteil ist $\frac{2}{7}$.
Begründung: Der Anteil ist der Quotient der Fläche des Dreiecks und der Fläche des Achtecks, also $2a^2 : 7a^2 = \frac{2}{7}$.

4 Konstruktionsbeschreibung: Thaleskreis über der Strecke $\overline{MP}$; Schnittpunkt des Thaleskreises mit dem Kreis ist der Berührpunkt der Tangente. Berührpunkte (4,9 | 8,3) und (6,3 | 3,6).

5
a. Sie muss 1350 € Zinsen zahlen.
b. Die Kredithöhe beträgt 8000 €.

Mathematische Begriffe

Folgende mathematische Begriffe spielen in den genannten Lernumgebungen eine wichtige Rolle.

Abstand
14
Der Abstand eines Punktes zu einer Geraden ist die Länge des Lots vom Punkt P zur Geraden g.

antiproportional
15
siehe umgekehrt proportional

äquivalent
4; 20; 27
siehe Term

Äquivalenzumformung
28
Durch eine Äquivalenzumformung überführt man eine Gleichung in eine gleichwertige / äquivalente Gleichung.

$$3x - 2 = 2x + 1 \quad | + 2$$
$$3x = 2x + 3$$

arithmetisches Mittel
22; 29
Man berechnet das arithmetische Mittel, indem man alle Werte addiert und dann die Summe durch die Anzahl der Werte teilt.

Assoziativgesetz
8; 20
Beim Addieren ist es manchmal geschickt, Klammern zu versetzen, die Summe bleibt dabei gleich. Diese Eigenschaft nennt man Assoziativgesetz. Algebraisch ausgedrückt:
$a + (b + c) = (a + b) + c$
Das Assoziativgesetz gilt auch für die Multiplikation:
$a \cdot (b \cdot c) = (a \cdot b) \cdot c$

Außenwinkel
30
Die gefärbten Winkel heißen Außenwinkel.

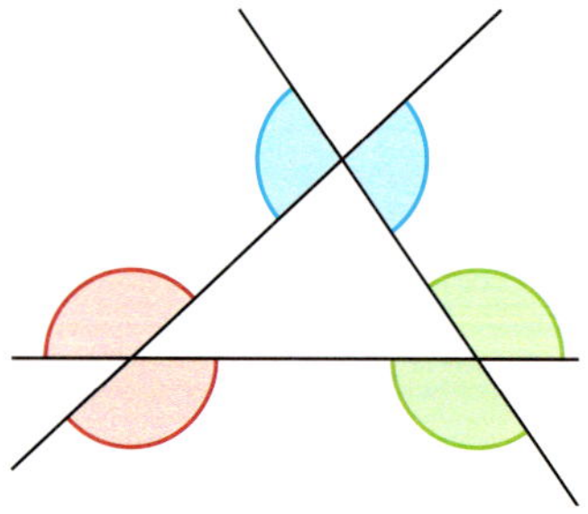

Balkendiagramm
16
siehe Diagramm

Basis
13
siehe Potenz

Baumdiagramm
13

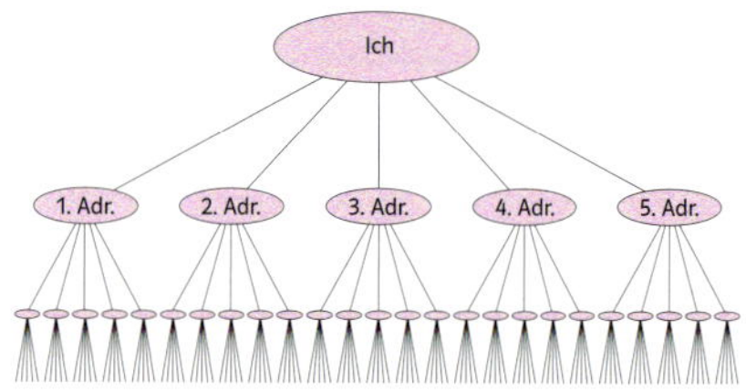

Betrag
Klasse 6
Den Abstand einer Zahl zur Null auf der Zahlengerade nennt man Betrag der Zahl. Man schreibt (zum Beispiel) $|-3| = 3$.

Beweis
30
Ein Beweis ist ein schlüssige, lückenlose Argumentationskette, die aufgestellt wird, um die Gültigkeit einer Aussage / Behauptung unmissverständlich und unwiderruflich zu belegen.

Billiarde
1
10^{15}

Billion
1
10^{12}

Binomische Formeln
27
$(a + b)^2 = a^2 + 2ab + b^2$
$(a - b)^2 = a^2 - 2ab + b^2$
$(a + b) \cdot (a - b) = a^2 - b^2$

Boxplot
22; 29
Ein Boxplot ist ein Kennwertdiagramm, in dem die Kennwerte Minimum, Maximum, unteres und oberes Quartil sowie Zentralwert eingetragen werden.

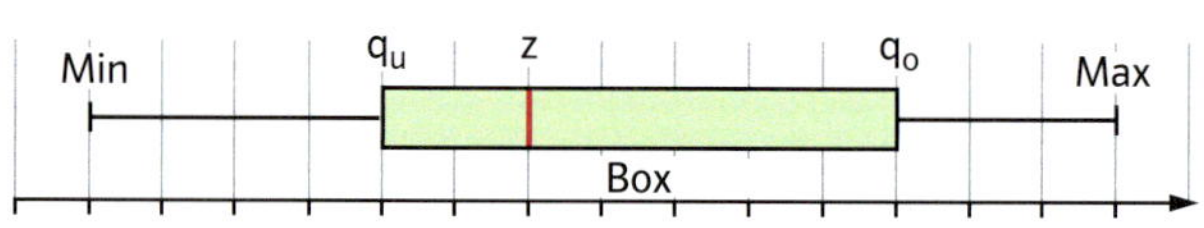

Bruch
Bruchstrich ⟶ $\frac{3}{8}$ ⟵ Zähler ⟵ Nenner

Dezimalbruch
16

$1{,}43 = 1 + \frac{4}{10} + \frac{3}{100}$

Dezimalbruch, abbrechender
16

$\frac{5}{4} = 5 : 4 = 1{,}25$

Dezimalbruch, periodischer
16

$\frac{1}{3} = 1 : 3 = 0{,}333\ \ldots = 0{,}\overline{3}$

Diagramm / Grafik
16; 21

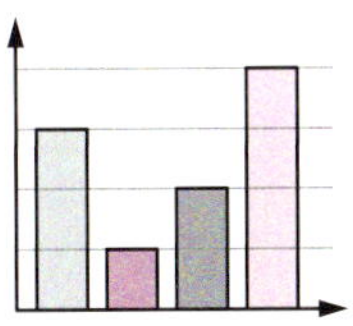
Säulendiagramm

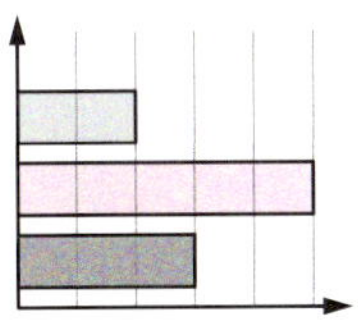
Balkendiagramm

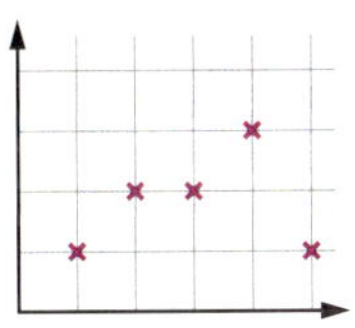
Punktdiagramm

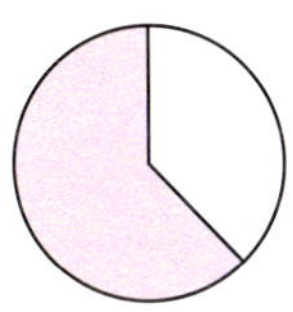
Kreisdiagramm

Streifendiagramm

Dichte
24

Die Dichte eines Körpers ist das Verhältnis seiner Masse zu seinem Volumen. Sie wird z. B. in g/cm^3 angegeben.

Distributivgesetz
8; 20; 27

Es ist egal, ob man eine Zahl mit einer Summe multipliziert oder die Summanden mit der Zahl multipliziert und dann addiert. Algebraisch ausgedrückt lautet das Distributivgesetz:
$a \cdot (b + c) = a \cdot b + a \cdot c$

Drachenviereck
30

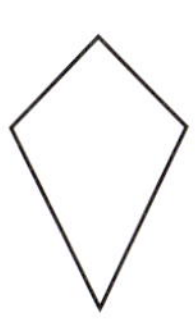

Dreieck
30

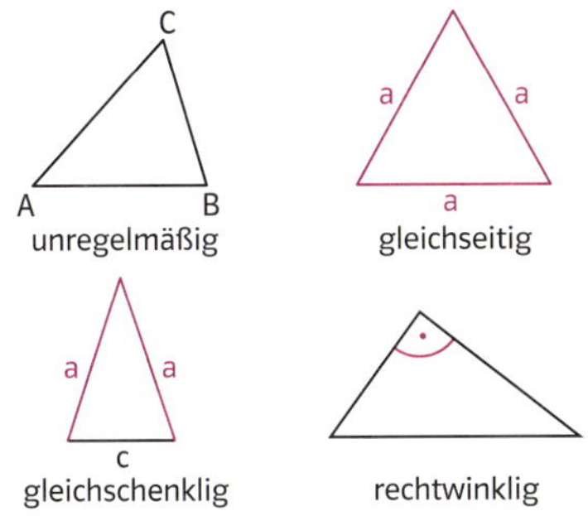

erweitern
Klasse 6

$\frac{1}{5}$ mit 3 erweitern: $\frac{1}{5} \cdot \frac{3}{3} = \frac{3}{15}$

Exponent / Hochzahl
13

siehe Potenz

Funktionsgleichung
15

Eine Funktionsgleichung beschreibt eine Funktion.

Ganze Zahlen
5; 6

$\ldots;\ -3;\ -2;\ -1;\ 0;\ 1;\ 2;\ \ldots$

Gegenzahl
8

„+ 0,2 ist die Gegenzahl von − 0,2.“

Gerade, Halbgerade
Klasse 5 / 6

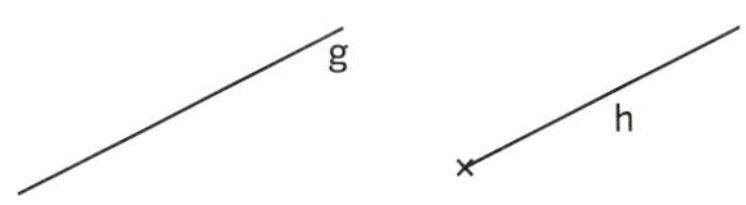

Gleichung
11; 28

Eine Gleichung ist die Verbindung zweier Terme mit einem Gleichheitszeichen.

gleichwertig
4; 20; 27

siehe Term

Graph
3

Mithilfe von Graphen kann man die Abhängigkeit zwischen zwei Größen im Koordinatensystem darstellen.

Grundwert
17

siehe Prozent

Häufigkeit
Klasse 6

Trifft ein Spieler 7 von 12 Bällen ins Tor, dann ist die Anzahl 7 die absolute Häufigkeit, mit der er trifft.
Der Anteil an der Gesamtzahl wird auch relative Häufigkeit genannt $\left(\frac{7}{12}\right)$.

Häufigkeitstabelle
21; 29

Tag	Besucherzahl
Do.	198
Fr.	254
Sa.	56
So.	453

Höhe (im Dreieck)
25

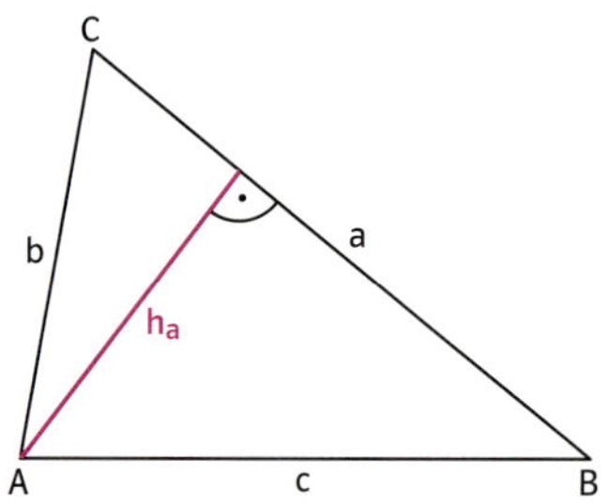

Hypotenuse
31

Im rechtwinkligen Dreieck heißt die dem rechten Winkel gegenüberliegende Seite Hypotenuse.

Inkreis
25

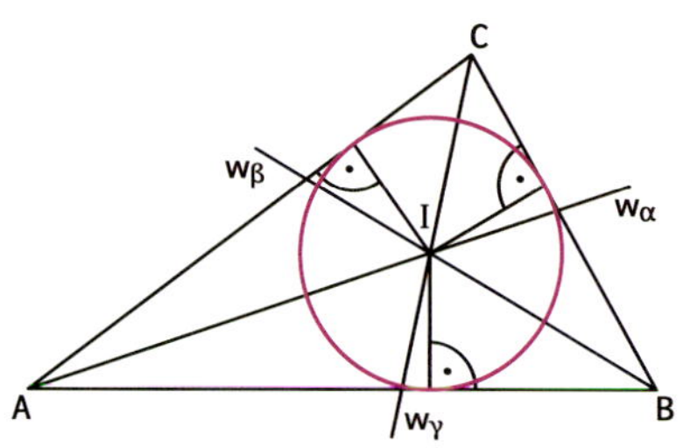

Innenwinkel
30

Die gefärbten Winkel heißen Innenwinkel.

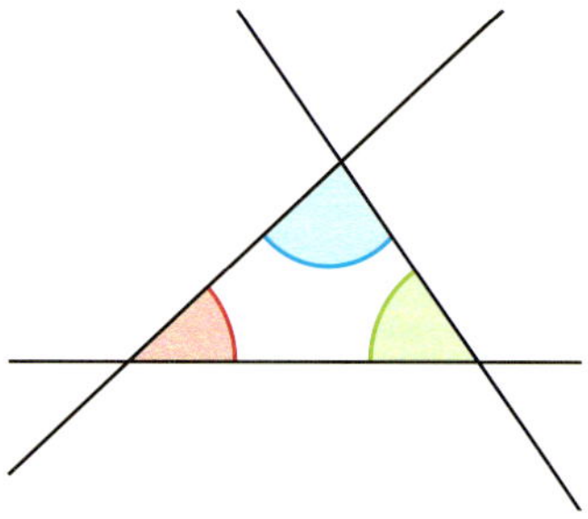

Kapital
33

entspricht Grundwert G

Kennwert
22

Kennwerte helfen, große Datenmengen zu beschreiben. Zu den Kennwerten gehören arithmetisches Mittel, Zentralwert, Quartile, Minimum und Maximum.

Klammern
8

Was in Klammern steht, wird zuerst berechnet. Sind Klammern ineinander geschachtelt, so werden innere Klammern zuerst berechnet.

Kommutativgesetz
8; 20

Beim Addieren ist es manchmal geschickt, Summanden zu vertauschen. Die Summe bleibt gleich. Diese Eigenschaft nennt man Kommutativgesetz. Algebraisch ausgedrückt: Für beliebige Zahlen a und b gilt:
$a + b = b + a$.
Entsprechendes gilt für die Multiplikation: $a \cdot b = b \cdot a$

kongruent
23; 30

Figuren, die durch Spiegelung, Drehung und Verschiebung zur Deckung gebracht werden können, nennt man kongruent (deckungsgleich).

Kongruenzabbildungen
25

Spiegelung (Achsen- und Punktspiegelung), Drehung, Verschiebung; siehe auch kongruent

Kongruenzsätze (SSS, SWS, WSW, SsW)
23

Zwei Dreiecke sind kongruent, wenn sie in drei Stücken übereinstimmen.

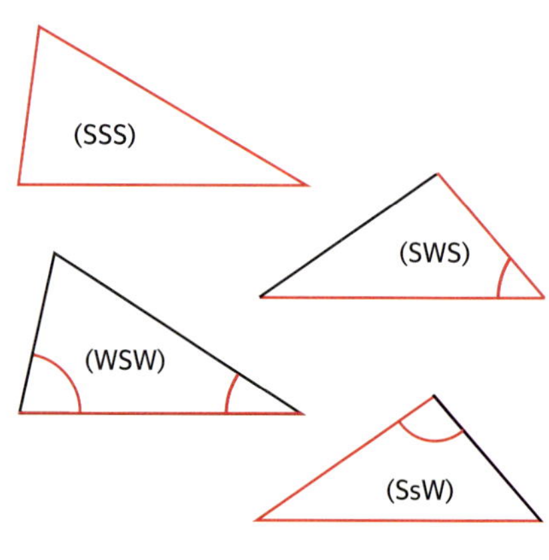

Koordinaten
Klasse 6

A(3|2) heißt: der Punkt A hat die x-Koordinate 3 und die y-Koordinate 2.

Koordinatensystem
Klasse 6

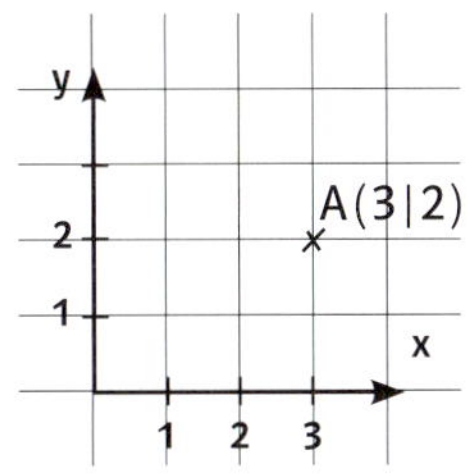

Körper
Klasse 5 / 6

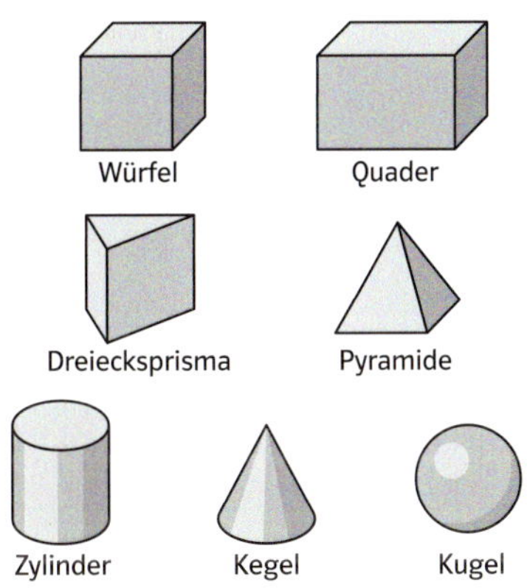

Kreisbogen
19

Der Mittelpunktswinkel α legt einen Teil des Umfangs als Kreisbogen b fest.

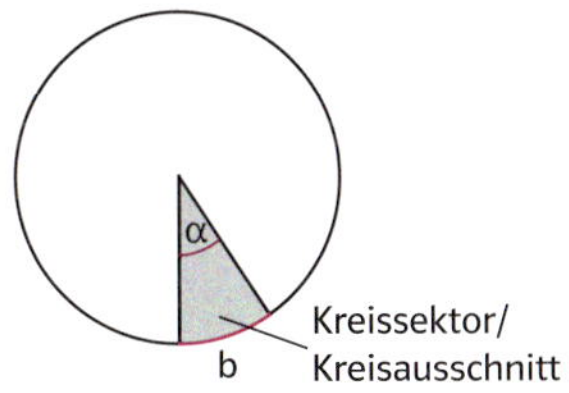

Kreisfläche
7

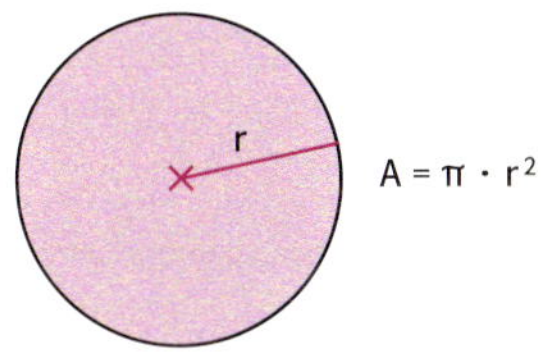

Kreissektor
19

Kreisbogen

Kreisumfang
7

$u = 2 \cdot r \cdot \pi = d \cdot \pi$

Kreiszahl π
7

$\pi = 3{,}14\ldots$ („pi")

kürzen
Klasse 6

$\frac{4}{8}$ mit 4 gekürzt: $\frac{1}{2}$

Lösungsmenge
28

Alle Lösungen einer Gleichung bzw. einer Ungleichung bilden zusammen die Lösungsmenge.

Lot
14

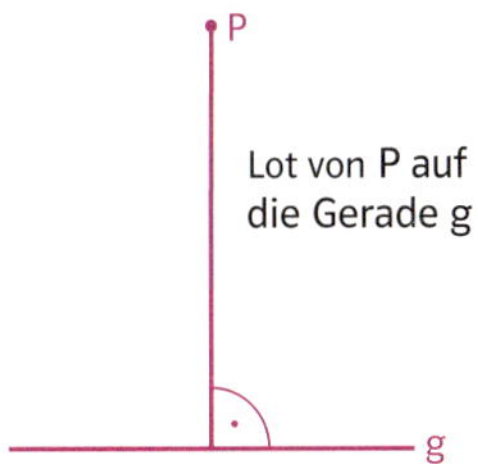

Maßstab
Klasse 6

1 : 200; 1 cm ≙ 200 cm
1 cm in der Zeichnung entspricht 200 cm in Wirklichkeit.

Median
22

siehe Zentralwert

mikro
1

siehe Tabelle unter Stufenzahlen

Milliarde
1

10^9

Mittelpunktswinkel
19

siehe Kreisbogen

Mittelpunktswinkelsatz
31

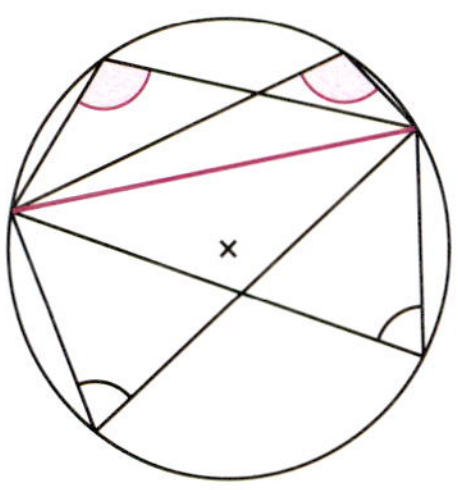

Mittelsenkrechte
14

Die Mittelsenkrechte zu einer Strecke $\overline{AB}$ ist die Gerade, die diese Strecke senkrecht halbiert.

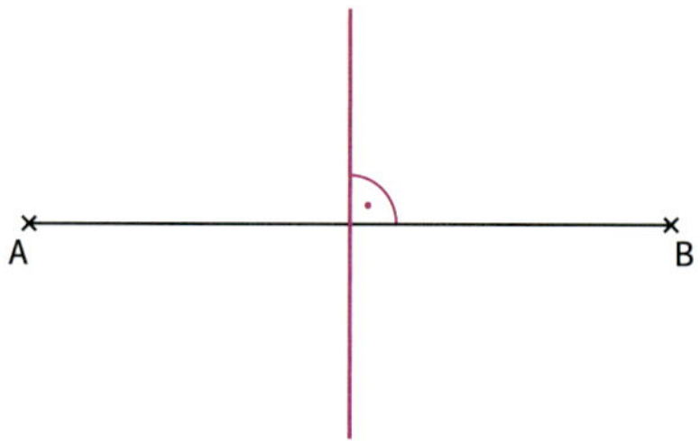

Modalwert
22

Der Modalwert ist der häufigste Wert in einer Liste.

Nebenwinkel
30

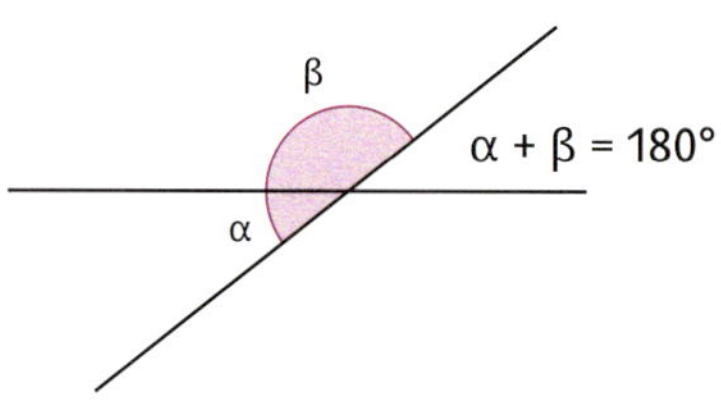

negative Zahl
5; 6

Positive und negative Zahlen unterscheiden sich durch das Vorzeichen. – 4 ist eine negative Zahl, + 4 eine positive. Multipliziert man zwei positive bzw. zwei negative Zahlen miteinander, so ist das Produkt positiv. Multipliziert man eine negative und eine positive Zahl miteinander, so ist das Produkt negativ.

parallel
Klasse 5 / 6

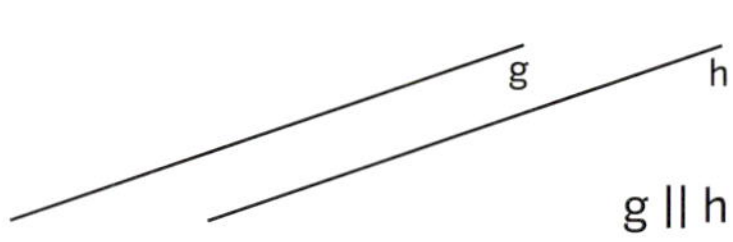

Parallelogramm
Klasse 6

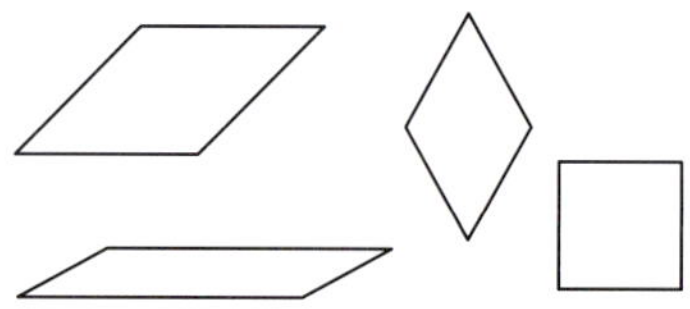

Platonische Körper
34

Platonische Körper sind vollkommen regelmäßige Körper. Sie werden von kongruenten regelmäßigen Vielecken gebildet. An jeder Ecke treffen die gleiche Anzahl von Vielecken zusammen.

positive Zahl
5

siehe negative Zahl

Potenz, potenzieren
13

Die mehrfache Multiplikation gleicher Faktoren schreibt man als Potenz: $a \cdot a \cdot a \cdot a = a^4$
a heißt Basis, 4 Exponent / Hochzahl.
Es gilt $a^1 = a$ und $a^0 = 1$

Proportionalität, proportional
3; 15; 24

Ist das Verhältnis zwischen zwei zugeordneten Größen immer gleich, so spricht man von Proportionalität.

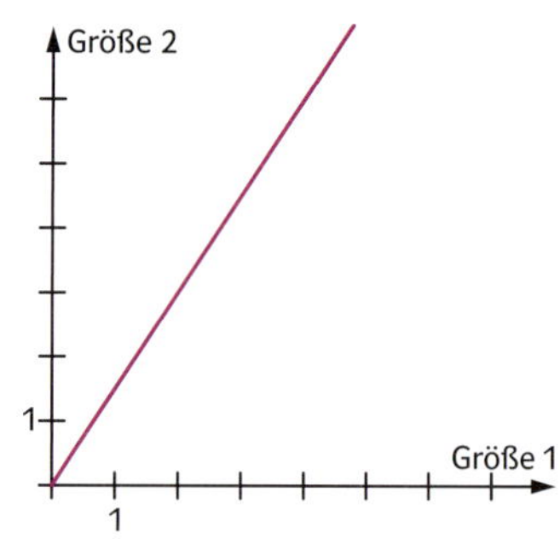

Proportionalitätskonstante
24

Die Proportionalitätskonstante ist der Quotient zweier proportionaler Größen, z. B. die Dichte bei der proportionalen Zuordnung *Volumen ↦ Masse*.

Promille
17

Promille bedeutet „von Tausend“.
10 ‰ = 10 Promille = 1 Prozent

Prozent
16; 17; 33

1 Prozent = 1% = $\frac{1}{100}$
Beispiel:
50 % von 60 Personen
sind 30 Personen.
G = 60 (Grundwert)
P = 30 (Prozentwert)
p % = 50 % (Prozentsatz)

Prozentsatz p%
17
siehe Prozent

Prozentwert P
17
siehe Prozent

Prüfziffer
26
Die letzte Ziffer einer ISBN ist eine Prüfziffer.

Quartil, unteres und oberes
22
Das untere (obere) Quartil ist der Zentralwert der unteren (oberen) Hälfte der Werte einer Rangliste.

Rangliste
22
Eine Liste, in der die Daten einer Erhebung der Größe nach sortiert sind, heißt Rangliste.

rationale Zahlen
8; 16
Alle Zahlen, die sich als Bruch (d. h. als Verhältnis oder „ratio") schreiben lassen, heißen rationale Zahlen.

Rauminhalt
24
Der Rauminhalt eines Quaders ist das Produkt aus seiner Länge, Höhe und Breite.

Rechenbaum
27
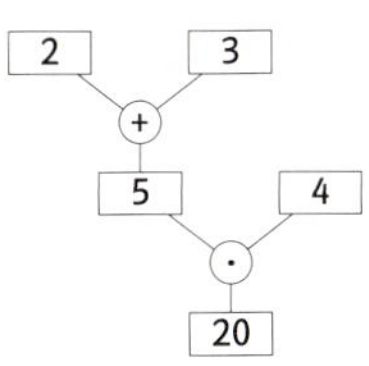

$(2 + 3) \cdot 4 = 20$

relative Häufigkeit
Klasse 6
$= \frac{\text{absolute Häufigkeit}}{\text{Anzahl insgesamt}}$

Rest
26; 35
30 : 7 = 4 Rest 2.
Der 7er-Rest von 30 ist 2.

Scheitelpunkt
Klasse 6
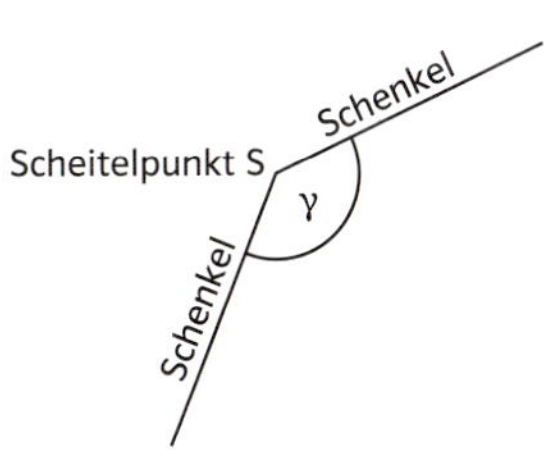

Scheitelwinkel
30
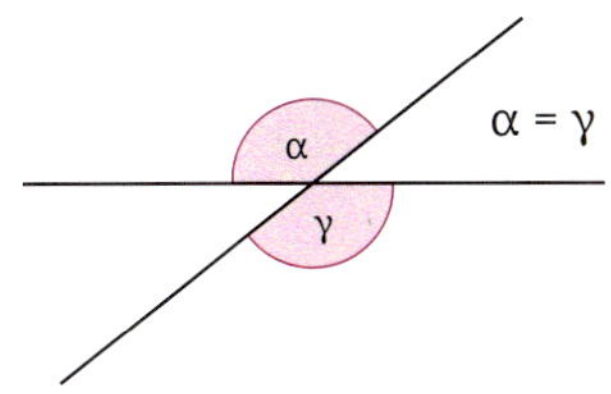

Schenkel
Klasse 6
siehe Scheitelpunkt

Schwerpunkt
25
Der Schwerpunkt eines Dreiecks ist der Schnittpunkt der Seitenhalbierenden.
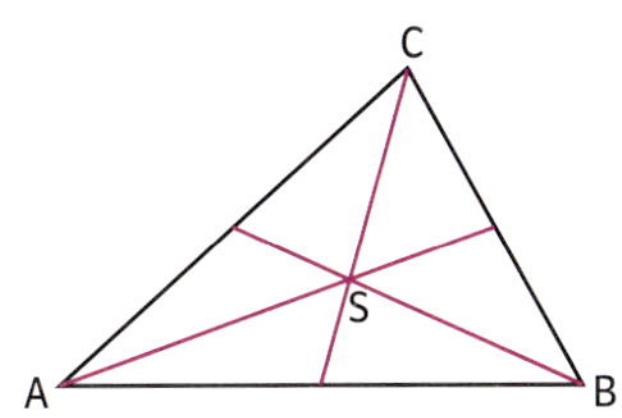

Sehne
31
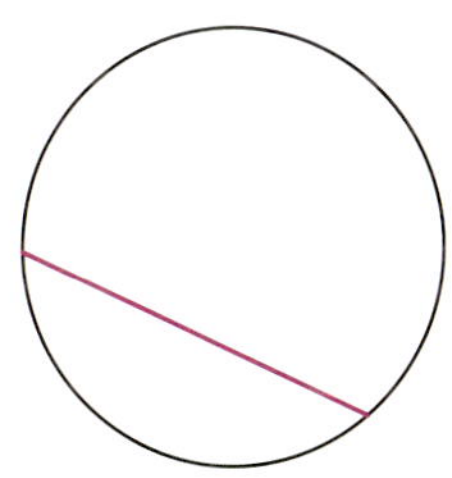

Seitenhalbierende
25
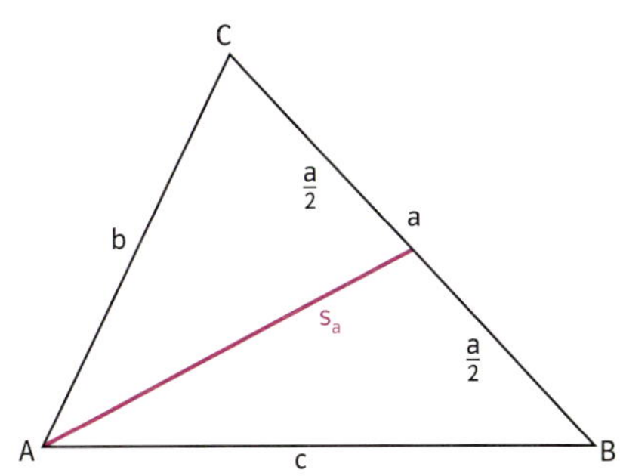

Sekante
31
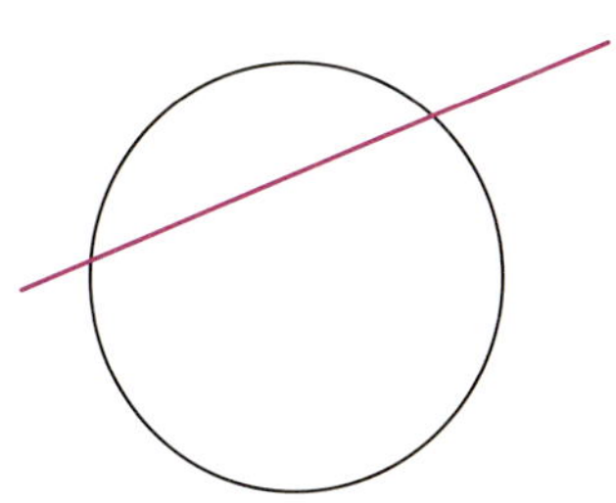

Spannweite
21; 22

Der Abstand zwischen Minimum und Maximum einer Datenreihe heißt Spannweite.

Steigung
18; 24

Die Gerade mit der Gleichung $y = \frac{1}{3}x + 1$ hat die Steigung $\frac{1}{3}$.

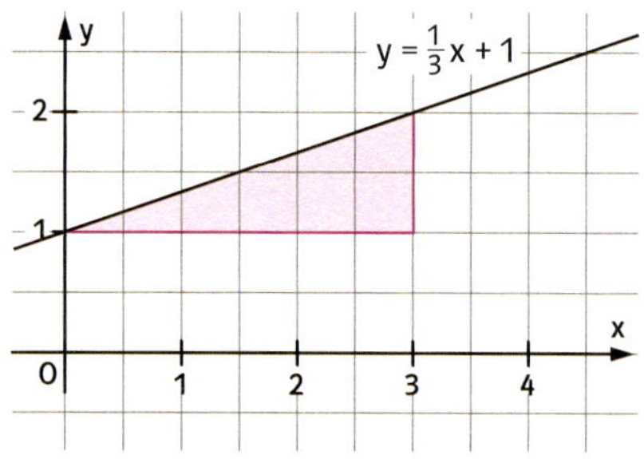

Steigungsdreieck
18; 24

Das Steigungsdreieck zeigt die Steigung an.

Streifendiagramm
16

siehe Diagramm

Stufenwinkel
30

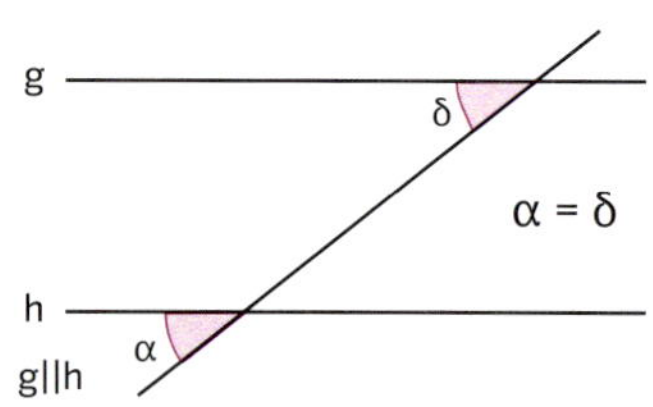

Stufenzahlen
1

Stufenzahlen	Vorsilben und ihre Bedeutung
1 000 000	M = Mega = Million
1000	k = kilo = Tausend
100	h = hekto = Hundert
10	da = deka = Zehn
1	
0,1	d = dezi = Zehntel
0,01	c = zenti = Hundertsel
0,001	m = milli = Tausendstel
0,000 001	μ = mikro = Millionstel

Tangente
31

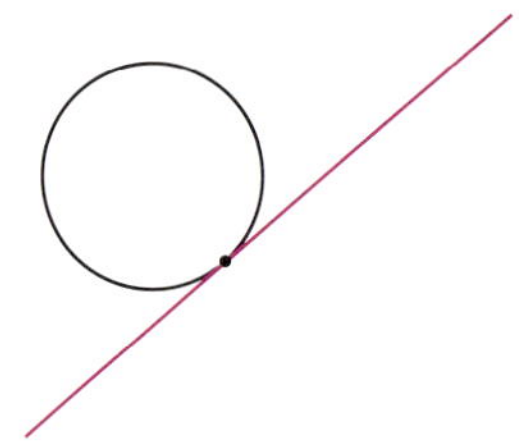

Term
4; 12; 20; 27

Terme sind Rechenausdrücke aus Zahlen, Rechenzeichen und evtl. Klammern. Manchmal stehen auch Variablen für Zahlen. Die Gesetze, die für das Rechnen mit Zahlen gelten, gelten auch für das Rechnen mit Termen.

Term, gleichwertiger / äquivalenter
4; 20; 27

$a + a + c + a + a + c$ und $4a + 2c$ sind gleichwertige (äquivalente) Terme.

Termumformung
20; 27

Umformungen, die einen Term in einen gleichwertigen / äquivalenten Term überführen, heißen Termumformung.

Thales, Satz des Thales
31

Liegt der Punkt C eines Dreiecks ABC auf einem Halbkreis über der Strecke $\overline{AB}$, dann hat das Dreieck bei C immer einen rechten Winkel.
Umkehrung des Satzes: Der Mittelpunkt des Umkreises eines rechtwinkligen Dreiecks liegt immer in der Mitte des Hypotenuse.

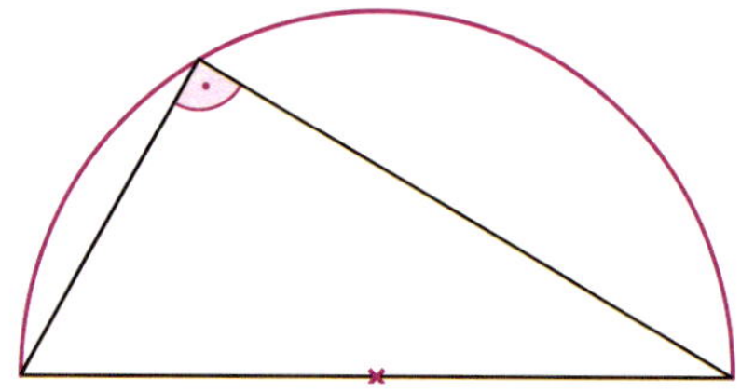

Trapez
30

siehe Vierecke

Trilliarde
1

10^{18}

Trillion
1

10^{21}

Umfangswinkel
31

Liegt der Scheitel eines Winkels auf einer Kreislinie und zeigen seine Schenkel ins Kreisinnere, nennt man diesen Winkel Umfangswinkel.

Umfangswinkelsatz
31

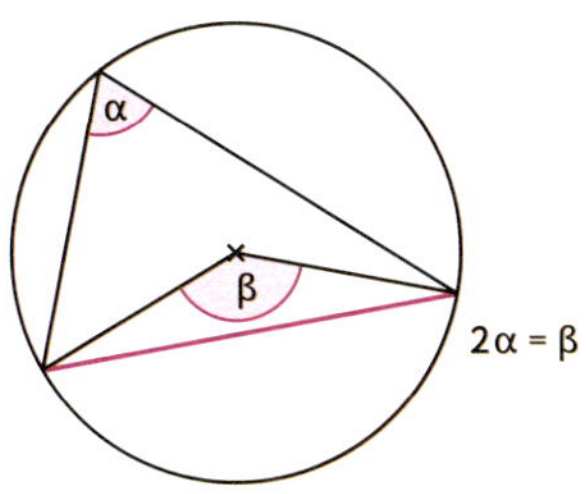

umgekehrt proportional
15

Ist das Produkt zweier zugeordnete Größen x und y immer gleich, so spricht man von einer umgekehrt proportionalen / antiproportionalen Zuordnung.

Umkehrrechnung
Klasse 6

Rechnung	Umkehrrechnung
$3 \cdot 5 = 15$	$15 : 5 = 3$
$3 + 5 = 8$	$8 - 5 = 3$
$10 - 7 = 3$	$3 + 7 = 10$
$10 : 2 = 5$	$5 \cdot 2 = 10$

Umkreis
25

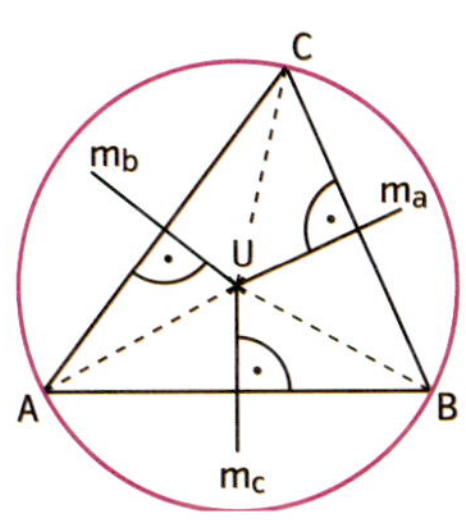

Ungleichung
Klasse 6

$3 + 1 \neq 10 : 2$ lies: nicht gleich
$3 + 1 < 10 : 2$ lies: kleiner
$10 : 2 > 3 + 1$ lies: größer

Urliste
29

Eine ungeordnete Zusammenstellung gemessener oder beobachteter Werte nennt man Urliste.

Viereck
30

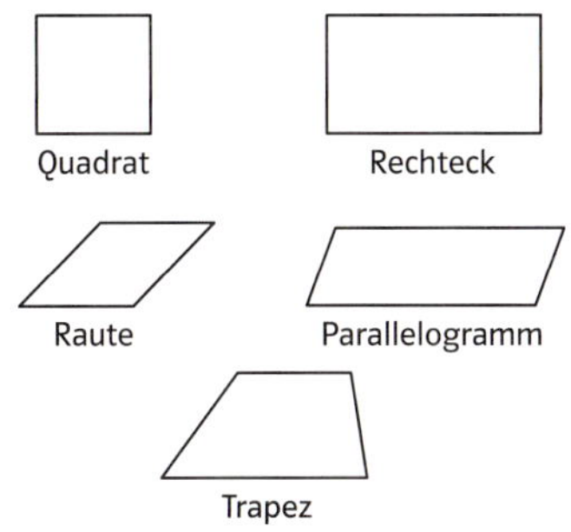

Variable
4; 11; 12; 20; 27

Buchstaben oder andere Zeichen, die für x-beliebige Zahlen stehen, nennt man Variablen.

Volumen
24

siehe Rauminhalt

Vorzeichen
5; 6

siehe negative Zahl

Wechselwinkel
30

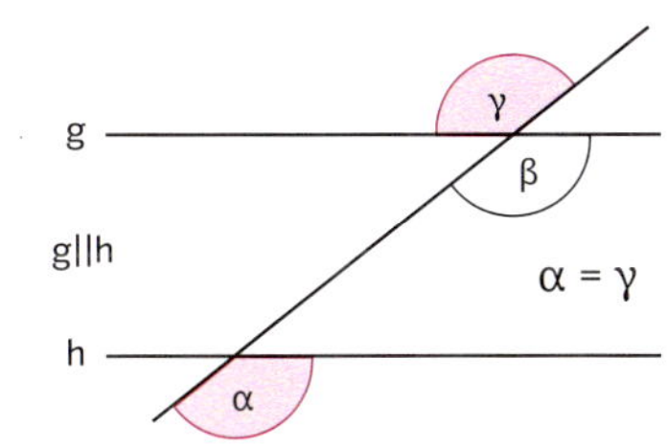

Wertetabelle
3; 15; 18; 24

Zusammenhänge zwischen Größen können in Wertetabellen festgehalten werden.

Winkel
Klasse 6

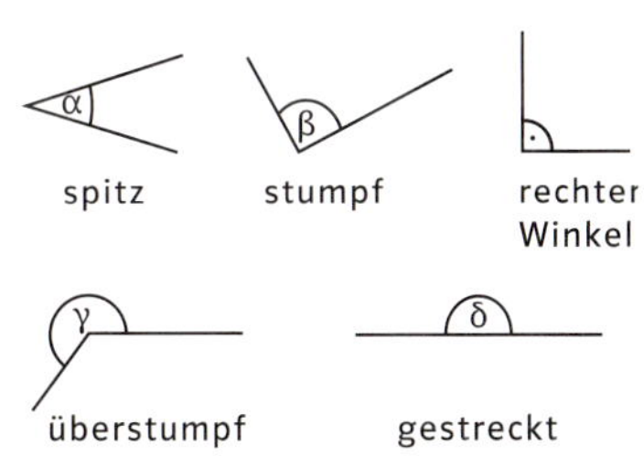

Winkelhalbierende
14

Die Winkelhalbierende ist eine (Halb-)gerade, die einen Winkel halbiert.

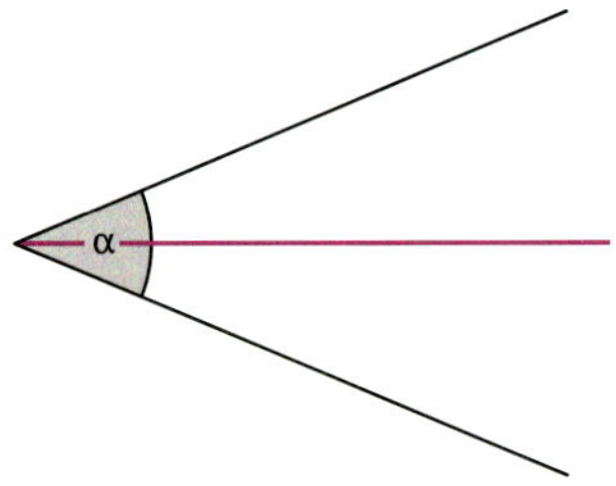

Zahlenstrahl, Zahlengerade
5

Der Zahlenstrahl kann mit den negativen Zahlen zur Zahlengeraden erweitert werden.

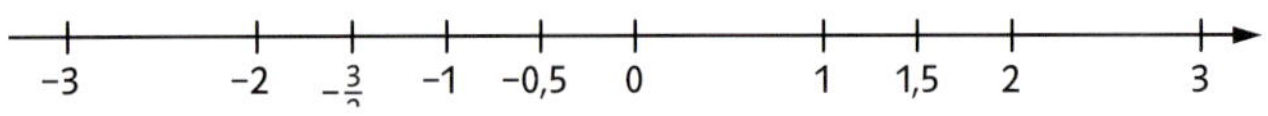

Zentralwert / Median
22; 29

In einer Rangliste heißt der mittlere Wert Zentralwert. Liegt eine gerade Anzahl von Werten vor, so nimmt man das arithmetische Mittel der beiden mittleren Werte.

Zinsen
33

entspricht Prozentwert P

Zinssatz
33

entspricht Prozentsatz p%

Zuordnung
3; 15; 18; 24

Größe 1 ↦ Größe 2
Einer Größe 1 wird eine Größe 2 zugeordnet.

Geld							1000 €	: 10 → / · 10 ←	100 €	: 10 → / · 10 ←	10 €	: 10 → / · 10 ←	**1 €**	: 10 → / · 10 ←	10 ct	: 10 → / · 10 ←	**1 ct**		
Gewichte (Massen)	**1 t**	: 10 → / · 10 ←	100 kg	: 10 → / · 10 ←	10 kg	: 10 → / · 10 ←	**1 kg**	: 10 → / · 10 ←	100 g	: 10 → / · 10 ←	10 g	: 10 → / · 10 ←	**1 g**	: 10 → / · 10 ←	100 mg	: 10 → / · 10 ←	10 mg	: 10 → / · 10 ←	**1 mg**
Längen							**1 km**	: 10 → / · 10 ←	100 m	: 10 → / · 10 ←	10 m	: 10 → / · 10 ←	**1 m**	: 10 → / · 10 ←	**1 dm**	: 10 → / · 10 ←	**1 cm**	: 10 → / · 10 ←	**1 mm**
Flächenmaße							**1 km²**	: 100 → / · 100 ←	1 ha	: 100 → / · 100 ←	1 a	: 100 → / · 100 ←	**1 m²**	: 100 → / · 100 ←	**1 dm²**	: 100 → / · 100 ←	**1 cm²**	: 100 → / · 100 ←	**1 mm²**
Raummaße							**1 km³**			: 1000000000 → / · 1000000000 ←			**1 m³**	: 1000 → / · 1000 ←	**1 dm³** = 1 l	: 1000 → / · 1000 ←	**1 cm³** = 1 ml	: 1000 → / · 1000 ←	**1 mm³**
Hohlmaße							10 hl	: 10 → / · 10 ←	**1 hl**	: 10 → / · 10 ←	10 l	: 10 → / · 10 ←	**1 l** = 1 dm³	: 10 → / · 10 ←	**1 dl**	: 10 → / · 10 ←	**1 cl**	: 10 → / · 10 ←	**1 ml** = 1 cm³
Zeit							**1 Tag**	: 24 → / · 24 ←	**1 h**	: 60 → / · 60 ←	**1 min**	: 60 → / · 60 ←	**1 s**	: 10 → / · 10 ←	$\frac{1}{10}$ s	: 10 → / · 10 ←	$\frac{1}{100}$ s	: 10 → / · 10 ←	$\frac{1}{1000}$ s

1 t = 1000 kg   1 kg = 0,001 t
1 kg = 1000 g   1 g = 0,001 kg
1 g = 1000 mg   1 mg = 0,001 g

1 km = 1000 m   1 m = 0,001 km
1 m = 10 dm   1 dm = 0,1 m
1 m = 100 cm   1 cm = 0,01 m
1 m = 1000 mm   1 mm = 0,001 m

1 hl = 100 l   1 l = 0,01 hl
1 l = 10 dl   1 dl = 0,1 l
1 l = 100 cl   1 cl = 0,01 l
1 l = 1000 ml   1 ml = 0,001 l

Bildquellennachweis

U1.1 iStockphoto (RF/Mark Kalkwarf), Calgary, Alberta; **7.1** Klett-Archiv (Simianer & Blühdorn), Stuttgart; **8.1** Corbis, Düsseldorf; **9.1** Klett-Archiv (Simianer & Blühdorn), Stuttgart; **10.1** EZB, Frankfurt; **10.2** EZB, Frankfurt; **10.3** EZB, Frankfurt; **10.4, 10.5, 10.6** Tremp, Stephanie, Zürich; **11** iStockphoto (Peter Zvonar), Calgary, Alberta; **13** MEV Verlag GmbH, Augsburg; **13.3a, 13.3b Tremp, Stephanie, Zürich; 14.1, 15.2** Klett & Balmer & Co (Stephanie Tremp, Zürich), Zug; **17.1a, 17.1b, 17.1c** Klett-Archiv (Thomas Gremmelspacher), Stuttgart; **18.1; 18.2** Keller, Markus, Singen; **19.1** Texas Instruments, Freising; **22.1, 24.1 Tremp, Stephanie, Zürich; 25.1** Masterfile Deutschland GmbH (Cusp and Flirt), Düsseldorf; **25.2, 25.3, 25.4, 26.5, 32.6 Tremp, Stephanie, Zürich; 33.1** Picture-Alliance (Hans-Jürgen Wege), Frankfurt; **33.7** Tremp, Stephanie, Zürich; **34.1** iStockphoto (RF/Barskaya), Calgary, Alberta; **35.1** Masterfile Deutschland GmbH (Peter Barrett), Düsseldorf; **36.1** Imago (GEPA pictures), Berlin; **36.2** Imago (Thomas Frey), Berlin; **36.3** Imago (Icon SMI), Berlin; **38.1** iStockphoto, Calgary, Alberta; **38.2** X_Jupiterimages GmbH (photos.com), Ottobrunn/München; **38.3** JupiterImages photos.com, Tucson, AZ; **38.4** Ingram Publishing, Tattenhall Chester; **39.1** Eisele Photos, Augsburg; **40.1** URW, Hamburg; **40.3, 41.2** Tremp, Stephanie, Zürich; **41.5** Rüdesheimer Seilbahngesellschaft, Rüdesheim am Rhein; **41.6** Hochschwarzeck Bergbahn GmbH (Riel), Ramsau; **41.7** LOOK Gmbh (Ingolf Pompe), München; **41.8** Imago, Berlin; **41.9** Alpenbahnen Spitzingsee (Gisela Schregle), Schliersee; **41.11** BonBon-Land A/S, Holme-Olstrup; **42.1** Corbis (Jason Hawkes), Düsseldorf; **43.2, 43.3, 43.3 © VG Bild-Kunst, Bonn, 2011; 45.1** Masterfile Deutschland GmbH (Pierre Tremblay), Düsseldorf; **49** MEV Verlag GmbH, Augsburg; **50.1** M.C. Escher's "Reptile2" © 2011 The M.C. Escher Company-Holland. All rights reserved. www.mcescher.com; **50.2** M.C. Escher's "Regular Division of the Plane III" © 2011 The M.C. Escher Company-Holland. All rights reserved. www.mcescher.com; **51.1** Klett-Archiv (Thomas Gremmelspacher), Stuttgart; **52.1, 52.3, 53.2 Tremp, Stephanie, Zürich; 54.1** Simianer & Blühdorn, Stuttgart-Fellbach; **55.1** Klett-Archiv (Thomas Gremmelspacher), Stuttgart; **56.1** iStockphoto (Tom Hahn), Calgary, Alberta; **57.5** iStockphoto, Calgary, Alberta; **58.1** Tremp, Stephanie, Zürich; **58.3** © VG Bild-Kunst, Bonn 2011 [Richard Paul Lohse: 6 Komplementäre Farbreihen]; **59.4** VG Bild-Kunst, Bonn 2011; **59.5** VG Bild-Kunst, Bonn 2011; **62.1, 62.2** Klett-Archiv (Behnke), Stuttgart; **63** MEV Verlag GmbH, Augsburg; **63.3** Klett-Archiv, Stuttgart; **63.5** Fuchs Ingenieur Beton GmbH & Co. KG, Pleinfeld; **65** Fotolia LLC (Tinuviel), New York; **66.1, 66.2, 66.3, 66.4, 66.5, 66.6** Tremp, Stephanie, Zürich; **68.2** Geoatlas, Hendaye; **69.1** Ingram Publishing, Tattenhall Chester; **69.2** iStockphoto (YinYang), Calgary, Alberta; **69.3** Geoatlas, Hendaye; **70.1** YOUR PHOTO TODAY, Taufkirchen; **72.1** Ullstein Bild GmbH (The Granger Collection), Berlin; **72.2, 72.9** Ernst Klett Verlag GmbH, Stuttgart; **73.1a, 73.1b** Klett-Archiv (Thomas Gremmelspacher), Stuttgart; **74.1** BPK, Berlin; **74.2** SCALA GROUP S.p.A., Antella (Firenze); **75.1** shutterstock, New York, NY; **76.1** Corbis (Bettmann), Düsseldorf; **77.1** Wikimedia Foundation Inc. (gemeinfrei), St. Petersburg FL; **107.1, 107.3 Tremp, Stephanie, Zürich; 110.1, 110.2, 110.3, 110.4, 110.5** Gebr. Märklin & Cie.GmbH, Göppingen; **137.1a, 137.1b** Klett-Archiv (Thomas Gremmelspacher), Stuttgart; **140.1** Deutsches Museum, München; **140.2** Imago (ITAR-TASS), Berlin; **140.3** Bridgeman Art Library Ltd. (Archives Charmet), Berlin; **140.4** Interfoto, München

Sollte es in einem Einzelfall nicht gelungen sein, den korrekten Rechteinhaber ausfindig zu machen, so werden berechtigte Ansprüche selbstverständlich im Rahmen der üblichen Regelungen abgegolten.

Das Mathematikbuch 7

Begleitmaterial:
Das Mathematikbuch – Arbeitsheft (ISBN 978-3-12-700372-7)

1. Auflage 1 5 4 3 2 1 | 2015 14 13 12 11

Alle Drucke dieser Auflage sind unverändert und können im Unterricht nebeneinander verwendet werden.
Die letzte Zahl bezeichnet das Jahr des Druckes.
Das Werk und seine Teile sind urheberrechtlich geschützt. Jede Nutzung in anderen als den gesetzlich zugelassenen Fällen bedarf der vorherigen schriftlichen Einwilligung des Verlages. Hinweis § 52 a UrhG: Weder das Werk noch seine Teile dürfen ohne eine solche Einwilligung eingescannt und in ein Netzwerk eingestellt werden. Dies gilt auch für Intranets von Schulen und sonstigen Bildungseinrichtungen. Fotomechanische oder andere Wiedergabeverfahren nur mit Genehmigung des Verlages.
Auf verschiedenen Seiten dieses Heftes befinden sich Verweise (Links) auf Internet-Adressen. Haftungshinweis: Trotz sorgfältiger inhaltlicher Kontrolle wird die Haftung für die Inhalte der externen Seiten ausgeschlossen. Für den Inhalt dieser externen Seiten sind ausschließlich die Betreiber verantwortlich. Sollten Sie daher auf kostenpflichtige, illegale oder anstößige Inhalte treffen, so bedauern wir dies ausdrücklich und bitten Sie, uns umgehend per E-Mail davon in Kenntnis zu setzen, damit beim Nachdruck der Verweis gelöscht wird.

© Titel der Originalausgabe: **mathbu.ch 7**, Klett und Balmer AG, Verlag, Zug, 2003.
Einige Lernumgebungen sind dem mathbu.ch 8 entnommen, Klett und Balmer AG, Verlag, Zug und schulverlag blmv AG, Bern (2003)
© dieser Ausgabe: Ernst Klett Verlag GmbH, Stuttgart 2011. Alle Rechte vorbehalten. www.klett.de

Autorinnen und Autoren: Walter Affolter, CH-Steffisburg; Franz Auer, Singen (Hohentwiel); Claudia Bärenfänger, Hanau; Ingrun Behnke, Witten; Guido Beerli, CH-Maisprach; Ursula Bicker, Wallhausen; Lothar Carl, Detmold; Maren Distel, Singen (Hohentwiel); Katrin Eilers, Hannover; Hanspeter Hurschler, CH-Eschenbach; Beat Jaggi, CH-Biel; Werner Jundt, CH-Bern; Barbara Krauth, Darmstadt; Rita Krummenacher, CH-Adligenswil; Eckhard Lohmann, Hamburg; Christoph Maitzen, Wettenberg; Hartmut Müller-Sommer, Vechta; Annegret Nydegger, CH-Wichtrach; Matthias Römer, Saarbrücken; Julia Sehling, Konstanz; Beat Wälti, CH-Thun; Roland Weber, Ingelheim; Gregor Wieland, CH-Wünnewil

Beratung: Ursula Hollen, Bremen; Hellen Ossmann, Bingen; Holger Voss, Göttingen
Redaktion: Dr. Gudrun Pofahl
Umschlaggestaltung: Daniela Vormwald

Layoutkonzeption: Anika Marquardsen, Stuttgart
Illustrationen: Uwe Alfer, Waldbreitbach
Satz: Satzkiste GmbH, Stuttgart
Reproduktion: Meyle + Müller Medien-Management, Pforzheim
Druck: Offizin Andersen Nexö, Leipzig

Printed in Germany
ISBN 978-3-12-700371-0

9 783127 003710